厄瓜多尔辛克雷水电站规划设计丛书

第八卷

# 大容量冲击式水轮发电机组电站机电及金属结构设计

王为福　乔中军　主编

黄 河 水 利 出 版 社

·郑　州·

## 内 容 提 要

本书为《厄瓜多尔辛克雷水电站规划设计丛书》第八卷，主要内容为电站概况、水力机械、电气工程、金属结构、电站消防系统、通风空调及事故防排烟系统等。本书对该工程机电及金属结构专业的设计进行了较为全面的介绍和分析，并对设计中积累的经验进行了介绍，希望对以后同类工程有借鉴作用。

本书内容丰富，实用性强，可供从事水利水电工程设计、建设管理的有关人员参考，也可作为大专院校相关专业师生的参考用书。

**图书在版编目(CIP)数据**

大容量冲击式水轮发电机组电站机电及金属结构设计/王为福，乔中军主编.—郑州：黄河水利出版社，2020.1
(厄瓜多尔辛克雷水电站规划设计丛书.第八卷)
ISBN 978-7-5509-2566-3

Ⅰ.①大… Ⅱ.①王…②乔… Ⅲ.①水轮发电机-发电机组-设计-厄瓜多尔 Ⅳ.①TM312

中国版本图书馆 CIP 数据核字(2020)第 006713 号

组稿编辑：简 群 电话：0371-66026749 E-mail：931945687@qq.com
田丽萍 66025553 912810592@qq.com

出 版 社：黄河水利出版社 网址：www.yrcp.com
地址：河南省郑州市顺河路黄委会综合楼 14 层 邮政编码：450003
发行单位：黄河水利出版社
发行部电话：0371-66026940、66020550、66028024、66022620(传真)
E-mail：hhslcbs@126.com
承印单位：河南瑞之光印刷股份有限公司
开本：787 mm×1 092 mm 1/16
印张：17
字数：390 千字 印数：1—1 000
版次：2020 年 1 月第 1 版 印次：2020 年 1 月第 1 次印刷

定价：168.00 元

# 总序一

科卡科多·辛克雷(Coca Codo Sinclair,简称 CCS)水电站工程位于亚马孙河二级支流科卡河(Coca River)上,距离厄瓜多尔首都基多 130 km,总装机容量 1 500 MW,是目前世界上总装机容量最大的冲击式水轮机组电站。电站年均发电量 87 亿 kW·h,能够满足厄瓜多尔全国 1/3 以上的电力需求,结束该国进口电力的历史。CCS 水电站是厄瓜多尔战略性能源工程,工程于 2010 年 7 月开工,2016 年 4 月首批 4 台机组并网发电,同年 11 月 8 台机组全部投产发电。2016 年 11 月 18 日,习近平总书记和厄瓜多尔总统科雷亚共同按下启动电钮,CCS 水电站正式竣工发电,这标志着我国"走出去"战略取得又一重大突破。

CCS 水电站由中国进出口银行贷款,厄瓜多尔国有公司开发,墨西哥公司监理(咨询),黄河勘测规划设计研究院有限公司(简称"黄河设计院")负责勘测设计,中国水电集团国际工程有限公司与中国水利水电第十四工程局有限公司组成的联营体以 EPC 模式承建。作为中国水电企业在国际中高端水电市场上承接的最大水电站,中方设计和施工人员利用中国水电开发建设的经验,充分发挥 EPC 模式的优势,密切合作和配合,圆满完成了合同规定的各项任务。

水利工程的科研工作来源于工程需要,服务于工程建设。水利工程实践中遇到的重大科技难题的研究与解决,不仅是实现水治理体系和治理能力现代化的重要环节,而且为新老水问题的解决提供了新的途径,丰富了保障水安全战略大局的手段,从而直接促进了新时代水利科技水平的提高。CCS 水电站位于环太平洋火山地震带上,由于泥沙含量大、地震烈度高、覆盖层深、输水距离长、水头高等复杂自然条件和工程特征,加之为达到工程功能要求必须修建软基上的 40 m 高的混凝土泄水建筑物、设计流量高达220 $m^3/s$的特大型沉沙池、长 24.83 km 的大直径输水隧洞、600 m 级压力竖井、总容量达 1 500 MW 的冲击式水轮机组地下厂房等规模和难度居世界前列的单体工程，设计施工中遇到的许多技术问题没有适用的标准、规范可资依循，有的甚至超出了工程实践的极限，需要进行相当程度的科研攻关才能解决。设计是 EPC 项目全过程管理的龙头，作为 CCS 水电站建设技术承担单位的黄河设计院，秉承“团结奉献、求实开拓、迎接挑战、争创一流”的企业精神，坚持“诚信服务至上，客户利益至尊”的价值观，在对招标设计的基础方案充分理解和吸收的基础上，复核优化设计方案，调整设计思路，强化创新驱动，成功解决了高地震烈度、深覆盖层、长距离引水、高泥沙含量、高水头特大型冲击式水轮机组等一系列技术难题，为 CCS 水电站的成功建设和运行奠定了坚实的技术基础。

CCS 水电站的相关科研工作为设计提供了坚实的试验和理论支撑，优良的设计为工程的成功建设提供了可靠的技术保障，CCS 水电站的建设经验丰富了水利科技成果。黄河设计院的同志们认真总结 CCS 水电站的设计经验，编写出版了这套技术丛书。希望这套丛书的出版，进一步促进我国水利水电建设事业的发展，推动中国水利水电设计经验的国际化传播。

是以为序！

原水利部副部长、中国大坝工程学会理事长

2019 年 12 月

# 总序二

南美洲水能资源丰富，开发历史较长，开发、建设、管理、运行维护体系比较完备，而且与发达国家一样对合同严格管理、对环境保护极端重视、对欧美标准体系高度认同，一直被认为是水电行业的中高端市场。黄河勘测规划设计研究院有限公司从2000年起在非洲、大洋洲、东南亚等地相继承接了水利工程，开始从国内走向世界，积累了丰富的国际工程经验。2007年黄河设计院提出黄河市场、国内市场、国际市场“三驾马车竞驰”的发展战略，2009年中标科卡科多·辛克雷(Coca Codo Sinclair，简称CCS)水电站工程，标志着“三驾马车竞驰”的战略格局初步形成。

CCS水电站是厄瓜多尔战略性能源工程，总装机容量1 500 MW，设计年均发电量87亿kW·h，能够满足厄瓜多尔全国1/3以上的电力需求，结束该国进口电力的历史。CCS水电站规模宏大，多项建设指标位居世界前列。如：(1)单个工程装机规模在国家电网中占比最大；(2)冲击式水轮机组总装机容量世界最大；(3)可调节连续水力冲洗式沉沙池规模世界最大；(4)大断面水工高压竖井深度居世界前列；(5)大断面隧洞的南美洲最长等。成功设计这座水电站不但要克服冲击式水轮机对泥沙含量控制要求高、大流量引水发电除沙难、尾水位变幅大高尾水发电难、高内水压低地应力隧洞围岩稳定差等难题，还要克服语言、文化、标准体系、设计习惯等差异。在这方面设计单位、EPC总包单位、咨询单位、业主等之间经历了碰撞、交流、理解、融合的过程。这个过程是必要的，也是痛苦的。就拿设计图纸来说，在CCS水电站，每个单位工程需要分专业分步提交设计准则、计算书、设计图纸给监理单位审批，前序文件批准后才能开展后续工作，顺序不能颠倒,也不能同步进行。负责本工程监理的是一家墨西哥咨询公司,他们水电工程经验主要是在20世纪后期以前积累的,对最近发展并成功应用于中国工程的一些新的技术不了解也不认可,在审批时提出了许多苛刻的验证条件,这对在国内习惯在初步设计或可行性研究报告审查通过后自行编写计算书、只向建设方提供施工图的设计团队来讲,造成很大的困扰,一度不能完全保证施工图的及时获得批准。为满足工程需要,黄河设计院克服各种困难,很快就在适应国际惯例、融合国际技术体系的同时,积极把国内处于世界领先水平的理论、技术、工艺、材料运用到CCS水电站项目设计中,坚持以中国规范为基础,积极推广中国标准。经过多次验证后,业主和监理对中国发展起来的技术逐渐认可并接受。

高水头冲击式水轮机组对过机泥沙控制要求是非常严格的,CCS水电站的泥沙处理设计,不但保证了工程的顺利运行,而且可以为黄河等多沙河流的相关工程提供借鉴;作为多国公司参建的水电工程,CCS水电站的成功设计,不但为CCS水电站工程的建设提供了可靠的技术保障,而且进一步树立了中国水电设计和建造技术的世界品牌形象。黄河设计院的同志们在工程完工3周年之际,认真总结、梳理CCS水电站设计的经验和教训,以及运行以来的一些反思,组织出版了这套技术丛书,有很大的参考价值。

中国工程院院士 马洪琪

2019年11月

# 总前言

厄瓜多尔科卡科多·辛克雷(Coca Codo Sinclair,简称 CCS)水电站位于亚马孙河二级支流 Coca 河上,为径流引水式,装有 8 台冲击式水轮机组,总装机容量 1 500 MW,设计多年平均发电量 87 亿 kW·h,总投资约 23 亿美元,是目前世界上总装机容量最大的冲击式水轮机组电站。

厄瓜多尔位于环太平洋火山地震带上,域内火山众多,地震烈度较高。Coca 河流域地形以山地为主,分布有高山气候、热带草原气候及热带雨林气候,年均降雨量由上游地区的 1 331 mm 向下游坝址处逐渐递增到 6 270 mm,河流水量丰沛。工程区河道总体坡降较陡,从首部枢纽到厂房不到 30 km 直线距离,落差达 650 m,水能资源丰富,开发价值很高。为开发 Coca 河水能资源而建设的 CCS 水电站,存在冲击式水轮机过机泥沙控制要求高、大流量引水发电除沙难、尾水位变幅大保证洪水期发电难、高内水压低地应力隧洞围岩稳定差等技术难题。2008 年 10 月以来,立足于黄河勘测规划设计研究院有限公司 60 年来在小浪底水利枢纽等国内工程勘察设计中的经验积累,设计团队积极吸收欧美国家的先进技术,利用经验类比、数值分析、模型试验、仿真集成、专家研判决策等多种方法和手段,圆满解决了各个关键技术难题,成功设计了特大规模沉沙池、超深覆盖层上的大型混凝土泄水建筑物、24.83 km 长的深埋长隧洞、最大净水头 618 m 的压力管道、纵横交错的大跨度地下厂房洞室群、高水头大容量冲击式水轮机组等关键工程。这些为 2014 年 5 月 27 日首部枢纽工程成功截流、2015 年 4 月 7 日总长 24.83 km 的输水隧洞全线贯通、2016 年 4 月 13 日首批四台机组发电等节点目标的实现提供了坚实的设计保证。

2016年11月18日,中国国家主席习近平在基多同厄瓜多尔总统科雷亚共同见证了CCS水电站竣工发电仪式,标志着厄瓜多尔"第一工程"的胜利建成。截至2018年11月,CCS水电站累计发电152亿kW·h,为厄瓜多尔实现能源自给、结束进口电力的历史做出了决定性的贡献。

CCS水电站是中国水电积极落实"一带一路"发展战略的重要成果,它不但见证了中国水电"走出去"过程中为克服语言、法律、技术标准、文化等方面的差异而付出的艰苦努力,也见证了黄河勘测规划设计研究院有限公司"融进去"取得的丰硕成果,更让世界见证了中国水电人战胜自然条件和工程实践的极限挑战而做出的一个个创新与突破。

成功的设计为CCS水电站的顺利施工和运行做出了决定性的贡献。为了给从事水利水电工程建设与管理的同行提供技术参考,我们组织参与CCS水电站工程规划设计人员从工程规划、工程地质、工程设计等各个方面,认真总结CCS水电站工程的设计经验,编写了这套厄瓜多尔辛克雷水电站规划设计丛书,以期CCS水电站建设的成功经验得到更好的推广和应用,促进水利水电事业的发展。黄河勘测规划设计研究院有限公司对该丛书的出版给予了大力支持,第十三届全国人大环境与资源保护委员会委员、水利部原副部长矫勇,中国工程院院士、华能澜沧江水电股份有限公司高级顾问马洪琪亲自为本丛书作序,在此表示衷心的感谢!

CCS水电站从2009年10月开始概念设计,到2016年11月竣工发电,黄河勘测规划设计研究院有限公司投入了大量的技术资源,保障项目的顺利进行,先后参与此项目勘察设计的人员超过300人,国内外多位造诣深厚的专家学者为项目提供了指导和咨询,他们为CCS水电站的顺利建成做出了不可磨灭的贡献。在此,谨向参与CCS水电站勘察设计的所有人员和关心支持过CCS水电站建设的专家学者表示诚挚的感谢!

由于时间仓促、水平有限,书中不足之处在所难免,敬请广大读者批评指正!

張金良

2019年12月

# 厄瓜多尔辛克雷水电站规划设计丛书

## 编 委 会

# 前 言

南美厄瓜多尔辛克雷水电站装设 8 台单机容量为 184.5 MW 的冲击式机组，总装机容量 1 500 MW，为冲击式机组总装机容量世界最大的水电站。该电站 2010 年 7 月开工建设，2016 年 4 月首批 4 台机组并网发电，2016 年 11 月另 4 台机组发电并全部投入商业运营。中方设计单位经历了概念设计、基本设计和施工图设计的全过程，通过了多个世界著名咨询公司（如意大利 ELC 公司等）的审查。

辛克雷水电站的设计，是国内设计公司第一次走向南美市场、与美洲国家水电工程设计接轨的一次历程，也是承接世界上最大规模的冲击式机组电站设计的一次探索过程，对国内设计公司是一次全新的考验。本工程设计过程有如下特点：

首先，工程的设计难度大。作为世界最大的冲击式机组水电站，其机组型式及参数选择、水轮机的抗磨防护，尤其机组在尾水洞有压工况下运行的特殊问题研究，都是其他工程所没有的。其次，本工程的设计大量采用国际规范和标准，如电站接地网的设计完全采用 IEEE 国际规范，促使设计人员改变原有的设计习惯与方法，与国际接轨。再次，设计成果的提交与国内工程有较大差异。在施工设计阶段，咨询工程师要求所有成果提交均采用“设计准则、计算书、图纸”，即所谓“三部曲”的形式，设计准则首先要经过咨询工程师批准，其后才可提交其他成果。这与国内工程设计有较大的差异，大大增加了设计工作量和难度。最后，与咨询工程师的沟通问题。本工程初设及施工图阶段的咨询工作由墨西哥公司承担，由于东西方文化、技术背景等方面的差异，咨询工程师对设计方法、技术方案经常提出不同意见。为了使对方理解中方设计成果，一方面我们要改变以往约定俗成的观念和思维模式，按照国际规范要求来完成工作；另一方面要及时主动与咨询工程师沟通，使中方的设计思路和成果得以实施。

通过辛克雷水电站的设计，机电及金属结构专业在国际工程设计方面有了长足的进步，在南美水电工程设计方面积累了丰富的经验。本书旨在总结辛克雷水电站机电及金属结构设计方面所积累的经验及教训，力求反映辛克雷水电站机电及金属结构设计全貌，对中方设计单位以后进军欧美高端水电工程设计市场、对大容量冲击式机组水电站的设计，无疑具有一定的指导作用。但由于时间和水平有限，书中难免有遗漏或错误之处，欢迎读者批评指正。

**编　者**

2019 年 9 月

# 《大容量冲击式水轮发电机组电站机电及金属结构设计》编写人员及编写分工

主　编:王为福　乔中军

副主编:李　亚　姚宏超

统　稿:杨　建

| 章名 | 编写人员 |
|---|---|
| 第1章　电站概况 | 王为福　乔中军　杨　建 |
| 第2章　水力机械 | 乔中军　王文先　李红帅　郑莉玲　孙玉涵　苏林山　刘绍谦　王　佳　王　洋 |
| 第3章　电气工程 | 电气一次:孙国强　李　亚　杨　建　常学军　史红丽　姚　帅　姬胜昔 |
| | 电气二次:李全胜　任　岩　张　丹　杨宏杰　沈冰珂　邢　磊　邹　琮　张欢欢 |
| 第4章　金属结构 | 姚宏超　毛明令　周　伟　丁正中　侯庆宏　姚　雷　张小辉　杜　庶　谢腾飞 |
| 第5章　电站消防系统 | 李红帅　李彦伟 |
| 第6章　通风空调及事故防排烟系统 | 杨合长　毛艳民　朱　莉　王龙阁 |

# 目　录

第 1 章

# 电站概况

# 1.1　工程概述

科卡科多·辛克雷(Coca Codo Sinclair,简称 CCS)水电站为引水式电站,位于南美洲厄瓜多尔国南部 Napo 省与 Sucumbios 省交界处,CCS 水电站工程由首部枢纽、输水隧洞、调蓄水库、压力管道、地下厂房、进厂交通洞及 500 kV 电缆洞、地面开关站和控制楼等组成。CCS 水电站装机容量为 8×184.5 MW,总装机 1 500 MW,年发电量达 88 亿kW·h,能满足该国 75%的用电需求,成为该国规模最大的水力发电基地,能将该国水力发电的比例从目前的 44%提升到 95%左右。工程位置见图 1-1。

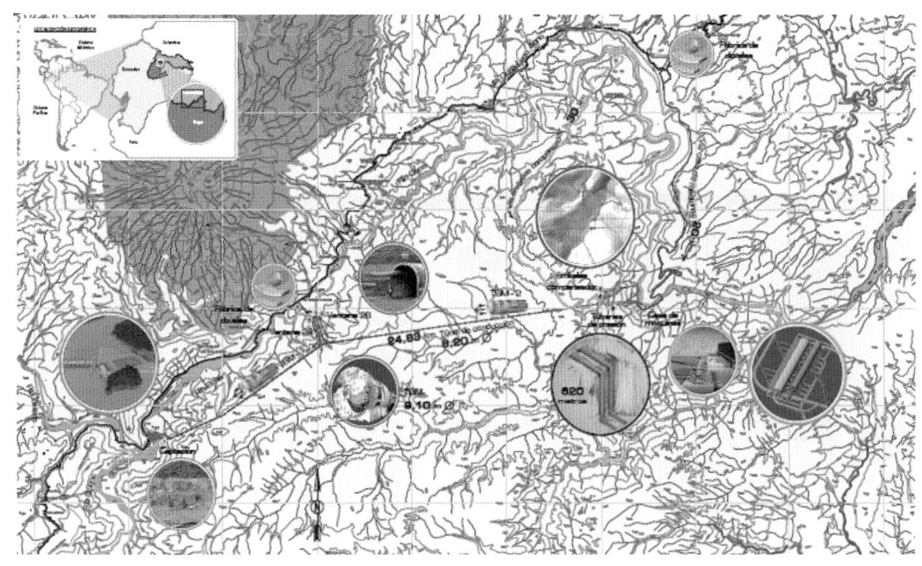

图 1-1　工程位置

CCS 水电站采用 500 kV 电压接入电力系统,500 kV 出线 2 回,经距电站约 7 km 的 San Rafael 500 kV/220 kV 变电站,接入首都基多 INGA 500 kV 变电站。

电站引水系统见图 1-2。

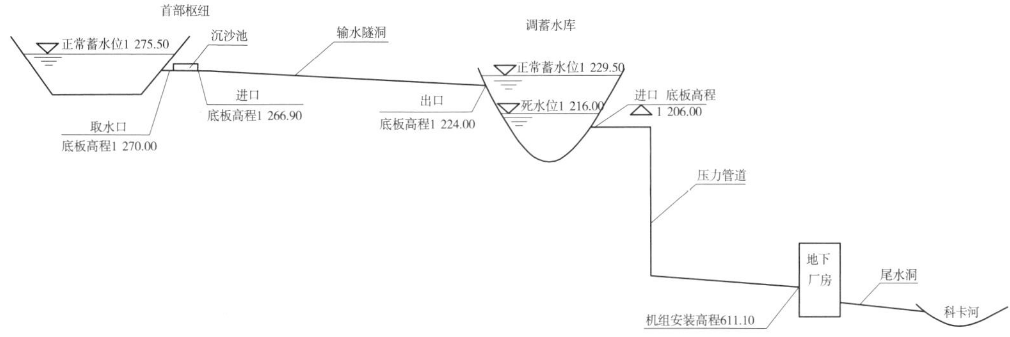


图 1-2　电站引水系统示意图　(单位:m)

首部枢纽正常蓄水位 1 275.50 m；设计洪水为 200 年一遇，洪峰流量 6 020 $m^3/s$，相应水位 1 282.25 m；校核洪水为 10 000 年一遇，洪峰流量 8 900 $m^3/s$，相应水位1 284.25 m。

调蓄水库正常蓄水位 1 229.50 m，死水位 1 216.00 m。按照电站运行要求，调蓄水库为日调节水库，调节库容 94.4 万 $m^3$。输水隧洞按设计引水流量 222 $m^3/s$ 输水入调蓄水库。

工程开工时间为 2010 年 7 月 28 日，2016 年 4 月首批 4 台机组并网发电，2016 年 11 月第二批 4 台机组投入商业试运行。

## 1.2　机电及金属结构设计概况

### 1.2.1　水力机械

地下厂房安装 8 台单机容量为 205 MVA 的水斗式水轮发电机组及其附属设备，包括调速器、励磁系统、进水球阀等。

CCS 水电站运行水头 594.27～616.74 m。经过混流式机组和冲击式机组的综合比选，包括对比地下厂房开挖工程量、施工难度、运行维护成本、工期及造价等多项因素，CCS 水电站采用冲击式水轮机组。

经过计算，水轮机组的各项参数为：立轴水斗式水轮机，6 个喷嘴、6 折向器，额定水头为 604.10 m，额定轴功率为 188.266 MW，单机额定流量为 34.70 $m^3/s$，额定转速为 300 r/min。

调速器为机械液压调速器。调速器采用数字 PID 微处理器，双通道调节，设有电网频率跟踪功能，同期期间能跟踪电网频率，实现快速并网。

水轮机进水阀为 QF 618-WY-220 型卧轴液控双密封球阀，公称直径 2.2 m，设计压力 7.5 MPa，设计流量 35.0 $m^3/s$，操作油压为 6.3 MPa。

发电机额定容量 205 MVA，为三相凸极同步交流发电机，采用立轴悬式结构，密闭循环空气冷却。发电机由定子、转子、推力轴承、上导轴承、下导轴承等部分组成，并由哈尔滨电机厂有限责任公司供货。

发电机主要参数为：额定有功功率 184.5 MW，功率因数 0.9，额定频率 60 Hz，额定效率 98.54%，额定电压 13.8 kV，励磁方式为静止可控硅自并励。

### 1.2.2　电气工程

CCS 水电站装机容量为 8×184.5 MW，采用 500 kV 电压接入电力系统，输电至首都基多 INGA 500 kV 变电站。

发电机变压器组接线采用单元接线，8 台机组共 8 串进线单元，500 kV 电压侧采用双母线接线，500 kV 出线 2 回。发电机变压器组之间采用发电机断路器 GCB，额定开断容量为 80 kA。电气制动采用专用电制动开关，额定电流为 6 300 A，额定短路电流制动能力 63 kA。

主变压器洞内安装有 25 台单相升压变压器，其中 1 台备用。单相变压器容量为

69 MVA。

500 kV 高压配电装置型式采用 GIS 户内布置。

为保证厂用电安全,地下厂房设置 1 台容量为 1 400 kVA 的卧式水斗式水轮发电机组,与地面中控楼内布置的 1 台容量为 1 250 kW 的柴油发电机均作为电站的备用电源。在尾水闸室配电中心设置 1 台 150 kVA 的柴油发电机,作为尾水闸室重要用电负荷备用电源。

CCS 水电站采用计算机监控系统,实现对整个工程的监视与控制。电站由厄瓜多尔国家电网负荷控制中心(LDC)进行调度。

电站继电保护采用 ABB 公司的数字式继电保护装置。发电机变压器组、励磁变压器、厂用隔离变压器继电保护,除非电量保护外,均按双重化原则配置。

500 kV 系统保护装置包括 500 kV 线路保护、500 kV 母线保护、母联保护、500 kV 系统故障录波等。500 kV 线路保护和 500 kV 母线保护采用双重化配置;线路保护柜设置失灵启动回路;断路器失灵保护包含在母线保护柜内,与母线保护共用跳闸出口;断路器操作采用三相操作箱等。

在 CCS 水电站 500 kV 输电线路上架设 1 回 48 芯 OPGW 光缆作为传输通道,在地面控制楼设 1 套 SDH 622 Mbps 光通信设备及 1 套 PCM 设备等,作为与基多电力调度中心的电力系统通信方式。在地下厂房母线层继电保护室内分别设 1 台 80 门数字程控调度交换机和 1 台 400 端口数字程控用户交换机,分别用作生产调度通信和行政管理通信。

### 1.2.3　金属结构

金属结构设备主要布置在首部枢纽、输水隧洞、调蓄水库、电站 4 个部位,承担发电引水和泄洪控制水流的任务。全部设备包括平面闸门 43 扇、翻板闸门 2 扇、拦污栅 44 扇、弧形闸门 2 扇、液压启闭机 37 套、门机(含清污)4 台、单轨移动式启闭机 5 台等。

### 1.2.4　电站消防系统

电站消防系统主要分为水消防系统、气体消防系统和移动式灭火器。

水消防系统主要包括地下厂房和中控楼室内消火栓系统及主变压器水喷雾灭火系统。水消防系统采用厂外高位水池自流供水系统,即为常高压供水系统。

气体消防系统主要用于水轮发电机组和中控室。其中,水轮发机组采用 $CO_2$ 灭火系统,每台发电机组配 1 套 $CO_2$ 灭火装置。中控楼的中控室和通信室采用 IG541 气体灭火系统。

移动式灭火器是在厂房内水消防系统、气体灭火系统的基础上另配置了 $CO_2$ 和泡沫移动式灭火器。

### 1.2.5　通风空调及事故防排烟系统

电站的通风空调及事故防排烟系统主要包括通风系统、制冷系统、空调系统、除湿系统和事故防排烟系统。

通风系统通过进厂交通洞来的新风,在负压的作用下分别被分流至地下主变压器洞和发电机层安装间,主厂房气流组织确定采用下送上排、上送下排多层串联分散布置的通风方式。

制冷系统在球阀层高程设置3台螺杆式冷水机组,总制冷量3×1 060 kW。冷却水采用抽取机组尾水间接冷却的方式冷却,水源取自4#、5#机组尾水。

空调系统在地下发电机层、水轮机层、母线洞采用吊顶式空气处理机组送风系统;母线层采用立柜式空气处理机组送风系统;中控楼采用一套中央空调系统。

除湿系统在主变压器洞与进厂洞的主变压器室外侧设置2台调温型新风除湿机组,把处理后的新风通过风管射流送至安装间进入发电机层。

在发电机层、主变压器洞搬运廊道设置有事故排烟系统;厂用配电室、电缆廊道、油罐室、油处理室、蓄电池室、主变压器室等易发生火灾区域的进、排风口均设置有全自动防火阀,在厂房内各通风系统中分别采取了不同的防火措施,并设置了事故排烟系统。

## 1.3　电站运行方式及参数

### 1.3.1　电站运行方式

电站在电力系统中每天承担峰荷4 h、腰荷15 h、基荷5 h。调蓄水库水位每日在4 h内由1 229.50 m降到1 216.00 m,基荷5 h内水位由1 216.00 m升至1 229.50 m,腰荷15 h内水位维持在1 229.50 m。

### 1.3.2　电站参数

#### 1.3.2.1　主要机电设备参数

1.水轮机参数

水轮机型式:立轴水斗式水轮机;

水轮机型号:6个喷嘴、6折向器(PV6);

额定水头:604.10 m;

单机额定流量:34.70 $m^3$/s(34.93 $m^3$/s);

额定效率:91.89%(91.29%);

额定转速:300 r/min。

2.发电机参数

发电机额定有功功率:单机184.5 MW,总装机8台共约1 500 MW;

功率因数:0.9;

额定频率:60 Hz;

额定效率:98.54%;

额定电压:13.8 kV;

励磁方式:静止可控硅自并励。

3.主变压器参数

主变压器额定功率:单台单相69 MVA、三相205 MVA,共25台单相变压器;

类型：单相、室内布置；

初级绕组额定电压：$500/\sqrt{3}$ kV；

次级绕组额定电压：13.8 kV；

阻抗电压：14 kV±7.5%。

#### 1.3.2.2　调蓄水库水位

调蓄水库正常蓄水位 1 229.50 m；

调蓄水库名义水位 1 225.50 m；

调蓄水库死水位 1 216.00 m。

#### 1.3.2.3　首部枢纽天然河流泥沙、过机泥沙及过机泥沙粒配

首部枢纽天然河流泥沙、过机泥沙及过机泥沙粒配见表 1-1～表 1-3。

表 1-1　首部枢纽天然河流泥沙

| 项目 | 单位 | 天然来沙 |
| --- | --- | --- |
| 多年平均含沙量 | $kg/m^3$ | 1.0 |
| 多年汛期平均含沙量 | $kg/m^3$ | 1.0 |
| 中数粒径 | mm | 0.12 |
| 粒径 0.04～0.07 mm、莫氏硬度≥5 的硬矿物含量占总沙重 | % | 4.31 |
| 粒径 0.04～0.07 mm、莫氏硬度≥7 的硬矿物含量占总沙重 | % | 1.23 |

表 1-2　首部枢纽过机泥沙

| 项目 | 单位 | 过机泥沙 |
| --- | --- | --- |
| 多年平均过机含沙量 | $kg/m^3$ | 0.28 |
| 多年汛期平均过机含沙量 | $kg/m^3$ | 0.28 |
| 粒径大于 0.01 mm 多年平均过机含沙量 | $kg/m^3$ | 0.27 |
| 中数粒径 | mm | 0.08 |
| 粒径 0.04～0.07 mm、莫氏硬度≥5 的硬矿物含量占总沙重 | % | 7.25 |
| 粒径 0.04～0.07 mm、莫氏硬度≥7 的硬矿物含量占总沙重 | % | 1.13 |
| 粒径 0.04～0.07 mm、莫氏硬度≥5 的硬矿物含量占 0.04～0.07 mm 沙重 | % | 32 |
| 粒径 0.04～0.07 mm、莫氏硬度≥7 的硬矿物含量占 0.04～0.07 mm 沙重 | % | 5 |

表 1-3　首部枢纽过机泥沙粒配

| 粒径(mm) | <0.01 | <0.04 | <0.07 | <0.10 | <0.25 | <0.50 |
|---|---|---|---|---|---|---|
| 小于某粒径沙重百分数(%) | 4.16 | 17.48 | 40.14 | 62.97 | 99.70 | 100.00 |

#### 1.3.2.4　下游河道水位

设计洪水位：$Q$=3 200 $m^3/s$，606.95 m；

$Q$=1 600 $m^3/s$，604.69 m。

正常尾水位：$Q$=326 $m^3/s$，602.20 m。

#### 1.3.2.5　水头

最大水头：616.74 m；

额定水头：604.10 m；

最小水头：594.27 m。

第2章

# 水力机械

# 2.1　水轮机及其附属设备

## 2.1.1　水轮机

### 2.1.1.1　合同保证值

(1)水轮机合同保证值见表 2-1。

表 2-1　水轮机合同保证值

| 项目 | 单位 | 数值 |
|---|---|---|
| 额定转速 | r/min | 300 |
| 在最大净水头 617.24 m(1+1 机组)下保证功率 | kW | 192 000 |
| 在最大净水头 617.24 m(4+4 机组)下保证功率 | kW | 188 000 |
| 在额定净水头 604.10 m 下保证功率 | kW | 187 000 |
| 在最小水头 594.27 m 下保证功率 | kW | 186 500 |
| 在最大净水头 617.24 m 和下述功率比例下的保证效率 | kW | 192 000 |
| 10/10 | % | 91.10 |
| 8/10 | % | 91.37 |
| 6/10 | % | 91.12 |
| 4/10 | % | 91.05 |
| 2/10 | % | 90.26 |
| 在额定净水头 604.10 m 和下述功率比例下的保证效率 | kW | 187 000 |
| 10/10 | % | 91.15 |
| 8/10 | % | 91.40 |
| 6/10 | % | 91.19 |
| 4/10 | % | 91.10 |
| 2/10 | % | 90.29 |
| 在最小净水头 594.27 m 和下述功率比例下的保证效率 | kW | 186 500 |
| 10/10 | % | 91.08 |
| 8/10 | % | 91.40 |
| 6/10 | % | 91.19 |
| 4/10 | % | 91.10 |
| 2/10 | % | 90.35 |

续表 2-1

| 项目 | 单位 | 数值 |
|---|---|---|
| 按技术规范中的加权系数计算的加权平均效率 | | |
| ηw1(最大净水头,单位 m) | % | 91.15 |
| ηw2(额定净水头,单位 m) | % | 91.20 |
| ηw3(最小净水头,单位 m) | % | 91.19 |
| 在最不利条件下的最大飞逸转速 | r/min | 530 |
| 在最不利条件下甩负荷时的最大转速 | r/min | 435 |
| 在最不利条件下甩负荷后配水环管中最大压力 | MPa | 7.5 |
| 在最不利情况下叶轮轴与它的排出水位间最小距离 | m | ≤5.3 |

(2)发电机合同保证值见表 2-2。

表 2-2　发电机合同保证值

| 项目 | 单位 | 数值 |
|---|---|---|
| 在额定频率、额定电压、额定功率因数和空气温度 40 ℃以及相应于 IEC 的 B 级绝缘温升下,连续额定功率 | MVA | 205 |
| 额定电压 | kV | 13.8±10% |
| 额定功率因数 | | 0.9 |
| 额定频率 | Hz | 60±5% |
| 极数 | | 24 |
| 同步转速 | r/min | 300 |
| 甩负荷时过速(与水轮机厂协调) | r/min | 435 |
| 飞逸速度(与水轮机厂协调) | r/min | 530 |
| 飞轮力矩($GD^2$)不小于 | t · m² | 6 000 |
| 短路比不低于 | | 1.0 |
| 负序电流: | | |
| 连续值 $I_2/I_n$ 不小于 | % | 12 |
| 时限值 $I_2^2T$($I_2$ 为 PU 中的 $I_n$,$n$ 为秒)不小于(另译为:$I_2^2T$ 比值平方与允许不对称时间乘积) | % | 40 |
| 电话谐波系数($THF$) | % | 1.5 |
| 横轴次瞬变电抗和直轴次瞬变电抗比值($X''q/X''d$) | P.U | 1.0 |
| 额定电压直轴瞬变电抗($X''d$) | % | 29.7 |

续表 2-2

| 项目 | | | | | 单位 | 数值 |
|---|---|---|---|---|---|---|
| 定子绕组开路时励磁绕组的时间常数 $TD0'$ | | | | | Sec(%) | 24 |
| 在额定电压、额定频率、功率因数为 0 和空气温度 40 ℃时最大无功功率 | | | | | | |
| 过励磁 | | | | | kvar | 89.6 |
| 欠励磁 | | | | | kvar | 89.6 |
| 在额定条件和下述功率比例下的保证效率 | | | | | | |
| 功率 | $G_1=20\%$ | $G_2=40\%$ | $G_3=60\%$ | $G_4=80\%$ | $G_5=100\%$ | |
| 保证效率 | 94.6% | 96.85% | 97.65% | 97.9% | 98% | |
| 加权平均效率 $WGE$ 值 | | | | | % | 97.52 |
| 在下述功率比例下的各部分损耗(kW) | | | | | | |
| | $G_1$(20%) | $G_2$(40%) | $G_3$(60%) | $G_4$(80%) | $G_5$(100%) | |
| 摩擦和风阻损耗 | 1 600 | 1 600 | 1 600 | 1 600 | 1 600 | |
| 铁芯损耗 | 480 | 480 | 480 | 480 | 480 | |
| 在 75 ℃下定子铜耗 $I^2R$ | 18 | 65 | 150 | 265 | 400 | |
| 在 75 ℃下转子铜耗 $I^2R$ | 143 | 180 | 228 | 287 | 373 | |
| 75 ℃下其他损耗 | 12 | 49 | 109 | 195 | 304 | |
| 励磁系统损耗 | 22 | 22 | 24 | 25 | 30 | |

(3)空蚀保证见表 2-3。

表 2-3　空蚀保证

| 项目 | 单位 | 数值 |
|---|---|---|
| 空蚀保证运行考核时间 | h | 8 000 |
| 以原表面为基准,每个空蚀区域的最大测量深度($=S_{max}$)应小于 | cm | $0.4\times B^{0.5}$ |
| 水斗内、外部受空蚀损害需要打磨和补焊修理的叶轮总面积($=A_{max}$),应小于 | $cm^2$ | $900\times B^{1.7}$ |
| 空蚀损害的水斗材料总体积($=V_{max}$)应小于 | $cm^3$ | $240\times B^2$ |

注:1.$B$(m)为水斗内部宽度。

2.空蚀保证仅限于水斗受损区域,喷嘴和喷针必须以金属材料或塑性陶瓷材料涂层保护。

#### 2.1.1.2 水轮机机型选择

1.水轮机型式比选

水轮机将水流的能量转换为轴的旋转机械能,借助转轮叶片与水流互相作用来实现能量的转换。根据不同的运行水头范围,混流式水轮机的应用范围为 20~700 m,冲击式水轮机的应用范围可达 300~2 000 m。

CCS 水电站运行水头 594.27~ 616.74 m,根据运行水头的范围可供选择的水轮机有混流式和冲击式两种机型。

混流式水轮机最高效率比冲击式水轮机的高 1.0%~2.0%;冲击式水轮机最高效率虽低于混流式水轮机的,但其效率随负荷的变化平缓,对负荷的适应性较强,在较低负荷区运行时,可根据出力变化自动切换喷嘴数,从单喷嘴到多喷嘴稳定运行,使其在不同出力下始终保持较高效率,通常在 60%额定出力以下的较低负荷区运行时,冲击式水轮机效率高于混流式水轮机,冲击式水轮机的运行区域宽广,可在 10%~100%额定负荷范围内运行。

混流式水轮机的比转速和额定转速比冲击式水轮机的高,可获得尺寸和质量均较小的发电机,以节省设备投资;水轮机的平面尺寸比冲击式水轮机小,相应主厂房尺寸小,有利于地下厂房成洞和稳定,但混流式机组较低的吸出高度将使水轮机机组的安装高程较低,地下厂房开挖较深,土建工程量及工作难度较大。而冲击式水轮机的地下厂房开挖工程量很小、施工容易,可简化厂房排水设施,减少电站总投资。

CCS 水电站的过机泥沙含量较大,如采用混流式机组,要保证 5 年大修间隔周期难度大,花费的人力、物力及损失电量远大于冲击式机组。而冲击式机组,在结构上过流部件和密封部件较少,易磨损的喷针头、喷嘴口环及水斗分水刃相对独立,更换方便(有备件的情况下,1~2 d 即可完成),有利于缩短机组检修时间。

因此,CCS 水电站采用冲击式水轮机组可减少运行维护成本、工期和检修损失电量,也符合主合同要求。

2.水轮机参数调研

CCS 水电站水轮机是我国参与设计、制造的单机容量最大的冲击式水轮发电机,为了更深入地了解大容量、高水头冲击式水轮发电机的性能参数,掌握已投运冲击式水轮发电机组实际运行情况,对国内运行的相近水头、类似容量的仁宗海、金窝、大发 3 个梯级电站开展了调研工作。这 3 个电站均为高水头、大容量 6 喷嘴冲击式机组,转轮均为 21 个水斗。具体参数见表 2-4。

从收集的资料来看,仁宗海、金窝、大发 3 个梯级电站的冲击式水轮机完全依赖国内设计、制造技术有难度。其中,仁宗海、金窝电站主机部分(含球阀)由东方电机有限公司总包,但冲击式水轮机的水力设计,转轮、喷嘴及喷嘴口环、喷针及喷针头、喷管及内藏式接力器等关键部件由 Andritz Hydro 分包;大发电站主机部分(含球阀)由哈尔滨电机厂有限责任公司总包,但水轮机的水力设计,转轮、喷嘴及喷嘴口环、喷针及喷针头、喷管及内藏式接力器等关键部件由 Andritz Hydro(安德里茨水电公司)分包。

表 2-4　调研电站参数表

| 序号 | 项目 | 仁宗海电站 | 金窝电站 | 大发电站 |
| --- | --- | --- | --- | --- |
| 1 | 厂房类型 | 地下厂房 | 地面厂房 | 地下厂房 |
| 2 | 装机容量(MW) | 2×120 | 2×140 | 2×120 |
| 3 | 水头范围(m) | 547.6~610 | 594.9~619.8 | 482~513.8 |
| 4 | 额定水头(m) | 560 | 595 | 482 |
| 5 | 额定转速(r/min) | 375 | 375 | 300 |
| 6 | 转轮直径(m) | 2.55 | 2.63 | 2.95 |
| 7 | 水轮机最高效率 | ≥91% | ≥91% | ≥91% |
| 8 | 水轮机加权平均效率 | ≥89% | ≥89% | ≥89% |
| 9 | 水轮机安装高程(m) | 2 320.5 | 1 696.3 | 1 177.3 |
| 10 | 排出高度(m) | 4.18 | 4.23 | 4.23 |
| 11 | 配水环管最大直径(m) | 14.370 | 14.370 | 15.927 |
| 12 | 进水球阀公称直径 | DN 1 900 | DN 1 900 | DN 2 000 |
| 13 | 发电机加权平均效率 | ≥86.5% | ≥86.5% | ≥86.5% |
| 14 | 发电机风罩外径(m) | 10.4 | 10.4 | 11.4 |

仁宗海、金窝、大发 3 个梯级电站的水力设计均由 Andritz Hydro 负责，转轮利用 Andritz Hydro 以前开发出来的转轮，业主在试验台上对转轮的模型进行了目击验收试验。

#### 2.1.1.3　冲击式水轮机参数复核

1.单喷嘴比转速选择

在决定冲击式水轮机的比转速之前，先要确定单个喷嘴比转速 $n_{s1}$，而选择单喷嘴比转速 $n_{s1}$，可参考图 2-1 冲击式水轮机比转速 $n_{s1}$ 与水头 $H_{sj}$ 关系曲线。图 2-1 中曲线①为国内近期水平，而曲线②则是挪威经验曲线，不超过曲线②水平可避免气蚀破坏。经查询曲线，CCS 水轮机单喷嘴的比转速范围为 15.8~19.9 m · kW。

目前，常用的几个比转速的经验范围如下：

苏联型谱 K600 型转轮：$n_{s1} \approx 20$ m · kW；

哈尔滨电机厂有限责任公司统计公式：$n_{s1} = 284.2H_{sj}^{-0.438\,8} = 17.12$ m · kW；

阿尔斯通公司推荐：$n_{s1} \approx 17.1$ m · kW。

单个喷嘴时，水轮机比转速同设计水头之间的统计关系式为：

$$n_{s1} = \frac{85.49}{H_{sj}^{0.243}}$$

式中　$H_{sj}$——水轮机额定水头，m。

因此，$n_{s1} = \dfrac{85.49}{H_{sj}^{0.243}} = \dfrac{85.49}{604.1^{0.243}} = 18.03(\text{m} \cdot \text{kW})$

经过以上分析并结合几家公司推荐的比转速范围，CCS 水电站的水斗式机型的单喷

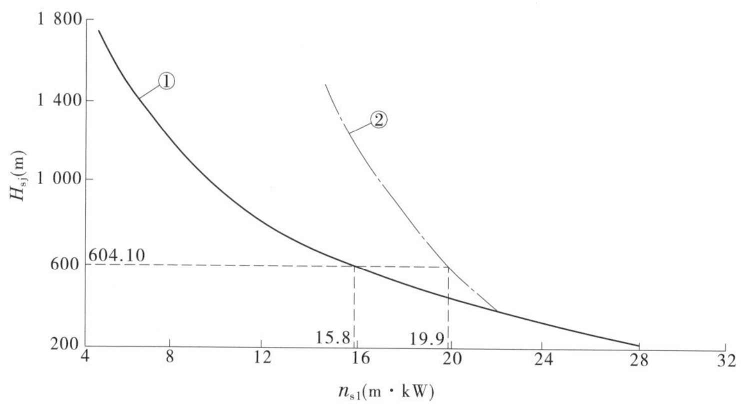


图 2-1　冲击式水轮机比转速 $n_{s1}$ 与水头 $H_{sj}$ 关系曲线

嘴比转速 $n_{s1}=17\sim20$ m · kW 为宜。根据计算结果，取值 $n_{s1}=18.1$ m · kW。

2.喷嘴数 $Z$

喷嘴数与水轮机的比转速、单位流量及水轮机效率都有直接关系，增加喷嘴数可以增加机组的转速，从而减小机组尺寸，降低机组造价，在很宽的负荷范围内每个喷嘴都几乎达到同样的最高效率值，投入运行的喷嘴数可以根据负荷自动切换，在高效区内具有良好的适应性。

图 2-2 表示水轮机喷嘴数为 1~6 个时，水轮机的比转速与设计水头 $H_{sj}$ 的函数关系。根据图 2-2 中的直线来确定特定装置条件下的 $n_{sj}$ 值时，从经济上考虑，应选择尽量高的 $n_s$ 值，即选用 6 个喷嘴水轮机以减少电气设备和厂房投资。为了保证机组的稳定性，水斗式水轮机机组的运行范围应控制在 25%~100%额定出力范围内。一般来说，水轮机喷嘴数多，对于机组的功率调整而言可能更便利。因此，CCS 水电站水轮机的喷嘴数选用 6 个。

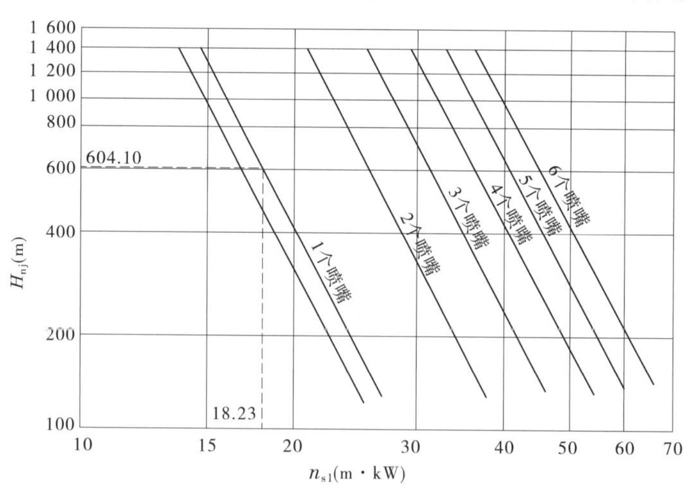


图 2-2　水轮机的比转速与设计水头的函数关系

3.6 个喷嘴比转速 $n_s$

$$n_s = n_{s1}\sqrt{Z} = 18.1 \times \sqrt{6} = 44.34(\mathrm{m \cdot kW})$$

式中　$n_{s1}$——单喷嘴比转速,m · kW;

$Z$——喷嘴数。

4.额定转速 $n$

由《水力机械设计手册》计算转速如下:

$$n = \frac{H_{sj}^{1.25}}{\sqrt{N_1}} n_{s1} = \frac{604.10^{1.25}}{\sqrt{31\ 887}} \times 18.1 = \frac{54\ 208}{178.6} = 304(\mathrm{r/min})$$

式中　$N_1$——单喷嘴水轮机出力,kW。

由计算可知,额定转速可以选择 300 r/min 或 360 r/min。

5.转轮直径 $D_1$

当 $n$=300 r/min 时,则

$$D_1 = \frac{(39 \sim 40)\sqrt{H_{sj}}}{n} = \frac{40 \times \sqrt{604.10}}{300} = 3.277(\mathrm{m}),取\ D_1 = 3.28\ \mathrm{m}$$

当 $n$=360 r/min 时,则

$$D_1 = \frac{40 \times \sqrt{604.10}}{360} = 2.73(\mathrm{m}),取\ D_1 = 2.73\ \mathrm{m}$$

采用单位流量验证转速:

当 $n$=300 r/min 时,则

$$Q'_1 = \frac{Q_{sj}}{D_1^2\sqrt{H_{sj}}} = \frac{34.8}{3.28^2 \times \sqrt{604.10}} = \frac{34.8}{264.42} = 0.131\ 6(\mathrm{m^3/s})$$

当 $n$=360 r/min 时,则

$$Q'_1 = \frac{34.8}{2.73^2 \times \sqrt{604.10}} = \frac{34.8}{183.18} = 0.19(\mathrm{m^3/s})$$

式中　$Q_{sj}$——水轮机额定流量,$\mathrm{m^3/s}$;

$D_1$——水轮机转轮直径,m。

机组转速 360 r/min 方案的优点是水轮机外形尺寸减小、配水环管及机坑直径较小,使得水轮机及厂房土建投资降低,但是国内同水头段的田湾河 3 个梯级电站的 $Q' \leqslant$ 1 600 L/s,采用 360 r/min 时 $Q'_1$ 偏大(1 900 L/s),且不满足合同要求,故机组转速采用300 r/min。

6.喷嘴射流直径 $d_0$

为了在设计水头下能发出额定功率,必须保证有足够的射流直径 $d_0$,所以用额定水头来确定喷嘴的射流直径 $d_0$。

$$d_0 = 545\sqrt{\frac{Q_{sj}}{KZ\sqrt{H_{sj}}}} = 545 \times \sqrt{\frac{34.8}{1 \times 6 \times \sqrt{604.10}}} = 545 \times 0.486 = 264.9(\mathrm{mm})$$

取 265 mm。

式中　$K$——转轮数;

其他符号意义同前。

7.最优直径比 $m$

根据冲击式水轮机单位参数公式转换的比转速公式 $n_s = 214 \times \frac{d_0}{D_1}\sqrt{Z_0}$ 可知,若减小直径比 $m$,则可使 $n_s$ 增加,但 $m$ 值减小很多则会增加水流间撞击,并引起射流作用方向及射流质点沿斗叶绕流轨迹的改变,使机组效率降低,也会引起斗叶上应力的增加,使机组不能稳定运行。根据近百个水电站的统计资料所绘制的相对直径比 $m$ 与水头 $H$ 的关系,见图 2-3,可知 $m$ 在 10~20 之间,属于最优范围。

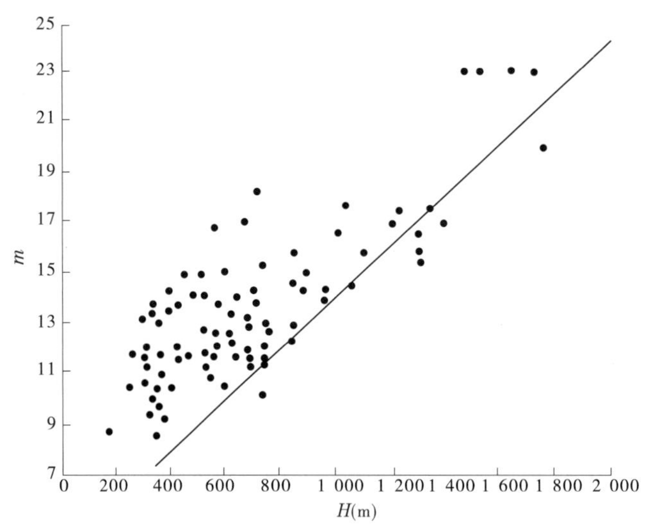


图 2-3 相对直径比 $m$ 与水头 $H$ 的关系

CCS 水电站的相对直径比 $m = D_1 / d_0 = 3.28/0.265 = 12.38$,满足机组运行需求,在最优范围内。

8.喷嘴直径 $d$

$$d = (1.15 \sim 1.25) d_0 = 1.2 \times d_0 = 318(\text{mm})$$

式中 $d_0$——喷嘴射流直径,mm。

9.飞逸转速 $n_r$

$$n_r = \frac{70\sqrt{H_{max}}}{D_1} = \frac{70 \times \sqrt{617.24}}{D_1} = \frac{70 \times 24.84}{3.28} = 530(\text{r/min})$$

式中 $H_{max}$——水轮机最大水头,m。

10.斗叶个数

$$z_1 = 6.67\sqrt{\frac{D_1}{d_0}} = 6.67 \times \sqrt{\frac{3.28 \times 1\,000}{265}} = 23.5(个)$$

所以,斗叶个数取 24 个。

11.水轮机主要参数汇总

水轮机主要参数见表 2-5。

表2-5　水轮机主要参数

| 水轮机型式 | 立轴冲击式水轮机 |
| --- | --- |
| 水轮机型号 | 6个喷嘴、6折向器(PV6) |
| 最大水头(m) | 616.74 |
| 额定水头(m) | 604.10 |
| 最小水头(m) | 594.27 |
| 水轮机的额定轴功率(MW) | 188.266 |
| 水轮机最大轴功率(不小于)(MW) | 192.85 |
| 水轮机单机额定流量($m^3/s$) | 34.70(34.93) |
| 转轮外缘直径(转轮叶片轴线外缘处的最大直径)(m) | 4.194 |
| 转轮节圆直径(m) | 3.240 |
| 水轮机正常运行时的排出高度(m) | 3.8 |
| 斗叶个数 | 24 |
| 斗叶宽度(mm) | 835 |
| 额定效率 | 91.89%(91.29%) |
| 最高效率 | 92.34%(91.76%) |
| 水轮机旋转方向 | 俯视顺时针旋转 |
| 额定转速(r/min) | 300 |
| 飞逸转速(r/min) | 530 |
| 机组安装高程(m) | 611.10 |

注:水轮机参数中括号内参数为喷涂后的参数。

12.结论

通过对水轮机参数进行复核,所选的水轮机主要参数满足合同要求。

#### 2.1.1.4　冲击式水轮机结构特点

水轮机型式是立轴冲击式水轮机,与发电机主轴直接连接,俯视顺时针方向旋转,具体结构见图2-4和图2-5。水轮机部分由哈尔滨电机厂有限责任公司总包,其中水轮机的水力设计,转轮、喷嘴及喷嘴口环、喷针及喷针头、喷管及内藏式接力器等关键部件由Andritz Hydro(安德里茨水电公司)分包。

1.转轮

转轮是冲击式水轮机的核心部件。CCS水电站转轮节圆直径3.28 m,叶轮外缘直径4.194 m,水斗尺寸较大,整体制造加工困难。目前国内外水斗加工的主要方法是分体制造,即轮毂与水斗分别独立制造,然后通过铆接或焊接将轮毂与水斗连接成一个整体。也有采用铸造水斗,但铸造材质机械性能差,制造部件通常产生气孔、夹渣和微裂纹。通过对奥地利塞尔伦-锡尔茨(Sellrain-silz)电站(6个喷嘴,单机262 MW,额定水头1 233 m)转轮水斗斗叶根部应力进行实测,测试结果见图2-6,可知冲击式水轮机在运行时,转轮面临大量的负荷循环,出现典型的交变应力。这都可能导致在水斗根部存在大面积应力集中区,在高水头的巨大外力作用下造成应力释放,导致水斗根部断裂。

CCS水电站转轮在奥地利格拉维茨工厂制造,转轮制造采用HIWELD高焊技术工

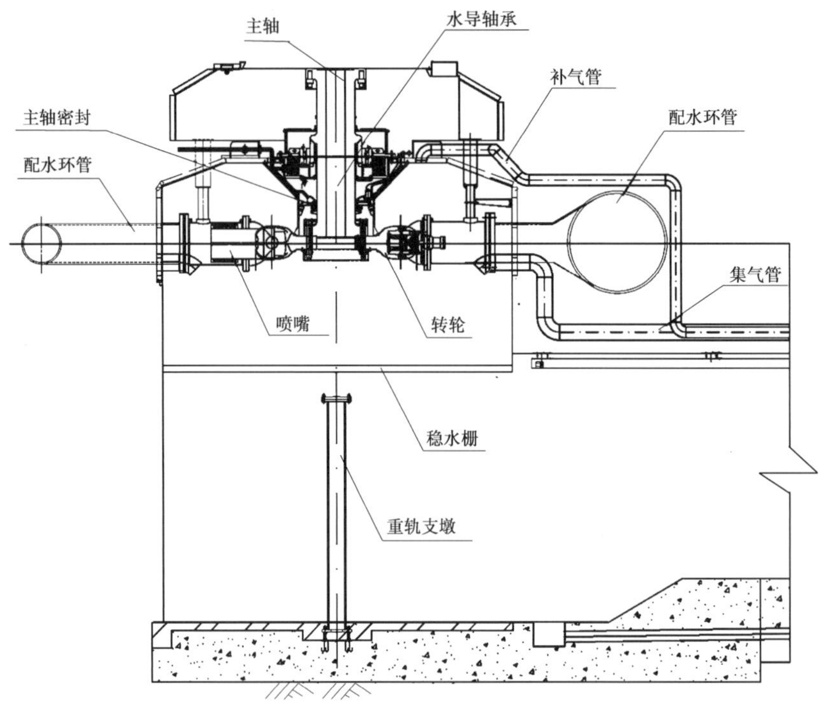


图 2-4　水轮机结构剖面图

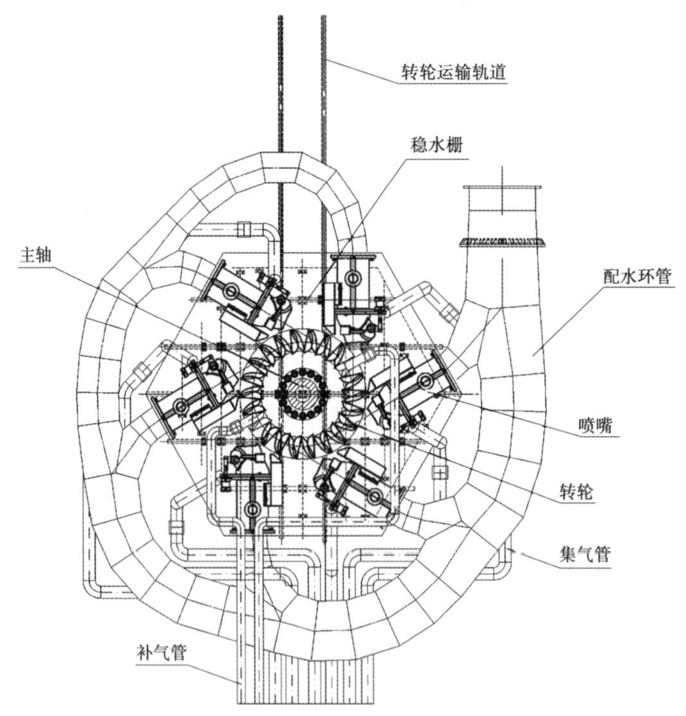


图 2-5　水轮机结构平面图

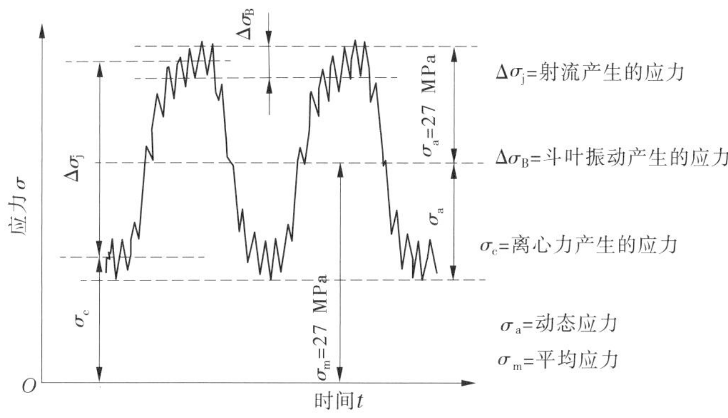


**图 2-6　Sellrain-silz 电站转轮实测斗叶根部应力**

艺,斗叶根部高应力区及轮盘采用德国标准的不锈钢整体锻造,然后数控加工。在制造过程中,负荷大的水斗根部用锻造圆盘制成,通过更均匀和更细的微结构,改进耐腐蚀和耐疲劳的性能,也使杂质(如夹渣和内含物)和离析大大降低,使水斗能够承受任何可能产生的最大射流冲击力和离心力,包括飞逸转速在内的运行中施加的射流作用合力,大大提高抗疲劳性能,延长了使用寿命。

2.水轮机主轴

水轮机主轴采用 20SiMn 材料制作,采用中空结构,外法兰形式。主轴上端法兰与发电机轴下端法兰直接连接。水轮机轴与两端法兰整体锻造,并且轴领也是整体锻造而成。

3.水导轴承和主轴密封

水导轴承采用的是稀油润滑的巴氏合金瓦衬的自润滑轴承,由楔形调整块的分块瓦和可拆卸的轴承体组成。

主轴密封装置在水轮机有压运行时自动投入,在正常运行时(无压运行)能自动切除。主轴密封由转动部件与固定部件组成,转动部件耐磨环利用螺栓固定于主轴上。水轮机运行时,清洁水进入工作密封块与耐磨环所形成的空腔内,分两部分流出。一部分经过工作密封块与耐磨环之间的间隙流到浑水腔,另一部分则流向清洁水腔。当水流在工作密封块与耐磨环中间时,会形成 0.04~0.1 mm 厚度的水膜,清水会流入摩擦表面进行润滑、密封和冷却。

4.水轮机机壳

机壳材料为 Q235-B 的钢板,采用焊接结构。机壳上部设有机壳盖,机壳盖上装有水导轴承支座,机壳上设有装拆转轮和喷嘴的吊具。尾水坑底部采用全钢衬结构,机壳下缘(采用钢衬结构)延伸至尾水坑底部,并与尾水坑底部钢板焊接。

5.配水环管

配水环管采用 Q500D 钢板制作,共分为 6 节,在工地现场组合焊接完成后,进行强度性水压试验,试验压力采用 1.5 倍设计压力,在最大试验压力下的保压时间不少于 30 min,然后将压力降至设计压力值,保持 60 min,检查配水环管的漏水情况和缺陷。在现场水压试验合格后,将配水环管内的水压降至 0.85 倍机组最小净水头,然后保持此压力浇筑混凝土。配水环管在进水球阀下游侧连接管上设置直径 600 mm 的进人孔。在配水环管的最低处开孔径为 100 mm 的排水孔，开孔处焊接加厚的带螺孔法兰，直接和不锈钢排水球阀连接。

6.喷嘴总成

喷嘴总成由喷管、喷嘴、喷针、折向器组成。喷管采用直流内控式，油控油操作，控制机构设在喷管内，各喷嘴以相同的开口和其他喷嘴并列同步投入运行，也可单独投入运行。各喷嘴和各折向器之间全部用油压直接控制。整个行程范围内喷针具有水力自关闭能力。每个喷管都设有一个折向器。每一个折向器都由一个独立的接力器操作。折向器的切水刀板采用不锈钢。

7.折向器

折向器的主要结构型式有推出式和切入式（见图 2-7），这两种结构与折向器的控制方式无直接关系。

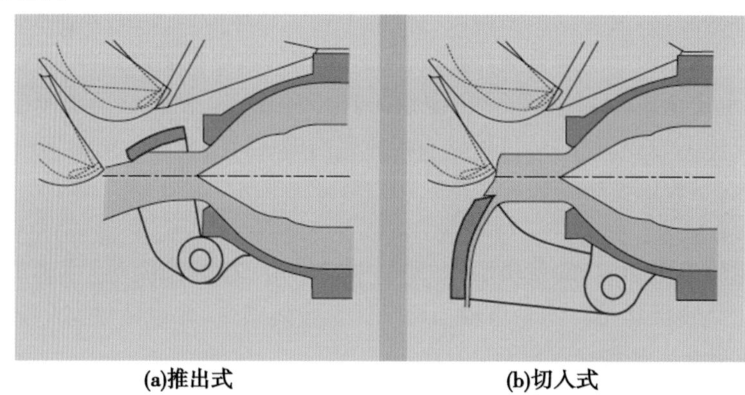

(a)推出式　　(b)切入式

图 2-7　折向器简单示意图

折向器有两种典型的控制方式，即“协联式”和“触发式”，这两种控制方式都可用于推出式或切入式的折向器。

目前，多数正在运行的大型冲击式水轮机的折向器都采用“协联式”控制。当采用这种方式时，折向器必须由接力器控制并与针阀保持协联关系，使针阀在任何开度下，为了提高折向器的敏感性，折向器的截流板都位于射流水柱边缘，一般在机组稳态运行时距离射流柱一般只有几到十几毫米，以起到快速偏流或截流的作用，这种关系就是协联关系。针阀动，折向器必动。协联式的优点是机组的抗负荷扰动的能力强，适用于电网容量相时较小的电站，CCS 水电站就是这种控制方式。

“触发式”是一种简化的折向器控制方案。在稳态运行过程中，折向器总是在全开状态。折向器动作与针阀动作毫无关系，而只受机组转速控制。当机组转速超 3%～5%额定转速时，折向器就会全部关闭，这就叫触发。而当转速降到一定程度后又恢复到全部打开。这种方式机组的抗负荷能力较差，适用于电网容量比机组大得多的情况，国内冲击式水轮机基本都采用这种控制方式。

### 2.1.1.5　冲击式水轮机的抗磨防护

1.泥沙磨损的机制

水流在流经水轮机过流部件时，水流内部压力降低到一定程度，液体不能承受由低压形成的拉应力而自身发生破坏，产生气泡，当气泡在低压区溃灭时，对过流表面产生巨大的冲击力从而造成破坏，这就是气蚀现象（冲击力达 2 500 kg/cm²）。冲击式水轮机中过流部件受泥沙磨损影响较大的主要有喷针、口环、转轮斗叶及喷管、折流板等。泥沙磨损会导致喷针或转轮导叶几何形状的改变，随之而来的空蚀造成二次损坏。磨蚀主要发生部位有水斗分水刃、内表面及背面、喷针及喷嘴环等。

2.泥沙磨损的简易计算

水流中的泥沙颗粒会使水轮机部件，特别是转轮斗叶、喷针头和喷嘴环产生磨损。磨损程度取决于不同的参数，如喷嘴数量、泥沙颗粒硬度、泥沙含量、颗粒的大小和形状以及水流的相对速度。根据《水斗式水轮机空蚀评定》（GB 19184—2003）要求进行计算，CCS 冲击式水轮机空蚀体积允许最大值为 167.3 cm³。

根据含沙水流水斗式水轮机运行经验，Andritz Hydro（安德里茨水电公司）开发了一个用于不锈钢转轮（没有机械抗磨喷涂）估计平均泥沙磨损率的公式。其中，石英（莫氏硬度大于 7）的含量和粒径在 40～70 μm 的泥沙起到关键作用。CCS 冲击式水轮机转轮的磨损计算见表 2-6。

表 2-6　CCS 冲击式水轮机转轮的磨损计算

| 项目 | 单位 | 负荷 | | | | |
|---|---|---|---|---|---|---|
| | | 100% | 80% | 60% | 40% | 20% |
| $Z_0$（喷嘴数） | 个 | 6 | 6 | 4 | 3 | 2 |
| 经验常数 $p$ | — | $5.00\times10^{-6}$ | $4.00\times10^{-6}$ | $3.00\times10^{-6}$ | $2.00\times10^{-6}$ | $1.00\times10^{-6}$ |
| 泥沙石英比例 $q$ | %/100 | 0.05 | 0.05 | 0.05 | 0.05 | 0.05 |
| 泥沙含量 $c$ | g/L | 0.28 | 0.28 | 0.28 | 0.28 | 0.28 |
| 重力加速度 $g$ | m/s² | 9.778 | 9.778 | 9.778 | 9.778 | 9.778 |
| 额定水头 $H_{sj}$ | m | 604.1 | 604.1 | 604.1 | 604.1 | 604.1 |
| 斗叶内相对流速 $w$ | m/s | 54.345 606 | 54.345 61 | 54.345 61 | 54.345 61 | 54.345 61 |
| 泥沙颗粒在 40～70 μm 的比例 $f$(dp50) | %/100 | 0.226 6 | 0.226 6 | 0.226 6 | 0.226 6 | 0.226 6 |
| $z$（斗叶数） | 个 | 24 | 24 | 24 | 24 | 24 |
| 斗叶面积 | m² | 1.2 | 1.2 | 1.2 | 1.2 | 1.2 |
| 运行时间 | h | 977.10 | 2 137.40 | 2 442.70 | 1 221.40 | 1 221.40 |
| 斗叶内表面平均泥沙磨损率 $\delta$ | mm/h | $7.55\times10^{-2}$ | $6.04\times10^{-2}$ | $3.02\times10^{-2}$ | $1.51\times10^{-2}$ | $5.03\times10^{-3}$ |
| | cm/(8 000 h) | $7.38\times10^{-3}$ | $1.29\times10^{-2}$ | $7.38\times10^{-3}$ | $1.84\times10^{-3}$ | $6.15\times10^{-4}$ |
| 单个斗叶磨损体积 | cm³ | 88.55 | 154.96 | 88.55 | 22.14 | 7.38 |
| 整个转轮磨损体积 | cm³ | 1 948.10 | 3 409.16 | 1 948.06 | 487.03 | 162.34 |

注：表中磨损计算是按 8 000 h、不同负荷比进行分配后的各负荷对应值。

由表 2-6 可知，CCS 水电站在过机泥沙莫氏硬度大于 7 时，水轮机总的磨损体积大约为 7 954.7 $cm^3$，远超规范要求，需要对水轮机的转轮进行抗磨防护。

3.抗磨材料涂层措施

从表 2-7 可以看出，碳化钨涂层的黏结强度最大，是冲击式机组最佳的喷涂方式。CCS 水电站对水轮机斗叶内表面、喷嘴环和喷针头进行抗磨喷涂可以减少泥沙磨损。采用抗磨防护材料碳化钨，通过高速火焰喷射工艺（HVOF）实施喷涂，喷涂工作在奥地利工厂进行。具体材料性能及工艺见表 2-8。

表 2-7 各种防护材料的主要力学参数

| 材料 | | 最大泄水流速（m/s） | 涂层厚度（mm） | 抗压强度（MPa） | 抗拉强度（MPa） | 弹性模量（GPa） | 与母材黏结强度（MPa） | 抗冲磨强度［h/（g/cm²）］ | 空蚀率（g/h） | 抗冲击强度（MPa） |
|---|---|---|---|---|---|---|---|---|---|---|
| 金属材料 | 304 不锈钢 | 40~50 | — | — | 500~700 | 200~210 | >500 | 8~12 | 0.1~0.2 | >100 |
| | 碳化钨涂层 | 40~50 | 0.2~0.4 | — | — | 170~200 | 70~100（不锈钢） | 10~15 | 0.1~0.2 | >100 |
| 非金属材料 | 聚氨酯复合树脂砂浆 | 35~40 | 2~4 | 100~120 | 24~28 | 15~20 | >4（混凝土）20~30（不锈钢） | 10~15 | 0.05~0.1 | 23~40 |
| | 聚氨酯弹性体 | 40~45 | 4~6 | 10~20 | 40~65 | 0.2~0.4 | >4（混凝土）20~30（不锈钢） | >20 | <0.025 | >100 |
| | 聚脲 | 35~40 | 1.5~3.0 | — | 10~28 | 0.1~0.4 | 2.5~3.0（混凝土）8~15（不锈钢） | >20 | <0.025 | 80~100 |

表 2-8 CCS 水轮机抗磨涂层材料性能

| 涂层材料 | 碳化钨 |
|---|---|
| 涂层厚度 | 一般采用 0.3 mm，厚度范围 0.2~0.4 mm |
| 表面粗糙度 $R_a$ | $R_a$=4~6 μm（堆积的涂料），$R_a$=0.5~1.2 μm（钻石车削），$R_a$ 值按 DIN 4768 / ISO 4287 |
| 硬度 | 1 300~1 500 HV0.3（维氏硬度，DPH0.3 kg 荷载） |
| 黏结强度 | 70~100 MPa（正常方向沿表面抗拉试验） |
| 抗磨性能 | X3CrN$_i$13-4 不锈钢抗磨能力的 80~90 倍 |
| 抗气蚀性能 | 稍微比 X3CrN$_i$13-4 好些 |
| 抗腐蚀能力 | 淡水和海水中都具有抗腐蚀能力 |
| 无损探伤 | 母材的质量要在喷涂前进行检查 |
| 局限性 | 抗空蚀性能差，必须通过恰当的水力设计来避免 |

根据瑞士、奥地利、智利和其他南美国家大量的水斗式水轮机运行经验，含沙水流中喷涂的水轮机转轮、喷嘴环和喷针头的使用寿命，取决于泥沙类型和含量，喷涂涂层的为

没有喷涂的 2~4 倍。

## 2.1.2　调速器

### 2.1.2.1　调速器的结构

调速系统由机械液压柜、电气控制柜、油压装置及管路等组成。调速器型号为 CJWT-6/6-6.3，采用 6 喷 6 折向冲击式水轮机专用调速器，操作油压为 6.3 MPa。调速器油压装置型号为 YZ-6.0-6.3。

调速器采用数字 PID 微处理器，双通道调节，设有电网频率跟踪功能、同期期间能跟踪电网频率、实现快速并网。数字式控制单元和相应的电气回路的插件布置在调速器电气柜内，电液执行机构与油压装置、回油箱安装在一起。

油压装置由压力油罐、回油箱、油泵、油泵附件和压力油罐附件等组成。压力油罐采用地面式安装，布置在母线层 618.00 m 楼板上；回油箱采用悬挂式安装，悬挂于母线层楼板上。油压装置设有 2 台相同的螺杆油泵（1 台工作、1 台备用）。回油箱设置有自动静电滤油装置，可将油质精度提升到 5 μm，同时在每个油泵输出口设置过滤器，避免油质不清洁引起调速器卡阻。回油箱设有检修用的进人孔，所有的过滤器均能方便拆卸清理，而不需排空回油箱。

调速器液压系统采用全液控伺服比例阀电液随动系统，德国 REXROH 比例阀作为电液转换元件，实现对喷针接力器和折向器接力器的开启与关闭。调速系统同时配置有一套纯机械过速保护装置，通过油路串接在紧急停机电磁阀的油路上。调速器测速信号采用齿盘测速及残压测速两路输入。

### 2.1.2.2　调速器主要技术参数

频率：60 Hz；

类型：PID 数字微处理器；

电液转换器：比例阀；

工作电压范围：DC 125 V，−20% ~ +10%；

测频方式：齿盘+残压；

模拟量输出：模拟量输出模块；

数字量的输入及输出：有电气隔离（至少有通道备用）；

微型处理器：16（或 32）位，差异控制，64 MB 内存；

调节通道：具有有功功率设定通道；

反馈：开度和功率；

控制：功率控制，频率控制，开度控制。

参数调整范围：

频率：54~66 Hz；

积分增益 $KI$：0.1%~10%，1/s；

比例增益 $KP$：0.5~20；

微分增益 $KD$：0~10 s；

开度失灵区：0~5%；

永态转差系数:0~10%;

频率的调整范围(不同步):0~200%;

系统频率调整范围(同步):负荷调整为0~110%,开度限制为0~110%;

喷针的最小操作时间:5 s;

控制精度:≤$2\times10^{-4}$ P.U;

孤网运行时频率调整偏差:≤$3\times10^{-3}$ P.U;

带负荷运行时最大功率偏差:≤$3\times10^{-3}$ P.U;

负荷变化≤10%时,最大不动时间:<0.2 s;

热漂移(一年):±$5\times10^{-4}$ P.U;

温度系数:±$10\times10^{-6}$/℃。

#### 2.1.2.3 调速器系统整定值

6喷6折向调速器油压装置具体整定值见表2-9。

表2-9 调速器系统整定值

| 序号 | 名称 | (运行条件)整定值 | 动作过程 |
|---|---|---|---|
| 1 | 回油箱 | | |
| 1.1 | 磁翻柱液位计 | 回油箱液位升至700 mm | 油位高报警 |
| | | 回油箱液位降至300 mm | 油位低报警 |
| | | 回油箱液位降至200 mm | 油位过低报警 |
| 2 | 压力油罐 | | |
| 2.1 | 压力传感器 | 101PS:油罐压力升至6.6 MPa | 高油压报警 |
| | | 102PS:油罐压力升至6.3 MPa | 停泵 |
| | | 103PS:油罐压力降至6.1 MPa,同时油位为700 mm | 补气阀启动 |
| | | 104PS:油罐压力降至5.7 MPa | 主用泵启动 |
| | | 105PS:油罐压力降至5.2 MPa | 备用泵启动 |
| | | 106PS:油罐压力降至4.6 MPa | 事故低油压,机组停机 |
| 2.2 | 磁翻柱液位计 | 压力油罐液位升至800 mm | 油位过高报警 |
| | | 压力油罐液位升至700 mm | 油位高报警 |
| | | 压力油罐液位降至300 mm | 油位低报警 |
| | | 压力油罐液位降至200 mm | 油位过低报警 |
| 2.3 | 安全阀 | 油罐压力升至7.0 MPa | 安全阀动作排气泄压 |

### 2.1.3 进水球阀

#### 2.1.3.1 概述

CCS水电站共设置了8个进水球阀,进水球阀选用QF618-WY-220型卧轴液控双密封球阀，具体结构见图 2-8。公称直径 2.2 m，设计压力 7.5 MPa，设计流量 35.0 $m^3/s$，开启时间 50～120 s（可调），关闭时间 50～120 s（可调），操作油压为 6.3 MPa。

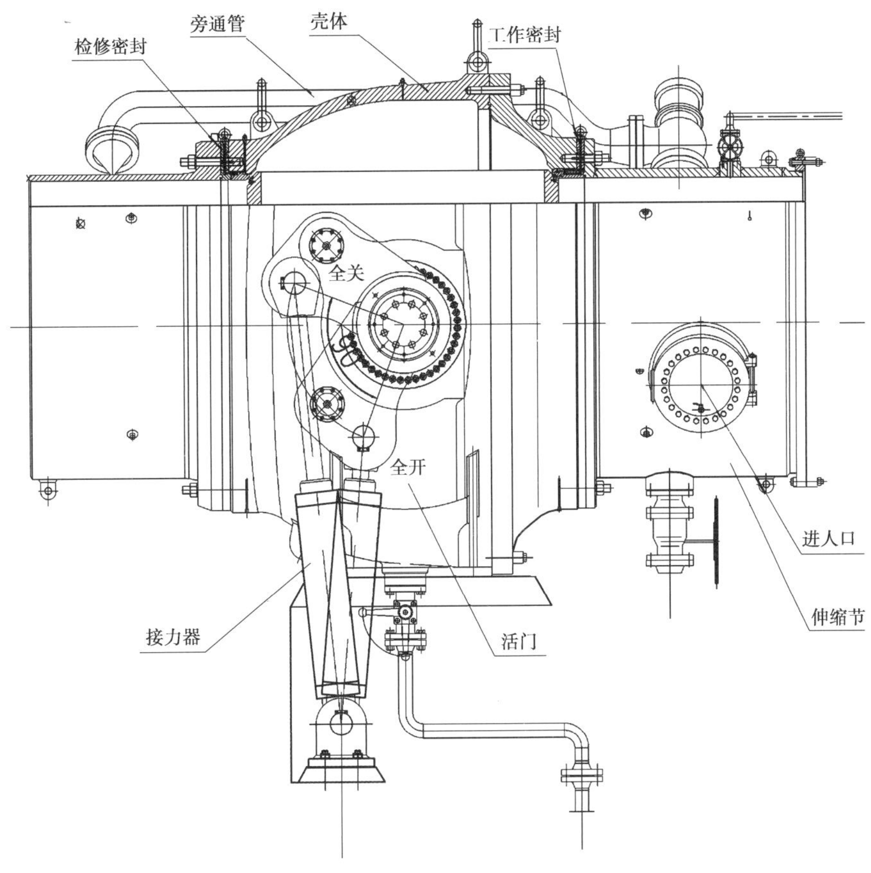


图 2-8　进水球阀结构图

### 2.1.3.2　进水球阀的结构

（1）阀体采用 ZG20Mn 铸钢材料，阀体外部有活门位置指示器，阀体底部设有排污管。上下游法兰面设 O 形密封圈。

（2）活门采用铸钢制造，一只阀轴与活门铸成一体，另一只阀轴用锻钢制成，螺钉把合。支承活门的轴承内装有自润滑轴承，阀轴与轴承和轴端密封贴合的表面采用不锈钢衬套。

（3）进水阀上游侧设有上游连接短管，材质为 Q500D，上游端与压力钢管采用焊接连接，下游端与阀体法兰采用螺栓连接。进水阀下游侧设有伸缩节，伸缩节为套筒式，伸缩量为 30 mm，上游端与阀体法兰采用螺栓连接，下游端 DN 150 与配水环管进口法兰采用螺栓连接。在上游连接短管和下游伸缩节上设有 DN 150 旁通管路和差压控制器，用于对配水环管进行充水和平压，旁通阀采用油压操作针形阀（具有减压作用）。

（4）球阀上游侧设检修密封，下游侧设工作密封。球阀上下游的不锈钢活动密封环设在阀壳上，活动密封环由 ASTM A743CrCA-6NM 不锈钢制成。球阀密封环采用水压操作,水源来自上游压力钢管。检修密封装有可靠的手动机械锁锭装置。

(5)球阀液压油系统为独立系统,压力油源由油泵组、压力油罐、回油箱、管路、漏油箱、阀门、表计、自动化元件及附件等组成。油压装置型号为 YZ-10.0-6.3。

#### 2.1.3.3 进水球阀主要技术参数

阀轴的布置方式:卧式;

操作机构型式:接力器操作;

操作方式:采用压力油开启、关闭;

公称直径:2 200 mm;

阀门的设计压力:7.5 MPa;

旁通阀直径:150 mm;

阀门的开启时间:50~120 s(可调);

阀门的关闭时间:50~120 s(整定 90 s)。

#### 2.1.3.4 进水球阀油压装置系统整定值

进水球阀系统整定值见表 2-10。

表 2-10 进水球阀系统整定值

| 序号 | 名称 | 整定值(运行条件) | 动作过程 |
|---|---|---|---|
| 1 | 回油箱 | | |
| 1.1 | 磁翻柱液位计 | 回油箱液位升至 550 mm | 油位过高报警 |
| | | 回油箱液位升至 430 mm | 油位高报警 |
| | | 回油箱液位降至 300 mm | 油位低报警 |
| | | 回油箱液位降至 240 mm | 主备用油泵停止运行 |
| 2 | 压力油罐 | | |
| 2.1 | 旁路磁翻柱液位计 | 压力油罐液位升至 680 mm | 主备用油泵停止运行 |
| | | 压力油罐液位升至 645 mm | 油位高报警 |
| | | 压力油罐液位降至 455 mm | 油位低报警 |
| | | 压力油罐液位降至 400 mm | 油位过低报警 |
| | | 压力油罐液位降至 155 mm | 事故低油位报警 |
| 2.2 | 压力传感器 | 1PS:压力降至 5.9 MPa 时动作,升至 6.3 MPa 前复归 | 主用泵启动 |
| | | 2PS:压力降至 5.6 MPa 时动作,升至 6.3 MPa 前复归 | 备用泵启动 |
| | | 3PS:压力升至 6.3 MPa 时动作,降至 6.1 MPa 前复归 | 停泵和停止补气 |
| | | 4PS:压力降至 6.1 MPa 时动作,升至 6.3 MPa 前复归同时压力油罐液位至 645 mm | 自动补气启动 |
| | | 5PS:压力降至 4.6 MPa 时动作,升至 5.2 MPa 前复归 | 事故低油压停机 |
| | | 6PS:压力升至 6.45 MPa 时动作,降至 6.1 MPa 前复归 | 压力高报警 |
| 2.3 | 安全阀 | 油罐压力升至 7.18 MPa | 安全阀全开 |
| | | 油罐压力降至 5.67 MPa | 安全阀全关 |

# 2.2　发电机

## 2.2.1　发电机结构

发电机额定容量 205 MVA,为三相凸极同步交流发电机,采用立轴悬式结构,密闭循环空气冷却。接线方式为 Y 形接线。推力轴承位于转子上面并布置在上机架中心体上,发电机设两个导轴承,上导轴承布置在上机架中心体内,下导轴承布置在下机架中心体内,具体结构见图 2-9。发电机由哈尔滨电机厂有限责任公司供货。

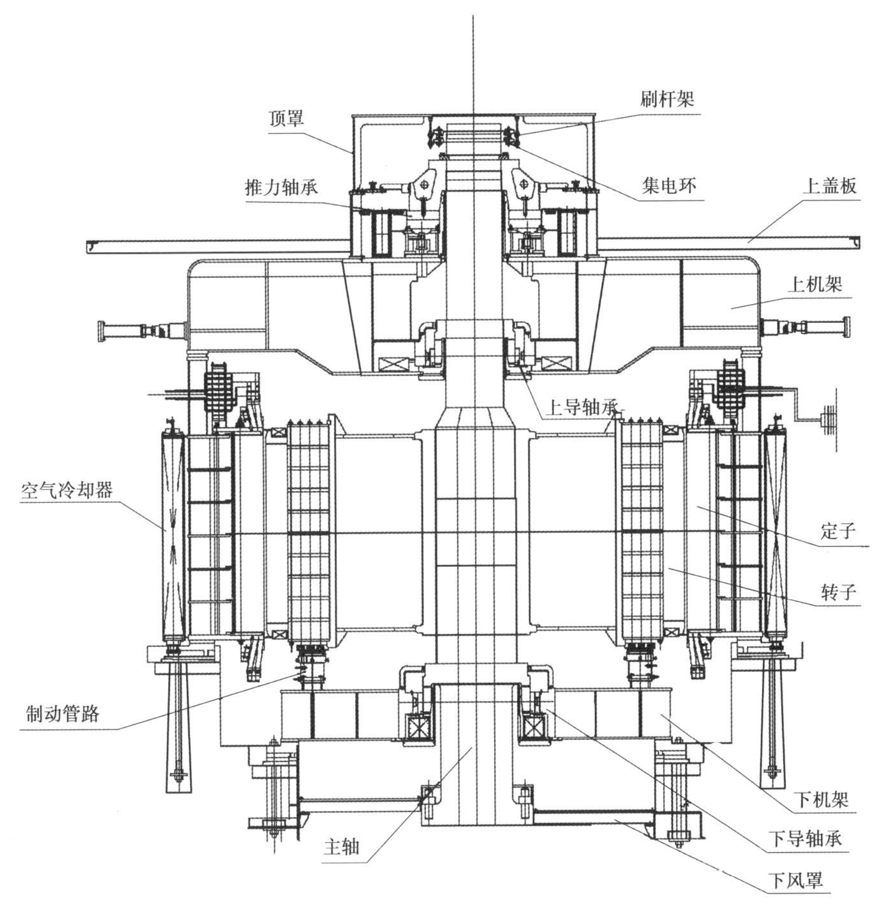


图 2-9　发电机结构图

发电机由定子、转子、推力轴承、上导轴承和上机架、下导轴承和下机架、空气冷却器、制动及顶起系统、盖板、各种基础板及其他辅助部分组成。

2.2.1.1　**定子**

定子包括定子机座、铁芯和绕组等主要部件。定子机座具有承受上机架及其构件的能力,也具有防止铁芯翘曲、与定子铁芯热膨胀相适应的能力。外壳采用低碳钢结构,材料采用Q235-B。定子机座由钢板焊接而成,采用分瓣运输。定子铁芯采用0.5 mm厚的50H250薄硅钢片叠装成整圆,定子铁芯叠片之间所有连接均为搭接,采用分层压紧法以形成一个整体,铁芯两端叠成阶梯形。

2.2.1.2　**转子**

发电机转子由主轴、支架、磁轭和磁极等组成。整个转子组装在工地完成。转子采用普通低碳钢Q345-B制作,无风扇结构。转子支架为圆盘式焊接结构。磁极由3 mm厚的WDER450薄钢板叠压而成,两端采用磁极压板,通过螺栓压紧。磁轭由3 mm厚的低合金高强度结构钢板WDER700经冲制再叠压而成,在工地叠压成整体。

2.2.1.3　**发电机轴及导轴承**

发电机轴系由主轴以及构成一个完整轴系的其他部件组成。发电机主轴采用20SiMn优质锻钢,符合ASTM标准A668规定。

2.2.1.4　**集电装置**

集电装置由集电环和电刷装置组成。集电环采取支架式整圆结构:环间距离不小于60 mm,以防止碳粉引起“正”“负”环短路。电刷装置的导电环沿周向交错布置,以防止碳粉引起短路。电刷引线为镀银编织铜线。

2.2.1.5　**推力轴承及导轴承**

发电机设有一个推力轴承,在转子上、下部各设一个导轴承。推力轴承位于转子上面并布置在上机架中心体上,上导轴承布置在上机架中心体内,下导轴承布置在下机架中心体内。发电机的结构允许下机架及水轮机的可拆卸部件在安装和检修时能通过定子铁芯内径吊出,并允许在不抽出转子和不拆除上机架情况下更换定子线棒和转子磁极以及对定子绕组进行预防性试验。

推力轴承瓦、上导轴承瓦、下导轴承瓦均采用巴氏合金瓦。上导轴承和下导轴承的型式采用油浸式自循环钨金分块型瓦可调式结构。推力轴承的支撑方式采用可调式单层轴瓦刚性支撑结构,设置推力负荷传感仪、推力轴承及上、下导轴承均采用内循环冷却方式。

推力轴承配有高压油顶起装置,包含2台油泵、供排油管路、阀门、仪表、自动化元件等部件,以供机组正常启动、停机时向轴承表面注入高压油。高压油顶起装置的2台油泵,1台为交流电控制,另1台为直流电控制,直流泵和交流泵之间通过自动开关切换。

2.2.1.6　**机架**

上、下机架均为钢板焊接结构,上机架采用辐射型支臂结构,中心体与支臂采用焊接连接,支臂外端与混凝土之间设千斤顶。下机架设有6个支臂,下机架可通过定子铁芯整体吊出。

2.2.1.7　**空气冷却系统**

发电机采用密闭自循环空气冷却方式,由上、下盖板和上、下挡风板形成双路无风扇全封闭径向通风系统。在定子机座外圆均匀布置8个空气冷却器,空气冷却器的冷却水系统设有总的供、排水环管,布置在机坑混凝土中,每个冷却器通过法兰、阀门并联至环形总管上，每个冷却器的进、出口均装设压力表。

#### 2.2.1.8　润滑冷却系统

发电机设一套独立的润滑冷却系统，各轴承的润滑冷却系统各自分开布置。润滑油为同一规格，型号为 ISO VG-46 号。冷却水由电站技术供水系统供给，进口水温为30 ℃，最大工作水压力为 0.6 MPa，最小工作水压为 0.2 MPa，按 0.7 MPa 设计。发电机上、下导轴承冷却器的换热管采用防腐蚀、高导热性的铜管制成。

#### 2.2.1.9　制动停机系统

发电机设有一套完整的电气和机械制动系统，两种制动方式可配合使用，也可单独使用。当机组转速下降到 80%额定转速时，电气制动停机装置投入；当机组转速下降到 10%额定转速时，机械制动停机装置投入；全部制动停机时间为 5～6 min。电气制动停机装置单独使用时，当机组转速下降到 80%额定转速时投入，制动后停机时间为 6～7 min。在停机时或停机过程中，电气制动装置故障或不论任何原因使机组不能采用电气制动装置，紧急情况下允许在 50%额定转速时投入机械制动。机械制动停机装置单独使用时，当机组转速下降到 30%额定转速时投入。

机械制动器油气腔分开设置，最大气压为 0.8 MPa，储气罐初始压力为 0.7 MPa。每个制动器上设置制动块自动复位装置。当制动气压消失时，每块瓦自动复位，与制动环脱开。制动瓦块采用非金属无石棉材料，每一个制动块配有一个限位开关，指示制动器已投入或松开复位。

#### 2.2.1.10　中性点装置

中性点接地设备由中性点接地隔离开关、电流互感器、中性点接地变压器及连接于变压器二次侧的接地电阻器、中性点设备柜与发电机中性点引出线之间的电缆等组成。中性点引出线按双“Y”形设计，每相有 2 个引出端并相互绝缘，供匝间保护用。中性点设备安装在机坑附近的金属封闭柜中，变压器与接地电阻器由金属网隔开，与二次绕组间对地静电屏蔽。柜中配置电加热器（包括电源开关、温湿度控制器）、分合控制开关和恒温控制的远方联锁接点。

### 2.2.2　发电机主要技术参数

持续最大额定容量：205 MVA；

额定有功功率：184.5 MW；

功率因数：0.9；

额定频率：60 Hz；

额定效率：98.54%；

额定转速：300 r/min；

飞逸转速：530 r/min；

转动惯量：6 600 t · $m^2$；

额定电压：13.8 kV；

额定电流：8 576.6 A；

绝缘等级（定子/转子）：F/F；

励磁方式:静止可控硅自并励;

旋转方向:从发电机端看为顺时针。

# 2.3 调节保证计算

## 2.3.1 概述

CCS 水电站 8 台机组的水力过渡过程计算及调节稳定性分析计算委托挪威 Norconsult 国际咨询公司完成。计算采用了 Norconsult 国际咨询公司开发的水电站水力过渡过程仿真计算软件 SURGE,该软件的主要特点是能在较短时间内建立复杂的水道及水力机械数值仿真计算模型,其可靠性在世界多个水电站和水泵站的现场试验中得到证实。

8 台机组和压力钢管布置简图见图 2-10。

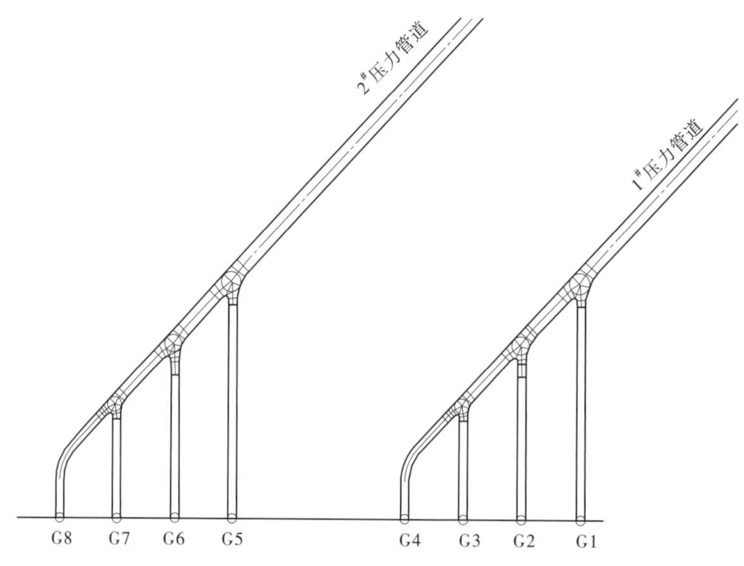


图 2-10　8 台机组和压力钢管布置简图

## 2.3.2 调节保证计算工况

冲击式机组调节保证计算大波动工况分析的控制条件设定为:

(1)最不利工况下配水环管内最高压力应小于 7.5 MPa。

(2)最不利工况下(不包括折向器拒动工况)机组转速上升值应小于 45%。

调节保证计算工况见表 2-11。

表 2-11　调节保证计算工况

| 工况代号 | 工况定义 | 工况计算目的 |
| --- | --- | --- |
| D1 | 1.调蓄水库水位为 1 229.5 m;<br>2.初始 4 台机组均各带 184.5 MW;<br>3.甩负荷从初始 184.5 MW 到 0 MW,正常甩负荷工况（非紧急停机）;<br>4.所有喷嘴都运行 | 1.研究水压与转速上升;<br>2.优化针阀与折向器关闭时间 |
| D2 | 1.调蓄水库水位为 1 229.5 m;<br>2.初始 4 台机组均各带 197.5 MW（超额定负荷 7 %,针阀全开启）;<br>3.甩负荷从初始 197.5 MW 到 0 MW,正常甩负荷工况（非紧急停机）;<br>4.所有喷嘴都运行 | 研究超载甩负荷的转速与水压上升情况 |
| D3 | 1.调蓄水库水位(死水位)为 1 216 m;<br>2.初始 4 台机组均各带 184.5 MW;<br>3.甩负荷从初始 184.5 MW 到 0 MW,正常甩负荷工况;<br>4.所有喷嘴都运行 | 主要研究管线沿程低水压情况 |
| D4 | 1.调蓄水库水位(死水位)为 1 216 m;<br>2.初始 4 台机组均各带 119 MW;<br>3.甩负荷从初始 119 MW 到 0 MW,正常甩负荷工况;<br>4.所有喷嘴都运行 | 1.主要研究管线沿程低水压情况;<br>2.此工况为正常 6 个喷嘴运行时的最低负荷工况 |
| D5 | 1.调蓄水库水位(死水位)为 1 216 m;<br>2.初始 4 台机组均空载运行;<br>3.4 台机组负荷从初始 0 MW 突增到 184.5 MW;<br>4.所有喷嘴都运行 | 此工况为极端工况,主要研究管线沿程低水压情况 |
| D6 | 1.调蓄水库水位为 1 229.5 m;<br>2.初始 4 台机组均各带 119 MW（额定负荷 65%,正常情况下为 6 喷嘴最低负荷点附近）;<br>3.甩负荷从初始 119 MW 到 0 MW,正常甩负荷工况（非紧急停机）;<br>4.所有喷嘴都运行 | 1.研究低开度甩负荷的水压上升情况;<br>2.由于喷嘴流量的非线性,低开度甩负荷水击有可能高于大开度情况 |
| D7 | 1.调蓄水库水位为 1 229.5 m;<br>2.初始 4 台机组均各带 184.5 MW;<br>3.甩负荷从初始 184.5 MW 到 0 MW,紧急停机;<br>4.所有喷嘴都运行 | 1.研究紧急停机造成的转速与压力上升情况;<br>2.研究在这种情况下折向器的有效性 |

续表 2-11

| 工况代号 | 工况定义 | 工况计算目的 |
|---|---|---|
| D8 | 1.调蓄水库水位为 1 229.5 m;<br>2.初始 4 台机组均各带 184.5 MW;<br>3.甩负荷从初始 184.5 MW 到 0 MW;<br>4.所有喷嘴都运行;<br>5.1 台机组折向器拒动(1#),其他 3 台正常;<br>6.进口球阀不动 | 研究折向器拒动时的转速上升 |
| D9 | 1.调蓄水库水位为 1 229.5 m;<br>2.初始 4 台机组均各带 184.5 MW;<br>3.甩负荷从初始 184.5 MW 到 0 MW;<br>4.所有喷嘴都运行;<br>5.1 台机组折向器和针阀拒动(1#),其他 3 台正常;<br>6.当转速上升达 30%时,进口球阀动水关闭作为机组过速备用保护,关闭时间为 90 s | 研究进口球阀动水关闭作为机组过速备用保护的有效性 |

### 2.3.3 调节保证计算结果

(1)CCS 水电站在厄瓜多尔国家电网中所占比例较大,折向器采用协联式控制方案。

(2)如果把针阀关闭时间设为 35 s,配水环管中的最高压力超最高静水压力的 10.4%,最高值为 682.9 m 水柱;如果把针阀关闭时间设为 40 s,配水环管中的最高压力超最高静水压力的 9.7%,最高值为 678.7 m 水柱。这些值均远低于设计所设的上限值 7.5 MPa。现场设定的针阀关闭时间设为 40 s。

(3)只要所选用的调速器能随不同工况适应性地调整调节参数,机组在整个负荷与水头变化范围内都可获得良好的调节稳定性。增加机组 $GD^2$ 对调节稳定性确有一定帮助,但效果不明显。

(4)机组的 $GD^2$ 为 6 600 t · m$^2$时,最不利工况的最高转速上升值为 23.5%,低于设计要求的 45%上限值。

(5)当尾水水位较高、尾水水道部分做有压运行时,无论是多台机组同时突甩负荷还是多台机组同时突增负荷,所能造成的机坑内水位波动都不大。只要水位控制系统能将机坑稳态水位控制在 607.0 m 或以下,就可以满足机坑水位在过渡过程中最高不超过 607.3 m 的设计要求。

### 2.3.4 机组参数整定值

在现场调试过程中,机组相关参数整定值为:

(1)进水球阀的设计关闭时间为 90 s,设计开启时间为 60 s。

(2)喷针的关闭时间为 40 s。

(3)折向器的关闭时间为 3 s。

# 2.4　水轮发电机组试验

## 2.4.1　水轮机模型试验

2012 年 5 月 21～25 日，在瑞士的安德里茨水力实验室进行了水轮机模型验收试验。该实验室配有高精度的测量设备，其中流量测量误差为±0.162%，水力比能测量误差为±0.112%，力矩测量误差为±0.100%，转速测量误差为±0.050%，模型效率误差为±0.232%，综合效率误差为±0.246%，满足合同规定的不超过±0.250%的要求。

模型试验台的主要参数：最高水头 320 m，最大流量 0.3 $m^3/s$，最大功率 940 kW。模型水轮机的主要参数：转轮节圆直径 361.5 mm，斗叶宽度 90.1 mm，喷嘴直径 35.8 mm，水斗数 22，原模型比尺为 9.264 7∶1。

### 2.4.1.1　模型验收试验主要结果

1.水轮机效率试验

效率试验是在整个水轮机运行范围（包括 1、2、3、4 喷嘴和 6 喷嘴从全关位置至全开位置）条件下进行的，试验区域大于水轮机的实际运行区域。根据安德里茨对以往工程的经验，原型水轮机与模型水轮机之间的效率修正值取 60%的 $\Delta\eta_{IEC60193}$，而

$$\Delta\eta_{IEC60193} = 5.7 \times \varphi_B^2(1 - C_{Fr}^{0.3}) + 1.95 \times 10^{-6}\frac{C_{We} - 1}{\varphi_B^2} + 1 \times 10^{-8}\frac{(C_{Re} - 1)^2}{\varphi_B^2}$$

式中　$\varphi_B$ ——流量系数；

$C_{Fr}$ ——原型与模型的弗劳德数之比；

$C_{We}$ ——原型与模型的韦伯数之比；

$C_{Re}$ ——原型与模型的雷诺数之比。

模型验收试验的主要效率值及合同保证值见表 2-12。

表 2-12　效率验收试验结果　（%）

| 项目 | 试验结果 | 合同保证值 |
| --- | --- | --- |
| 额定水头、额定功率时模型水轮机额定效率 | 91.96 | 91.47 |
| 额定水头、额定功率时原型水轮机额定效率 | 92.30 | 91.89 |
| 在全部运行范围内，模型水轮机最高效率 | 92.16 | 91.99 |
| 在全部运行范围内，原型水轮机最高效率 | 92.48 | 92.34 |
| 模型水轮机加权平均效率 | 92.03 | 91.77 |
| 原型水轮机加权平均效率 | 92.35 | 92.14 |

2.水轮机出力试验

模型验收试验的主要出力值及合同保证值见表 2-13。

表 2-13　出力验收试验结果　（单位：MW）

| 项目 | 试验结果 | 合同保证值 |
|---|---|---|
| 最大净水头 616.74 m 时的水轮机输出功率 | 192.850 | 192.850 |
| 额定净水头 604.10 m 时的水轮机输出功率 | 188.266 | 188.266 |
| 最小净水头 594.27 m 时的水轮机输出功率 | 187.500 | 187.500 |

3.水轮机飞逸转速试验

根据合同要求，为了获得水轮机的稳态飞逸特性，飞逸转速试验是在喷嘴数分别为1、2、3、4、6个条件下进行的。在最大净水头为 616.74 m 时，模型验收试验在不同喷嘴数下的原型水轮机最大飞逸转速及合同保证值见表 2-14。

表 2-14　飞逸转速验收试验结果　（单位：r/min）

| 项目 | 试验结果 | 合同保证值 |
|---|---|---|
| 1 喷嘴投入运行 | 488.2 | 530 |
| 2 喷嘴投入运行 | 500.5 | 530 |
| 3 喷嘴投入运行 | 498.6 | 530 |
| 4 喷嘴投入运行 | 501.1 | 530 |
| 6 喷嘴投入运行 | 464.3 | 530 |

4.折向器推力测量试验

冲击式水轮机折向器的主要结构有推出式和切入式两种，CCS 水电站采用的折向器结构为切入式。为了计算切入式折向器的强度及接力器的操作容量，需要计算折向器切除全部射流时作用在折向器上的水推力。在模型试验台上，进行了无转轮时单喷嘴不同开度下（$S$=18.50 mm、22.50 mm 和 28.50 mm）的模拟试验。在喷嘴附近设有远程操控机构，能够精确地调整折向器，而作用在折向器上的力则通过一套应变仪测量系统进行测量。根据原模型转轮的比尺，经换算得到在最大静水头 618.40 m 下，当折向器角度为+20°时，作用在原型水轮机折向器上的力达到最大值-47 kN。

5.模型几何尺寸检查

在模型验收试验结束后，对模型水轮机进行了几何尺寸检查，包括配水环管、喷嘴总成（含喷嘴、喷管、喷针、操作机构等）、转轮、机壳、补气系统等在内的整个流道。实测尺寸与设计值相比，均在允许偏差范围内，满足合同要求及国际电工委员会（IEC）有关标准要求。

### 2.4.1.2　模型验收试验主要结果分析

CCS 水电站原型水轮机加权平均效率、最高效率分别为 92.35%和 92.48%，满足合同要求。从模型试验效率曲线中可以看出，4 喷嘴运行和 6 喷嘴运行时，最高效率几乎相同。另外，从 4 喷嘴切换到 6 喷嘴的过渡区间内效率变化极小（近似为 0.1%），且 4 喷嘴运行和 6 喷嘴运行的效率曲线非常靠近。因此,若投入 5 喷嘴运行,其出力范围必然会很小,也会使得调速系统的控制变得复杂化,同时轴上的推力也是不对称的。因此,无论是在模型验收试验还是在原型水轮机正常运行过程中,都不建议采用 5 喷嘴投入运行的状态。

水轮机飞逸转速的大小是机组结构强度设计的重要依据,因此试验对不同喷嘴投入运行和不同喷针开度的组合情况进行了模拟。同时,根据 IEC 60193 附录 G 的规定,在将模型水轮机飞逸转速换算到原型水轮机飞逸转速时,考虑了机组轴承和主轴密封的摩擦损失及发电机风损,从而得到原型水轮机的最大飞逸转速为 500.5 r/min,发生在双喷嘴投入运行工况,小于合同规定最大飞逸转速为 530 r/min 的要求。

## 2.4.2　现场验收试验

根据合同要求,水轮机及发电机均进行现场效率验收试验,以验证其良好的性能与合同技术规范要求的性能相一致。CCS 水电站对 1#水轮发电机组进行了现场验收试验。

### 2.4.2.1　水轮机验收试验(热力学法效率试验)

CCS 水电站的水轮机的效率验收试验采用热力学法效率试验。当水流通过水轮机流道时,必然产生水力损失,这些损失转化为热能,使水轮机进出口测量断面产生温差,通过测量水轮机蜗壳(高压断面)与尾水管(低压断面)指定断面、指定位置的温度、压力、流速、高程等参数的变化及水轮机的出力等来计算机组效率。CCS 水电站 1#水轮机组现场试验高低压测量断面位置如图 2-11 所示。

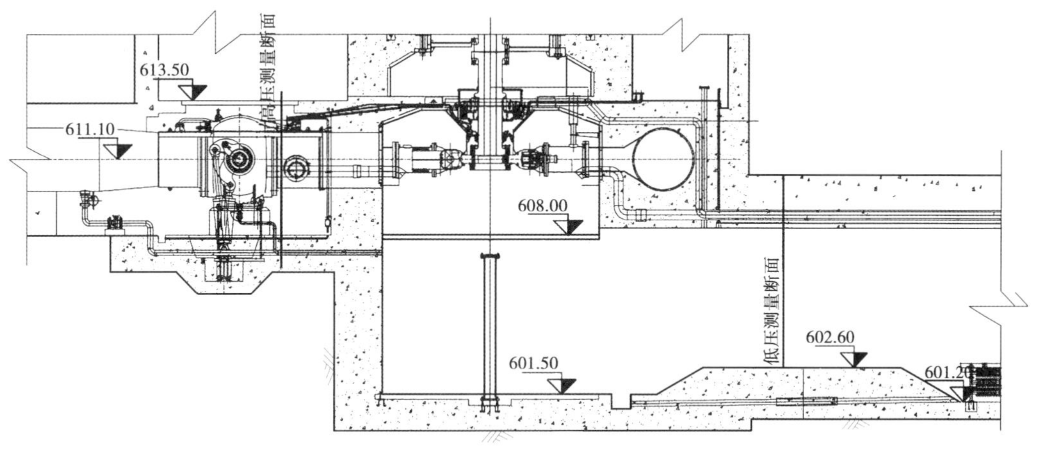


图 2-11　1#水轮机现场试验高低压测量断面位置　(单位:m)

从图 2-11 中可以看出,高压测量断面布置在机组进水球阀后,蜗壳进口之前;低压测量断面布置在尾水支洞内,尾水换热器之前,避免尾水换热器产生的热量交换对效率试验产生影响。

1.测量仪表设置

(1)高压测量断面。沿压力钢管圆周均匀布置 4 个压力传感器,由于水轮机蜗壳进口断面处参数测量比较困难,不能从主流中直接测量,因此在高压测量断面处安装一个取样器,采用间接法测量该断面温度、压力和流速等参数。

(2)低压测量断面。在尾水洞内低压测量断面设置 3 处测点,分别安装在 3 根直径为 82.5 mm 的测量管道内,每根测量管道管壁上均匀分布有直径为 10 mm 的测量孔,试验时应有一列测量孔正对水流方向,每处测点分别在测量管内布置 2 个温度传感器和 1 个压力传感器。

2.试验结果

根据上述现场试验方法,当 CCS 水电站 1#水轮机组在最大水头、额定水头和最小水头运行时,分别在 2 个、3 个、4 个和 6 个喷针开启的工况下,进行了现场效率试验。不同特征水头下的效率试验结果见表 2-15～表 2-17。

表 2-15　最小水头 $H=594.27$ m 时效率试验结果

| 机组出力百分比(%) | 机组出力 $P_{Guar}$(MW) | 喷嘴数量(个) | 水头 $H$(m) | 现场试验效率 $\eta_{Meas}$(%) | 试验流量 $Q_{Meas}$($m^3/s$) | 权重 | 加权试验效率 $\eta_{MWE}$(%) |
|---|---|---|---|---|---|---|---|
| 100 | 186.5 | 6 | 594.27 | 90.78 | 35.285 | 0.20 | 18.156 |
| 80 | 149.2 | 6 | 594.27 | 91.70 | 27.946 | 0.35 | 32.096 |
| 60 | 111.9 | 4 | 594.27 | 91.64 | 20.974 | 0.30 | 27.492 |
| 40 | 74.6 | 3 | 594.27 | 91.61 | 13.986 | 0.10 | 9.161 |
| 20 | 37.3 | 2 | 594.27 | 90.92 | 7.043 | 0.05 | 4.546 |
| 合计 | | | | | | 1.00 | 91.451 |

表 2-16　额定水头 $H=604.10$ m 时效率试验结果

| 机组出力百分比(%) | 机组出力 $P_{Guar}$(MW) | 喷嘴数量(个) | 水头 $H$(m) | 现场试验效率 $\eta_{Meas}$(%) | 试验流量 $Q_{Meas}$($m^3/s$) | 权重 | 加权试验效率 $\eta_{MWE}$(%) |
|---|---|---|---|---|---|---|---|
| 100 | 187.0 | 6 | 604.10 | 90.97 | 34.740 | 0.20 | 18.194 |
| 80 | 149.6 | 6 | 604.10 | 91.73 | 27.557 | 0.35 | 32.106 |
| 60 | 112.2 | 4 | 604.10 | 91.64 | 20.692 | 0.30 | 27.491 |
| 40 | 74.8 | 3 | 604.10 | 91.64 | 13.794 | 0.10 | 9.164 |
| 20 | 37.4 | 2 | 604.10 | 90.90 | 6.950 | 0.05 | 4.545 |
| 合计 | | | | | | 1.00 | 91.500 |

表 2-17　最大水头 $H=616.74$ m 时效率试验结果

| 机组出力百分比（%） | 机组出力 $P_{Guar}$（MW） | 喷嘴数量（个） | 水头 $H$（m） | 现场试验效率 $\eta_{Meas}$（%） | 试验流量 $Q_{Meas}$（$m^3$/s） | 权重 | 加权试验效率 $\eta_{MWE}$（%） |
|---|---|---|---|---|---|---|---|
| 100 | 192.0 | 6 | 616.74 | 91.12 | 34.876 | 0.20 | 18.225 |
| 80 | 153.6 | 6 | 616.74 | 91.76 | 27.705 | 0.35 | 32.117 |
| 60 | 115.2 | 4 | 616.74 | 91.68 | 20.799 | 0.30 | 27.504 |
| 40 | 76.8 | 3 | 616.74 | 91.50 | 13.893 | 0.10 | 9.150 |
| 20 | 38.4 | 2 | 616.74 | 90.81 | 6.996 | 0.05 | 4.541 |
| 合计 | | | | | | 1.00 | 91.537 |

根据 1#水轮机在不同特征水头下的加权试验效率和出力，与合同中规定的加权保证效率和保证出力进行对比，其结果见表 2-18。

表 2-18　CCS 水电站 1#机组性能参数保证值比较表

| 净水头 $H$（m） | 合同保证效率 $\eta_{GWE}$（%） | 现场试验效率 $\eta_{MWE}$（%） | 效率差值 $\Delta\eta$（%） | 保证出力 $P_{Guar}$（MW） | 试验出力 $P_{Meas}$（MW） | 出力差值 $\Delta P$（MW） |
|---|---|---|---|---|---|---|
| 594.27 | 91.191 | 91.451 | +0.260 | 186.5 | 187.218 | +0.718 |
| 604.10 | 91.202 | 91.500 | +0.298 | 187.0 | 191.627 | +4.627 |
| 616.74 | 91.154 | 91.537 | +0.383 | 192.0 | 192.744 | +0.744 |

从表 2-18 可以看出，CCS 水电站 1#机组在最小水头、额定水头和最大水头运行时，水轮机加权试验效率均大于合同中规定的加权保证效率，且机组运行水头越高，效率差值越大；在不同特征水头下的出力也均高于合同要求的保证出力，在额定水头下，出力差值最大。从机组现场试验效率结果可以看出，CCS 水电站 1#水轮机水力性能良好，在设计工况下运行稳定，效率较高，相关效率参数满足合同要求，在最小水头和额定水头运行时满足合同要求。

#### 2.4.2.2　发电机验收试验

1.发电机无功容量试验

发电机在不同的有功负荷水平（0 MW、74 MW、110 MW、184.5 MW）下运行，调整发电机的励磁电流，使发电机欠励磁运行或过励磁运行，发电机的无功功率符合表 2-19 和表 2-20 的要求。用电量测量分析记录仪测量记录有功功率、无功功率、功率因数、频率、定子三相电压、定子三相电流、励磁电流、励磁电压、发电机功角，由监控系统记录发电机定子绕组、铁芯、转子绕组、冷风温度等。试验记录见表 2-21。

表 2-19　欠励磁运行试验

| 有功功率(MW) | 无功功率(Mvar) |
|---|---|
| 184.5 | -89.35 |
| 110.0 | -117.0 |
| 74.0 | -129.0 |
| 0 | -137.35 |

表 2-20　过励磁运行试验

| 有功功率(MW) | 无功功率(Mvar) |
|---|---|
| 184.5 | 89.35 |
| 110.0 | 129.15 |
| 74.0 | 143.50 |
| 0 | 151.70 |

表 2-21　发电机无功容量试验记录数据

| 工况 | 发电机 | | | 发电机定子电压(kV) | | | 发电机定子电流(kA) | | | 励磁电流 $I_f$(A) |
|---|---|---|---|---|---|---|---|---|---|---|
| | $P$ | $Q$ | $\cos\varphi$ | $U_{ab}$ | $U_{bc}$ | $U_{ca}$ | $I_a$ | $I_b$ | $I_c$ | |
| 10 MW | 9.38 | -117.9 | 0.079 3 | 13.293 | 13.187 | 13.306 | 5.234 | 5.122 | 5.098 | 399.74 |
| | 10.24 | 111.79 | 0.091 2 | 14.777 | 14.666 | 14.771 | 4.337 | 4.400 | 4.457 | 2 163.21 |
| 74 MW | 73.70 | -112.0 | 0.549 6 | 13.282 | 13.180 | 13.303 | 5.926 | 5.837 | 5.770 | 576.44 |
| 110 MW | 109.38 | 98.659 | 0.742 6 | 14.628 | 14.512 | 14.642 | 5.776 | 5.899 | 5.810 | 2 156.90 |
| 184.5 MW | 183.10 | -79.08 | 0.918 0 | 13.209 | 13.112 | 13.243 | 8.812 | 8.753 | 8.631 | 1 220.80 |
| | 183.70 | 88.64 | 0.900 6 | 14.613 | 14.512 | 14.645 | 8.060 | 8.142 | 7.984 | 2 275.35 |

2.发电机损耗和效率试验

1)发电机效率及加权平均效率保证值

发电机在额定容量、额定电压、额定功率因数、额定频率的工况下运行,其效率应不小于98%。发电机加权平均效率保证值不应低于97.52%,详见表2-22,加权平均效率按下述公式计算:

$$\eta_{pj}=\frac{5G_1+10G_2+35G_3+30G_4+20G_5}{100}$$

式中　$\eta_{pj}$——加权平均效率;

$G_1$、$G_2$、$G_3$、$G_4$、$G_5$——20%、40%、60%、80%和100%额定功率下的效率值,对应的加权因子为5、10、30、35、20。

表 2-22　发电机不同输出功率下的效率保证值

| 输出功率 | 20% $P_r$ | 40% $P_r$ | 60% $P_r$ | 80% $P_r$ | 100% $P_r$ |
| --- | --- | --- | --- | --- | --- |
| 保证效率(%) | 94.6 | 96.85 | 97.65 | 97.9 | 98 |
| 加权平均效率(%) | 97.52 | | | | |

注：$P_r$ 为额定输出功率。

2) 发电机损耗测量

用测量冷却介质流量与温升方法确定损耗，在发电机的空气冷却器、上导轴承冷却器、推力轴承冷却器以及下导轴承冷却器总进、出水管上安装测温元件；在各个冷却器出水管上安装电磁流量计(直管段要求满足上游侧 10 倍的管径、下游侧 2 倍的管径)；拆下一组集电环碳刷，更换为同规格的测量碳刷，用于测量励磁电压；在上盖板、下盖板、集电环罩、水泥围墙等部位埋设测温元件进行测量。

3) 试验结果

发电机总损耗=通风损耗+上导轴承损耗+下导轴承损耗+推力轴承损耗+集电环损耗+集电环摩擦损耗+定子铜耗+铁耗+转子铜耗+励磁系统损耗+杂散损耗；发电机效率为输出功率与总功率的比值。发电机各项损耗和效率见表 2-23。

表 2-23　发电机各项损耗和效率

| 负载 | 单位 | 100%$P_r$ | 80%$P_r$ | 60%$P_r$ | 40%$P_r$ | 20%$P_r$ |
| --- | --- | --- | --- | --- | --- | --- |
| 视在功率 | MVA | 205 | 164 | 123 | 82 | 41 |
| 有功功率 | MW | 184.5 | 147.6 | 110.7 | 73.8 | 36.9 |
| 无功功率 | Mvar | 89.30 | 71.44 | 53.58 | 35.72 | 17.86 |
| 功率因数 | | 0.9 | 0.9 | 0.9 | 0.9 | 0.9 |
| 定子电压 | V | 13 800.00 | 13 800.00 | 13 800.00 | 13 800.00 | 13 800.00 |
| 定子电流 | A | 8 576.60 | 6 861.28 | 5 145.96 | 3 430.64 | 1 715.32 |
| 励磁电流 | A | 2 275.30 | 2 041.1 | 1 808.3 | 1 591.7 | 1 393.3 |
| 通风损耗 | kW | 959.98 | 959.98 | 959.98 | 959.98 | 959.98 |
| 上导轴承损耗 | kW | 37.24 | 37.24 | 37.24 | 37.24 | 37.24 |
| 下导轴承损耗 | kW | 129.22 | 129.22 | 129.22 | 129.22 | 129.22 |
| 推力轴承损耗 | kW | 168.11 | 168.11 | 168.11 | 168.11 | 168.11 |
| 集电环损耗 | kW | 4.551 | 4.082 | 3.617 | 3.183 | 2.787 |
| 集电环摩擦损耗 | kW | 3.288 | 3.288 | 3.288 | 3.288 | 3.288 |
| 定子铜耗 | kW | 421.423 | 269.711 | 151.712 | 67.428 | 16.857 |
| 铁耗 | kW | 288.42 | 288.42 | 288.42 | 288.42 | 288.42 |

续表 2-23

| 负载 | 单位 | 100%$P_r$ | 80%$P_r$ | 60%$P_r$ | 40%$P_r$ | 20%$P_r$ |
|---|---|---|---|---|---|---|
| 转子铜耗 | kW | 445.304 | 358.350 | 281.268 | 217.922 | 166.982 |
| 励磁系统损耗 | kW | 20.48 | 17.94 | 15.70 | 13.02 | 9.77 |
| 杂散损耗 | kW | 204.91 | 131.14 | 73.77 | 32.79 | 8.196 |
| 总损耗 | kW | 2 682.926 | 2 367.481 | 2 112.325 | 1 920.601 | 1 790.850 |
| 效率实测值 | % | 98.567 | 98.421 | 98.130 | 97.464 | 95.370 |
| 加权系数 | | 20 | 35 | 30 | 10 | 5 |
| 加权效率实测值 | % | 98.067 | | | | |
| 效率保证值 | % | 98 | 97.9 | 97.65 | 96.85 | 94.6 |
| 加权效率保证值 | % | 97.52 | | | | |

发电机加权平均效率实测值为 98.067%，在额定工况下发电机的效率实测值为 98.567%，均满足合同要求。

3.发电机最大容量温升试验

发电机在额定工况最大容量下运行，即有功功率 184.5 MW、无功功率 89.3 Mvar、最大容量 205 MVA、功率因数 0.9 工况下运行 4~6 h 发电机达到热稳定，进行温升试验。每隔 1 h 记录发电机的有功功率、无功功率、功率因数、电枢电流、电枢电压、励磁电流、励磁电压。用电压电流表法确定转子绕组温度，用埋置检温计法测定定子绕组及铁芯温度，同时记录轴承、进出风温及冷却器油水温度等。具体试验数据见表 2-24 和表 2-25。

表 2-24　最大容量(205 MVA)下运行发电机各部件温度　(单位:℃)

| 负荷 | 205 MVA |
|---|---|
| 定子绕组温度 | 80.45 |
| 铁芯温度 | 79.33 |
| 转子绕组温度 | 106 |
| 推力瓦温度 | 70.84 |
| 上导瓦温度 | 58.62 |
| 下导瓦温度 | 51.54 |

表 2-25　最大容量(205 MVA)下运行发电机绕组、铁芯温升　(单位:K)

| 负荷 | 定子绕组温升 | 铁芯温升 | 转子绕组温升 |
|---|---|---|---|
| 205 MVA | 2.045 | 50.925 | 77.595 |

# 2.5　机组辅助设备

## 2.5.1　地下厂房起重设备

为满足电站机组安装、检修的需要，按吊装机组的最重部件发电机转子（质量为360 t，含发电机主轴，不含平衡梁吊具重量）确定厂房内起重设备的额定起吊重量。电站主厂房内起重设备采用2台套200 t/50 t电动双梁单小车桥式起重机，跨度为25 m，供机组安装、检修及设备检修使用。为满足中小部件的频繁起吊的需要，在每台桥机大梁下部装设1台10 t电动葫芦及吊钩。

在GIS室内设置1台套起吊量为16 t，跨度为16.5 m的电动单梁起重机，地面操作。

在应急机组室内设置1套起吊量为10 t，跨度为8.5 m的电动单梁起重机，地面操作。

### 2.5.1.1　桥机结构

1.主厂房桥机结构

主厂房桥机桥架采用双梁结构，由两根箱形主梁、端梁及附属钢结构组成，桥架材料采用Q235B。主梁采用整体结构运抵工地。主梁与端梁的连接采用高强度螺栓连接或铰接。

主厂房桥机小车架采用刚性框架焊接结构。司机室采用钢化玻璃封闭，配有座椅、门锁、灭火器、风扇和照明设备，司机室的门及司机室到桥架上的门设有电气联锁保护装置，当任何门开启时，起重机所有机构均不能工作。主厂房桥机的各起升机构相互独立，并设独立的驱动装置。起升机构加（减）速度不大于0.1 m/s。主厂房桥机的大车运行机构采用四角同步驱动，大、小车运行机构均采用减速器、制动器、电动机三合一的结构。主起升减速器采用封闭式油浴润滑中硬齿面减速器。桥机轨道型号QU100，单根轨道的长度为12 m，单边轨道的长度为210 m。

2.GIS室桥机结构

GIS室起重机桥架采用单梁结构，由一根箱形主梁、端梁及附属钢结构组成。GIS桥机单梁两侧设置1 100 mm高栏杆，并设有间距不大于350 mm的水平横杆，梁顶铺设花纹钢板。GIS室桥机的大车运行机构同步驱动行走轮，大车车轮采用双轮缘车轮。桥机轨道型号P38，单边轨道长186 m。

3.应急机组室桥机结构

应急机组室起重机桥架采用单梁结构。大车运行机构同步驱动行走轮，大车车轮采用双轮缘车轮。桥机轨道型号P38，单边轨道的长度为9.45 m。

### 2.5.1.2　主厂房桥机参数

1.主厂房桥机参数

主钩起重量：200 t；

副钩起重量:50 t;
电动葫芦起重量:10 t;
跨度:25 m;
主钩起升高度:28 m;
副钩起升高度:32 m;
电动葫芦起升高度:36 m;
主钩起升速度:0.1~2 m/min;
副钩起升速度:0.2~5 m/min;
电动葫芦起升速度:1.3 m/min 和 8 m/min;
大车运行速度:0.5~10 m/min;
小车运行速度:0.5~10 m/min;
电动葫芦运行速度:20 m/min。

2.GIS 室桥机参数

电动葫芦起重量:16 t;
跨度:16.5 m;
电动葫芦起升高度:26 m;
电动葫芦起升速度:1.2 m/min 和 7.5 m/min;
大车运行速度:5~20 m/min;
电动葫芦运行速度:5~20 m/min。

3.应急机组室桥机参数

电动葫芦起重量:10 t;
跨度:8.5 m;
电动葫芦起升高度:6 m;
电动葫芦起升速度:0.7 m/min 和 7 m/min;
大车运行速度:2~20 m/min;
电动葫芦运行速度:2~20 m/min。

#### 2.5.1.3 现场试验

桥机现场进行空载试验、静负荷试验、动负荷试验。

(1)空载试验。单台桥机进行分别操作行走机构和起升机构,测量有关速度等空载试验后,两台桥机也进行并车空载试验。

(2)静负荷试验。桥机按照 FEM1.001 进行了 1.4 倍额定起重量的静负荷试验。

(3)动负荷试验。桥机按照 FEM1.001 进行了 1.2 倍额定起重量的动负荷试验。

### 2.5.2 电站供水系统

#### 2.5.2.1 电站供水对象及水量

电站供水系统主要提供地下厂房及出线场中控楼消防及生活用水;厂房内工业用水,包括 8 台机组的主轴密封水量,空调制冷系统用水量,机组技术供水系统用水及后期运行过程中的补充用水。各部位用水量见表 2-26。

表 2-26　厂外供水系统各部位用水量

| 序号 | 用水部位 | 用水量($m^3$/h) | 供水管道管径 |
|---|---|---|---|
| 1 | 地下厂房消防水量 | 115.7 | 厂房消防供水<br>Φ219.1×8 mm |
| 2 | 主变压器水喷雾消防水量 | 95 | |
| 3 | 中控楼消防水量 | 56.76 | Φ168.3×7.1 mm |
| 4 | 厂房生活用水量 | 1 | Φ76.1×5 mm |
| 5 | 中控楼生活用水量 | 1 | Φ76.1×5 mm |
| 6 | 8 台机组主轴密封用水量 | 32 | 工业冷却水<br>Φ114.3×6.3 mm |
| 7 | 空调制冷系统用水量 | 4 | |
| 8 | 8 台机组技术供水系统补充水量 | 76 | |

### 2.5.2.2　电站供水系统水源及供水管道设计

电站供水系统水源主要来自厂房外下游河滩上的 2 个主水源井，尾水洞内水作为备用水源。在地下厂房进厂交通洞左侧(从进厂交通洞外面看)700.0 m 高程的平台设置 2 个 200 $m^3$ 高位水池，用于储存供水水源。

主水源井泵房位于进厂交通洞附近的河滩 614.0 m 高程上，布置有 2#、3#水源井 2 个泵房，互为备用。每个水源井泵房设置 1 台井用潜水泵，井用潜水泵把地下水抽到 2 个 200 $m^3$ 高位水池。高位水池均为混凝土结构，通过管道相互连通。

从高位水池引出 6 根管道，自流供水给各个用水对象，管道设计如下：

(1) 从高位水池 702.60 m 高程引出 1 根Φ114.3×6.3 mm的管道汇总后，经 1 根Φ114.3×6.3mm 的供水管到工业水处理设备处理(水处理原理见工业用水及生活用水处理工艺)，处理后的水质满足设备厂家对水质的要求后，供地下厂房 8 台机组的工业冷却水。

(2) 从高位水池 702.60 m 高程引出 1 根Φ76.1×5 mm 的管道汇总后，经Φ76.1×5 mm 的供水管到生活水处理设备处理，处理后的水质满足《厄瓜多尔饮用水标准》要求，供地下厂房及中控楼的生活用水。

(3) 从高位水池 700.20 m 高程共引出 4 根Φ219.1×8 mm 的管道，汇总后分别引出 3 根，其中 2 根Φ219.1×8 mm 的管道供地下厂房消防用水，供地下厂房的消防管道为环形管道。另 1 根Φ168.3×7.1 mm 的管道供开关站及中控楼消防用水。消防用水水质不需要进行处理。

考虑到高位水池至各供水点处出口水压偏高，为保证管道运行安全，在工业供水管道Φ114.3×6.3 mm 上增加 1 个 DN100 减压阀和 1 个 DN50 的泄压阀，在厂房生活供水管道Φ76.1×5 mm 上增加 1 个 DN65 的减压阀和 1 个 DN40 的泄压阀，在中控楼的生活供水管道Φ76.1×5 mm 上增加 1 个 DN65 的减压阀，各个减压阀和泄压阀的整定值见表 2-27。

厂外供水系统主要设备参数见表 2-27。

表 2-27　厂外供水系统主要设备参数

| 序号 | 名称 | 规格 | 单位 | 数量 | 说明 |
|---|---|---|---|---|---|
| 1 | 井用潜水泵 | $Q$=52.5 m³/h, $H$=152 m, $N$=30 kW | 台 | 1 | 用于 2# 水源井 |
| 2 | 井用潜水泵 | $Q$=52.5 m³/h, $H$=138 m, $N$=30 kW | 台 | 1 | 用于 3# 水源井 |
| 3 | 井用潜水泵 | $Q$=52.5 m³/h, $H$=150 m, $N$=30 kW | 台 | 2 | 用于备用水源 |
| 4 | 工业水处理设备 | 处理量 50 m³/h,PLC 控制 | 套 | 1 | 位于高位水池区域 |
| 5 | 净水处理设备 | 处理量 1 m³/h,尺寸 3 m×2.5 m×2.5 m,PLC 控制 | 套 | 1 | 位于高位水池区域 |
| 6 | 减压阀 | DN65,进口压力 0.7 MPa,出口压力 0.2 MPa,静压、动压下均减压 | 个 | 2 | 厂房、中控楼生活供水管 |
| 7 | 安全泄压阀 | DN40,进口压力大于 0.2 MPa 时泄压 | 个 | 2 | 厂房、中控楼生活供水管 |
| 8 | 减压阀 | DN100,进口压力 0.8 MPa,出口压力 0.2 MPa,阀体材质:球墨铸铁,静压、动压下均减压 | 个 | 1 | 厂房内工业供水管 |
| 9 | 安全泄压阀 | DN50,进口压力大于 0.2 MPa 时泄压,阀体材质:球墨铸铁 | 个 | 1 | 厂房内工业供水管 |

#### 2.5.2.3　工业用水及生活用水处理工艺

在电站供水系统中,厂房和中控楼的消防用水可以直接采用地下水,不用处理。而机组和主变压器各个轴承冷却器则需要水质较高的清洁水,厂房和中控楼则需要水质达到饮用水要求。根据不同水质要求,把工业供水系统和厂房、中控楼生活用水分开,分别设置了工业供水处理设备和生活供水处理设备。

工业用水处理系统,采用膜法水处理技术工艺(RO 反渗透工艺)来满足要求。在整个水系统处理过程中,共分为 4 个处理单元:混凝沉淀及污泥处理单元、过滤单元、两级反渗透单元、反渗透清洗单元;所有单元连成一个整体,处理量为 50 m³/h。

生活供水系统对象包括地下副厂房及地面中控楼内卫生生活用水等。生活供水系统由氧化凝结池、计量泵、絮凝系统、沉淀系统、收集输送管道、高效过滤系统、消毒系统组成,处理量为 1.0 m³/h。另外还设置了 2 个 15 m³的储水罐,储存处理过的饮用水,作为电站饮用水的应急水源。

#### 2.5.2.4　电站技术供水系统

1.技术供水方案设计

CCS 水电站的运行水头为 594.27~616.74 m,机组技术供水系统采用水泵供水方式。

机组技术供水对象为发电机空气冷却器、上下导轴承、推力轴承、水轮机导轴承、主变压器等设备冷却用水。水轮发电机组各部位冷却用水量见表 2-28。

表2-28　水轮发电机组各部位冷却用水量

| 序号 | 用水设备 | 用水量 | 单位 |
| --- | --- | --- | --- |
| 1 | 发电机空冷器 | 420 | $m^3/h$ |
| 2 | 推力轴承油冷却器 | 120 | $m^3/h$ |
| 3 | 上导轴承油冷却器 | 37.2 | $m^3/h$ |
| 4 | 下导轴承油冷却器 | 84 | $m^3/h$ |
| 5 | 水导轴承油冷却器 | 38 | $m^3/h$ |
| 6 | 主变压器在正常运行时油冷却器 | 108 | $m^3/h$ |
| 7 | 主变压器在空载运行时油冷却器 | 54 | $m^3/h$ |

1台机组总用水量为807.2 $m^3/h$,当1组主变压器处于空载运行时,所需的冷却水量为54 $m^3/h$。

2."密闭式循环+尾水换热器"技术供水系统

机组技术供水系统采用"密闭式循环+尾水换热器"单元供水。每个供水系统包括1个膨胀水箱、2台卧式离心泵(1台工作,1台备用)、1台立式离心泵(供主变压器空载运行时冷却水用)、1组尾水热交换器(布置在尾水洞内)、自动化控制元件和阀体等。机组冷却供水系统的水源来自厂外的高位水池,通过设置母线洞内的膨胀水箱供给机组各个轴承油冷却器和主变压器油冷却器。

供水流程为:卧式离心泵A→机组和主变压器冷却器→尾水换热器→卧式离心泵A。当主变压器空载运行时,也需要水冷却,为此专门设有1台立式离心泵提供冷却水,循环水系统为:立式离心泵B→主变压器冷却器→尾水换热器→立式离心泵B。系统图见图2-12。

整个管路系统的充水、补水由设置在高处的膨胀补水箱来完成。膨胀补水箱的水来自于经过处理的厂外高位水池的清洁水,因此该系统可有效防止管道堵塞、结垢、腐蚀和水生物滋生。

3.尾水换热器设计

尾水洞是5.7 m×7.1 m的马蹄形,长度约60 m,尾水换热器两边立式布置,布置位置见图2-13。根据技术供水的进口温度30 ℃,河水最高温度26.4 ℃,计算出尾水换热器总换热面积为954.7 $m^2$,考虑1.1的安全系数,尾水换热器的总换热面积为1 050.17 $m^2$。由于尾水换热器通过水轮机坑的稳水栅进入尾水洞,稳水栅最大吊物孔尺寸为1 350 mm×950 mm,因此确定尾水换热器单组外形尺寸为2 100 mm×1 340 mm×352 mm。每台机组需要设10组尾水换热器。尾水换热器整体材料为ASTM 304不锈钢材质,主要散热管为$\phi$32×3 mm的不锈钢管。为了满足机组的冷却需要,尾水换热器需要淹没在尾水中,最低淹没水深为602.25 m。

4.系统配置

2台卧式离心泵及1台立式离心泵布置在主厂房水轮机层613.50 m机组下游侧、尾

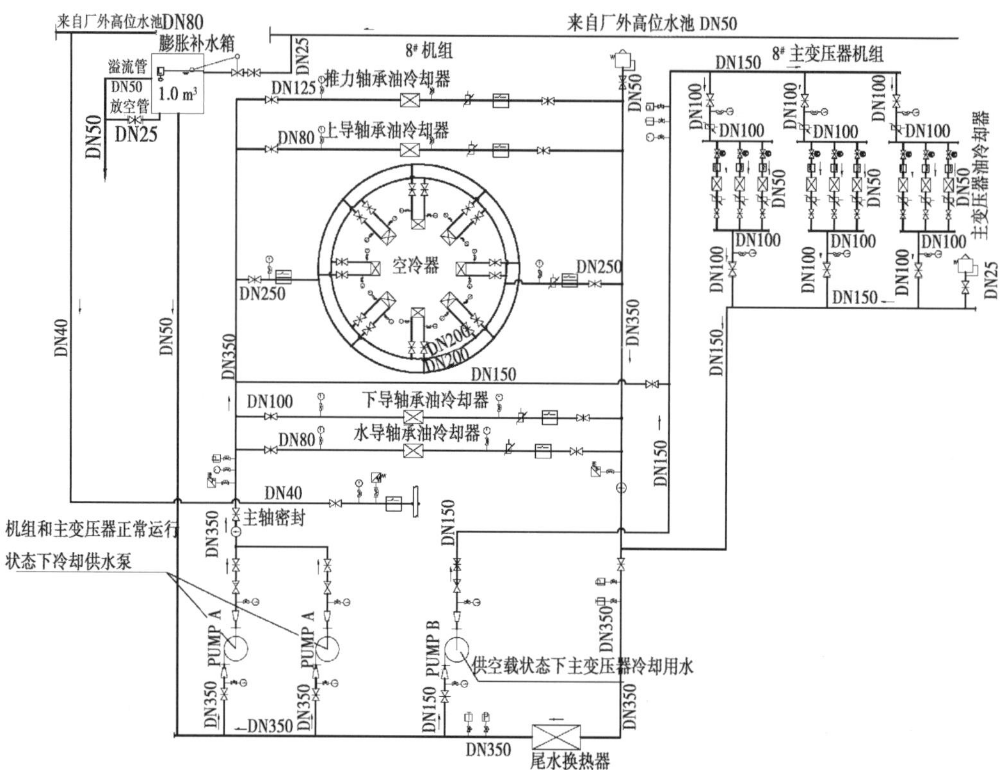


图 2-12 “密闭式循环+尾水换热器”技术供水系统

图 2-13 尾水换热器布置

水换热器布置在尾水支洞内 601.20 m，膨胀补水箱布置在发电机层母线洞内 623.50 m。机组技术供水系统主要设备参数见表 2-29。

表 2-29　机组技术供水系统主要设备参数

| 序号 | 名称 | 规格 | 单位 | 数量 | 说明 |
|---|---|---|---|---|---|
| 1 | 卧式离心泵 A | $Q=915\ m^3/h$,$H=38\ m$,$N=132\ kW$ | 台 | 16 | 1 主 1 备,位于水轮机层 |
| 2 | 立式离心泵 B | $Q=60\ m^3/h$,$H=8\ m$,$N=3\ kW$ | 台 | 8 | 用于主变压器空载,位于水轮机层 |
| 3 | 膨胀补水箱 | $V=1\ m^3$,不锈钢 | 个 | 8 | 位于母线洞内 |
| 4 | 尾水换热器 | $Q=915\ m^3/h$,$P_N=0.8\ MPa$ | 套 | 8 | 位于尾水支洞内 |

5.系统整定值

厂外供水系统整定值见表 2-30,技术供水系统整定值见表 2-31。

表 2-30　厂外供水系统整定值

| 序号 | 名称 | (运行条件)整定值 | 动作过程 |
|---|---|---|---|
| 1 | 高位水池内液位信号器 | 液位降至 702.7 m | 低水位报警 |
| | | 液位降至 702.9 m | 备用泵启动 |
| | | 液位降至 703.1 m | 主用泵启动 |
| | | 液位升至 704.2 m | 水泵停止运行 |
| | | 液位升至 704.4 m | 高水位报警 |
| 2 | 2#水源井内液位信号器 | 液位降至 580.0 m | 水泵停止运行 |
| 3 | 3#水源井内液位信号器 | 液位降至 594.0 m | 水泵停止运行 |
| 4 | 尾水备用水源井泵房液位信号器 | 液位降至 610.2 m | 水泵停止运行 |
| 5 | 工业供水管道减压阀 DN100,位于进厂交通洞与厂房连接处 | 进口压力 0.8 MPa,出口压力 0.3 MPa | 静压、动压均减压 |
| 6 | 生活供水管道减压阀 DN65,位于进厂交通洞与厂房连接处 | 进口压力 0.7 MPa,出口压力 0.2 MPa | 静压、动压均减压 |
| 7 | 工业供水管道泄压阀 DN50,位于进厂交通洞与厂房连接处 | 进口压力大于 0.3 MPa 时泄压 | 排水 |
| 8 | 生活供水管道泄压阀 DN40,位于进厂交通洞与厂房连接处 | 进口压力大于 0.2 MPa 时泄压 | 排水 |
| 9 | 中控楼生活供水管减压阀 DN65,位于出线场阀门井内 | 进口压力 0.7 MPa,出口压力 0.2 MPa | 静压、动压均减压 |

表 2-31　技术供水系统整定值

| 序号 | 名称 | (运行条件)整定值 | 动作过程 |
|---|---|---|---|
| 1 | 技术供水进水总管电磁流量计 | 流量降至 640 $m^3/h$ | 启动备用离心泵 |

### 2.5.3 电站排水系统

#### 2.5.3.1 电站检修排水系统

1.机组检修排水

CCS 水电站的水轮机组的稳水栅布置在电站最高尾水位以上,因此冲击式机组检修时,不需要抽排尾水洞内积水,机组不需要设置检修排水系统。

2.尾水洞检修排水

电站的 8 条尾水支洞汇流到 1 条尾水主洞,每条尾水支洞和尾水主洞连接处均设置有检修闸门。当尾水支洞检修时,放下尾水支洞检修闸门,把潜水泵投入到尾水机坑底板上设置的集水坑内,潜水泵将尾水支洞内的积水排至尾水支洞检修闸门外,通过尾水主洞排到下游河道。每条尾水支洞内积水约为 1 120 $m^3$,考虑闸门漏水量后,用 1 台流量为 234.3 $m^3$/h、扬程为 18. 7 m、电机功率为 20 kW 的潜水泵抽取约 6 h,可将 1 条尾水支洞内的积水排完。

当尾水主洞检修时,放下尾水支洞检修闸门和尾水主洞检修闸门,将潜水泵投放到尾水主洞出口(尾水主洞检修闸门前)底板处,通过潜水泵将尾水主洞内的积水排至尾水主洞检修闸门外。尾水主洞内的水量约为 87 036 $m^3$,用 8 台流量为 234.3 $m^3$/h、扬程为 18.7 m、电机功率为 20 kW 的潜水泵抽取约 2 d,可将尾水主洞内的积水排完。

3.压力管道检修排水

压力管道检修排水系统主要用于检修压力管道时,将机组进水闸门后至进水球阀处的压力管道中的积水及渗漏水排至尾水机坑内。上游进水口的进水闸门已经关闭,进水球阀前的压力钢管充满水,机组进水球阀及其旁通阀处于关闭状态并锁定,喷针和折向器处于关闭状态时,压力管道才能放空排水。

在主厂房内 1#机组和 8#机组压力钢管进水球阀前直径 2.6 m 的管段上各设有 1 个 DN200 具有消能功能的活塞式流量调节阀,采用手动控制。在活塞式流量调节阀设置 1 个 DN200 的检修球阀,具体布置位置见图 2-14,具体排水时间及相关计算见本章第 2.7 “2.7.3 压力管道排水方案研究”。

活塞式流量调节阀采用德国 ERHARD 品牌。活塞式流量调节阀的阀体整体铸造而成,阀体内壁为流线型和轴对称流道;活塞采用压力平衡式活塞,由四根长条状导轨轴向引导在阀体内部流道中做轴向移动;密封采用金属和橡胶双重密封,O 形密封圈只有在阀门关闭到 80%以上才受压,在中间的节流位置,密封圈完全放松而不受任何压力和摩擦。

输水隧洞下部水平部分内剩余约 160 $m^3$的水量无法自流通过消能阀排走,另设置 2 台 $Q=42.2$ $m^3$/h,$H=10$ m,$N=4.47$ kW 的移动式潜水泵,约 4 h 即可清空压力钢管内的积水。

#### 2.5.3.2 电站渗漏排水系统

渗漏排水系统主要用于排除地下围岩及厂房各层渗漏水、设备及管件渗漏水、滤水器排放的污水等。

渗漏排水系统包括集水井、长轴深井泵、自动化控制元件和阀件等。水工专业提供的厂房渗漏水量为 157 $m^3$/h,设备漏水量约为 110 $m^3$/h。根据计算,在主安装间下,球阀廊

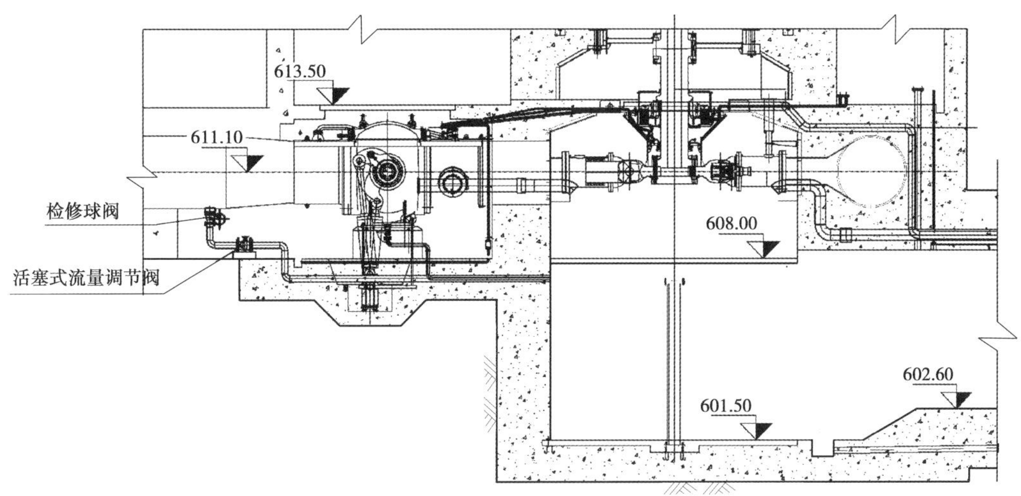


图 2-14　压力钢管排水阀布置图　(高程单位:m)

道层 608.00 m 高程,设置了一个有效容积为 400 $m^3$的 U 形渗漏集水井。厂房的渗漏水及设备漏水排至渗漏集水井内。

在渗漏集水井两侧分别设置 2 台长轴深井泵 C、2 台长轴深井泵 D,共 8 台长轴深井泵(见图 2-15)。其中 4 台长轴深井泵 C 的流量为 135 $m^3/h$,扬程为 11 m,电机功率为 7.5 kW,用于排水至尾水支洞闸门室外;另 4 台长轴深井泵 D 的流量为 135 $m^3/h$,扬程为 21 m,电机功率为 15 kW,用于排水至尾水主洞尾水闸门外。

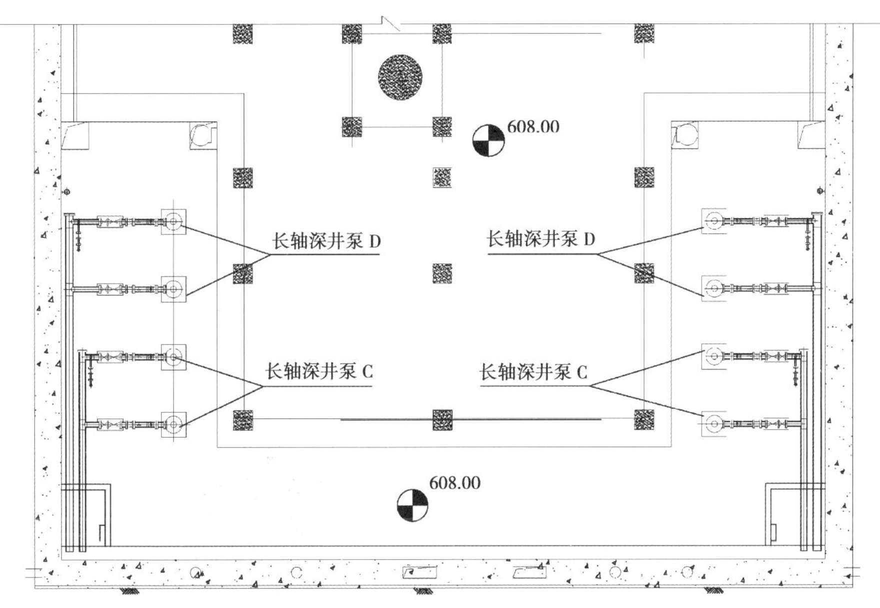


图 2-15　渗漏排水泵布置图

一般情况下仅用4台长轴深井泵C工作，把水排至4#、5#机尾水支洞闸门外。当尾水主洞检修时，启动4台长轴深井泵D工作，将水直接排至尾水主洞尾水闸门处。长轴深井泵投入的数量根据集水井内水位控制。

#### 2.5.3.3 排水系统整定值

排水系统整定值见表2-32。

表2-32 排水系统整定值

| 序号 | 名称 | （运行条件）整定值 | 动作过程 |
|---|---|---|---|
| 1 | 液位信号器 | 液位降至603.7 m | 所有的水泵均停止运行 |
| | | 液位升至604.5 m | 两台主用泵启动 |
| | | 液位升至605.0 m | 第三台水泵启动 |
| | | 液位升至605.5 m | 第四台水泵启动 |
| | | 液位升至605.7 m | 高水位报警 |

### 2.5.4 电站油系统

本电站油系统分为透平油系统、绝缘油系统和柴油发电机组燃油系统。

#### 2.5.4.1 透平油系统

透平油系统主要供机组各轴承润滑用油、调速系统操作用油。机组的透平油系统用来完成接收新油、储备净油、设备充排油以及油的净化处理工作。每台机组透平油的总用油量为35 $m^3$。

本电站只考虑运行油的过滤、设备检修排油及添加油，在高程613.50 m水轮机层上游侧安装间下设置一个透平油罐室，室内设一个0.5 $m^3$的标准油桶作为机组的日常添油罐，通过齿轮油泵向机组添油。在厂房进厂交通洞附近的厂外油库内设置2个15 $m^3$的运行油罐，用于机组检修排油和油净化处理，见图2-16。

图2-16 透平油罐

油处理设备包括1台聚结分离式净油装置，1台精密滤油装置，4台移动齿轮油泵。其中1台移动齿轮油泵为接受新油的油泵，另1台移动齿轮油泵为设备充油或油净化用。接受新油的油泵保证在油槽车允许的停车时间内将油卸完，设备充油泵保证在4~6 h内充满1台机组的用油设备。主要设备参数见表2-33。

表 2-33　透平油系统主要设备参数

| 序号 | 设备名称 | 规格型号 | 单位 | 数量 | 备注 |
|---|---|---|---|---|---|
| 1 | 聚结分离式净油装置 | $Q$=2.0 $m^3$/h,0~0.4 MPa,过滤精度≤1 μm | 台 | 1 | 位于厂外油库 |
| 2 | 精密滤油装置 | $Q$=2.0 $m^3$/h,0~0.4 MPa,过滤精度≤2.5 μm | 台 | 1 | 位于厂外油库 |
| 3 | 移动齿轮油泵 | $Q$=4.5 $m^3$/h,0.33 MPa, | 台 | 4 | 位于厂外油库 |
| 4 | 油罐车 | $V$=3 $m^3$ | 辆 | 1 | 位于厂外油库 |
| 5 | 移动式油罐 | $V$=0.5 $m^3$ | 个 | 1 | 油处理室 |
| 6 | 透平油罐 | $V$=15 $m^3$ | 个 | 2 | 位于厂外油库 |

#### 2.5.4.2　绝缘油系统

绝缘油系统主要供主变压器用油。单台变压器的充油量约为 32 $m^3$。当主变压器首次注新油时,通过真空滤油机向主变压器注油;当主变压器检修排油时,可委托当地的专业油处理公司进行油处理。

当主变压器发生火灾事故时,主变压器内的油通过管道紧急排至公用事故油池,通过浮油收集装置对事故油池内浮油进行收集,利用含油污水处理设备对事故油池内的含油污水进行油水分离处理,处理达标后方可排放。含油污水处理设备布置在地下厂房进厂交通洞与主变压器洞交叉口右侧,高程为 623.50 m,见图 2-17。

图 2-17　含油污水处理设备

根据设备的充排油和现场过滤的要求,绝缘油系统设置真空滤油机 2 台(其中主变压器厂家配套供货 1 台),移动齿轮油泵 1 台,真空抽气机组 1 台。油泵的容量应保证在 6~8 h 内充满 1 台最大主变压器。绝缘油系统主要设备参数见表 2-34。

表 2-34　绝缘油系统主要设备参数表

| 序号 | 设备名称 | 规格型号 | 单位 | 数量 | 备注 |
|---|---|---|---|---|---|
| 1 | 真空抽气机组 | 抽气速率≥150 L/s,<br>工作真空度≤133 Pa,<br>极限真空度≤7 Pa,$N$=3 kW | 台 | 1 | 位于发电机层进厂交通洞右侧主变压器绝缘油处理房间 |
| 2 | 移动齿轮油泵 | $Q$=4.5 $m^3$/h,0.33 MPa,<br>$N$=2.2 kW | 台 | 1 | 位于发电机层进厂交通洞右侧主变压器绝缘油处理房间 |
| 3 | 真空滤油机 | 额定容量:6.0 $m^3$/h,<br>工作压力≤0.50 MPa | 台 | 2 | 位于发电机层进厂交通洞右侧主变压器绝缘油处理房间 |
| 4 | 油水分离设备 | $Q$=20 $m^3$/h,出水含油量≤5 mg/L,回收废油含水量≤1%,<br>设计压力 0.6 MPa,<br>吸入高度 10 m,<br>工作压力 0.1~0.3 MPa,$N$=16 kW | 台 | 1 | 位于发电机层进厂交通洞右侧主变压器绝缘油处理房间 |
| 5 | 移动油罐 | $V$=1 $m^3$ | 台 | 1 | 位于发电机层进厂交通洞右侧主变压器绝缘油处理房间 |

#### 2.5.4.3　柴油发电机组燃油系统

柴油发电机组燃油系统主要作用是为柴油发电机提供充足燃料,保证柴油发电机安全可靠地运行。

考虑到不同部位的用电需求,分别在首部枢纽配电中心配置 1 台容量为 350 kVA 的柴油发电机和配套的燃油系统,在调蓄水库配电中心配置 1 台容量为 300 kVA 的柴油发电机和配套的燃油系统,在中控楼配置 1 台容量为 1 250 kVA 的柴油发电机和配套的燃油系统,在尾水闸室配置 1 台容量为 150 kVA 的柴油发电机和配套的燃油系统。

每套燃油系统均设有日用油箱间和地下油库,日用油箱间用于存放日用油箱。日用油箱间位于地上,与柴油发电机房为邻,主要作用是向柴油发电机供油并接受柴油发电机排出来的油,其容量可以满足机组 8 h 的用油量。

地下油库由储油罐室和设备室组成,设集水井收集污水。储油罐室放置储油罐,储油罐的容积可以满足机组 7 d 的燃油消耗量;设备室放置 2 台供油泵(1 主 1 备),将储油罐中的柴油通过管路送至位于地上的日用油箱;事故油罐容量是按照日用油箱油量、管道充油量和机底油箱充油量之和确定的,日用油箱发生故障时,可将柴油及时地排至事故油罐,再通过排油泵将油送至油罐车运走;集水井内设置 1 台潜水排污泵将收集的污水排出。

柴油发电机组燃油系统主要设备参数见表 2-35。

表 2-35　柴油发电机组燃油系统主要设备参数表

| 序号 | 名称 | 规格 | 单位 | 数量 | 说明 |
|---|---|---|---|---|---|
| 1 | 首部枢纽 | | | | |
| 1.1 | 柴油发电机组 | 额定连续功率 350 kVA | 台 | 1 | |
| 1.2 | 卧式储油罐 | $V=15\ m^3$ | 座 | 1 | |
| 1.3 | IY 型单级单吸输油离心泵 | $Q=12.5\ m^3/h$，$H=12.5\ m$ | 台 | 2 | |
| 1.4 | IY 型单级单吸输油离心泵 | $Q=12.5\ m^3/h$，$H=12.5\ m$ | 台 | 1 | 事故油罐排油 |
| 1.5 | 立式油箱 | $V=1\ m^3$ | 座 | 1 | |
| 1.6 | 潜水排污泵 | $Q=15\ m^3/h$，$H=15\ m$ | 台 | 1 | |
| 1.7 | 立式事故储油罐 | $V=3\ m^3$ | 座 | 1 | |
| 2 | 调蓄水库 | | | | |
| 2.1 | 柴油发电机组 | 额定连续功率 300 kVA | 台 | 1 | |
| 2.2 | 卧式储油罐 | $V=15\ m^3$ | 座 | 1 | |
| 2.3 | IY 型单级单吸输油离心泵 | $Q=12.5\ m^3/h$，$H=12.5\ m$ | 台 | 2 | |
| 2.4 | IY 型单级单吸输油离心泵 | $Q=12.5\ m^3/h$，$H=12.5\ m$ | 台 | 1 | 事故油罐排油 |
| 2.5 | 立式油箱 | $V=1\ m^3$ | 座 | 1 | |
| 2.6 | 潜水排污泵 | $Q=15\ m^3/h$，$H=15\ m$ | 台 | 1 | |
| 2.7 | 立式事故储油罐 | $V=3\ m^3$ | 座 | 1 | |
| 3 | 中控楼 | | | | |
| 3.1 | 柴油发电机组 | 额定连续功率 1 250 kVA | 台 | 1 | |
| 3.2 | 卧式储油罐 | $V=50\ m^3$ | 座 | 1 | |
| 3.3 | IY 型单级单吸输油离心泵 | $Q=22.8\ m^3/h$，$H=16.6\ m$ | 台 | 2 | |
| 3.4 | IY 型单级单吸输油离心泵 | $Q=22.8\ m^3/h$，$H=16.6\ m$ | 台 | 1 | 事故油罐排油，用在中控楼 |
| 3.5 | 立式油箱 | $V=3\ m^3$ | 座 | 1 | |
| 3.6 | 潜水排污泵 | $Q=15\ m^3/h$，$H=15\ m$ | 台 | 1 | |
| 3.7 | 卧式事故储油罐 | $V=5\ m^3$ | 座 | 1 | |
| 4 | 尾水闸室 | | | | |
| 4.1 | 柴油发电机组 | 额定连续功率 350 kVA | 台 | 1 | |
| 4.2 | 卧式储油罐 | $V=15\ m^3$ | 座 | 1 | |
| 4.3 | IY 型单级单吸输油离心泵 | $Q=12.5\ m^3/h$，$H=12.5\ m$ | 台 | 2 | |
| 4.4 | IY 型单级单吸输油离心泵 | $Q=12.5\ m^3/h$，$H=12.5\ m$ | 台 | 1 | 事故油罐排油 |
| 4.5 | 立式油箱 | $V=1\ m^3$ | 座 | 1 | |
| 4.6 | 潜水排污泵 | $Q=15\ m^3/h$，$H=15\ m$ | 台 | 1 | |
| 4.7 | 立式事故储油罐 | $V=3\ m^3$ | 座 | 1 | |

## 2.5.5 压缩空气系统

### 2.5.5.1 中压压缩空气系统

中压压缩空气系统主要供调速器油压装置和进水球阀油压装置用气，其额定设计压力为 7.0 MPa。中压压缩空气系统采用单元供气方式：每台机组调速器和进水球阀油压装置各设置 1 套组合式中压空压机组。每套组合式中压空压机组包含 2 台空压机及 1 台冷冻式干燥机，1 个 0.3 $m^3$的储气罐以及 1 套控制系统，全厂共设有 16 套组合式中压空压机。

在母线层 618.00 m 机墩旁设置组合式中压空压机供机组调速器油压装置用，在水轮机层 613.50 m 上游侧墙设置组合式中压空压机供进水球阀油压装置用。中压空压机供压缩空气至储气罐，储气罐经管道分别供给调速器油压装置和进水球阀油压装置。

中压压缩空气系统主要设备参数见表 2-36。

表 2-36 中压压缩空气系统主要设备参数

<table>
<tr><th>序号</th><th>设备名称</th><th>规格型号</th><th>单位</th><th>数量</th><th>说明</th></tr>
<tr><td>1</td><td>组合式空气压缩机组（包含以下设备）</td><td></td><td>套</td><td>16</td><td rowspan="7">8 套位于母线层机组段供调速器油压装置补气用，8 套位于水轮机层机组段供球阀油压装置补气用</td></tr>
<tr><td>1.1</td><td>活塞空气压缩机</td><td>$Q=0.82\ m^3/min, P_N=7.0$ MPa</td><td>台</td><td>32</td></tr>
<tr><td>1.2</td><td>卧式储气罐</td><td>$V=0.3\ m^3, P_N=7.0$ MPa</td><td>个</td><td>16</td></tr>
<tr><td>1.3</td><td>冷冻式干燥机</td><td>$Q=1.7\ m^3/min, P_N=7.0$ MPa</td><td>台</td><td>16</td></tr>
<tr><td>1.4</td><td>控制箱</td><td>PLC 控制</td><td>套</td><td>16</td></tr>
<tr><td>1.5</td><td>管道空气过滤器</td><td>$Q=1.0\ m^3/min, P_N=7.0$ MPa</td><td>个</td><td>16</td></tr>
<tr><td>1.6</td><td>压力传感器</td><td>0~16 MPa，带 5 对开关量及 1 对模拟量</td><td>只</td><td>16</td></tr>
</table>

### 2.5.5.2 低压压缩空气系统

低压压缩空气系统主要是供机组制动用气和机组检修用气，其工作压力为 0.7 MPa。低压压缩空气系统设备布置在高程 613.50 m 水轮机层下游侧空压机室内。共设置 3 台低压空压机，2 个低压储气罐。为了满足厂房各处的临时用气需求，另设置 1 台移动式低压空压机。低压空压机见图 2-18。

根据本电站电气主接线方式，制动用气按 4 台机组制动考虑，为保证制动用气的可靠性和用气质量，机组制动用气设备设置 2 台（1 主 1 备）$Q=3.34\ m^3/min$、$P_N=0.85$ MPa 的空压机和 1 个 6 $m^3$储气罐。

维护检修用气主要是机组检修用气，维护吹扫用气主要用于安装间、检修间、发电机层、母线层及水轮机层。机组检修用气设备设置 1 台 $Q=3.34\ m^3/min$、$P_N=0.85$ MPa 的空压机和 1 个 6 $m^3$储气罐。

低压压缩空气系统主要设备参数见表 2-37。

图2-18　低压空压机

表2-37　低压压缩空气系统主要设备参数表

| 序号 | 设备名称 | 规格型号 | 单位 | 数量 | 备注 |
|---|---|---|---|---|---|
| 1 | 低压空压机 | $Q=3.34\ m^3/min, P_N=0.85$ MPa | 台 | 3 | 位于水轮机层空压机室 |
| 2 | 活塞式移动空压机 | $Q=1.336\ m^3/min, P_N=0.86$ MPa | 台 | 1 | |
| 3 | 低压储气罐 | $V=6\ m^3, P_N=0.85$ MPa | 个 | 2 | |
| 4 | 压力传感器 | 0~1.6 MPa，带5对开关量及1对模拟量 | 个 | 2 | |
| 5 | 集成控制柜 | PLC控制 | 个 | 1 | |

### 2.5.5.3　中压压缩空气系统整定值

中压压缩空气系统整定值见表2-38。

表2-38　中压压缩空气系统整定值

| 序号 | 名称 | (运行条件)整定值 | 动作过程 |
|---|---|---|---|
| 1 | 中压空压机储气罐压力传感器(带1对模拟量，5对开关量) | | |
| 1.1 | 压力传感器1 | 储气罐压力降至6.3 MPa | 主用空压机启动 |
| 1.2 | 压力传感器2 | 储气罐压力降至6.1 MPa | 备用空压机启动 |
| 1.3 | 压力传感器3 | 储气罐压力降至6.0 MPa | 低压报警 |
| 1.4 | 压力传感器4 | 储气罐压力升至6.6 MPa | 主用及备用空压机停机 |
| 1.5 | 压力传感器5 | 储气罐压力升至6.8 MPa | 空压机高压报警 |
| 2 | 安全阀 | 储气罐压力升至7.0 MPa | 安全阀动作排气泄压 |

### 2.5.5.4　低压压缩空气系统整定值

低压压缩空气系统整定值见表2-39。

表 2-39　低压压缩空气系统整定值

| 序号 | 名称 | (运行条件)整定值 | 动作过程 |
|---|---|---|---|
| 1 | 制动用气储气罐压力传感器(带 1 对模拟量，5 对开关量) | | |
| 1.1 | 压力传感器 1 | 储气罐压力降至 0.7 MPa | 主用空压机启动 |
| 1.2 | 压力传感器 2 | 储气罐压力降至 0.65 MPa | 备用空压机启动 |
| 1.3 | 压力传感器 3 | 储气罐压力降至 0.55 MPa | 低压报警 |
| 1.4 | 压力传感器 4 | 储气罐压力升至 0.75 MPa | 主用及备用空压机停机 |
| 1.5 | 压力传感器 5 | 储气罐压力升至 0.8 MPa | 高压报警 |
| 2 | 检修用气储气罐压力传感器(带 1 对模拟量,4 对开关量) | | |
| 2.1 | 压力传感器 1 | 储气罐压力降至 0.7 MPa | 主用空压机启动 |
| 2.2 | 压力传感器 3 | 储气罐压力降至 0.6 MPa | 低压报警 |
| 2.3 | 压力传感器 4 | 储气罐压力升至 0.75 MPa | 空压机停机 |
| 2.4 | 压力传感器 5 | 储气罐压力升至 0.8 MPa | 高压报警 |
| 2 | 安全阀 | 储气罐压力升至 0.85 MPa | 安全阀动作排气泄压 |

## 2.5.6　水力测量系统

水力测量系统分全厂性测量项目和机组段测量项目两部分。

全厂性测量项目主要有首部枢纽水库水位、首部枢纽排沙闸前泥沙淤积高度监测、沉沙池进水口拦污栅前后水位、沉沙池水位、引水隧洞水位、调蓄水库水位、进水塔拦污栅前后水位、进水塔闸门前后水位、机组尾水支洞水位、下游尾水出口水位等，主要设备参数见表 2-40。

机组段测量项目主要包括压力钢管压力、喷嘴进口压力、喷针位移、配水环管进口压力、水轮机机壳内压力、尾水支洞水位、高位水池水位、机组冷却水流量、机组冷却水各个支路的温度。在水轮机层 613.50 m 机墩旁设置水轮机水力监测仪表，见图 2-19。

表 2-40　全厂性测量系统主要设备参数表

| 序号 | 设备名称 | 规格型号 | 单位 | 数量 | 位置 | 功能 |
|---|---|---|---|---|---|---|
| 1 | 投入式水位变送器 | 1.量程:0~10 m;<br>2.输出信号:DC4~20 mA;<br>3.电源 DC24 V,4 线制投入电缆长度 20 m | 套 | 2 | 首部枢纽进水口闸墩上 | 首部枢纽进水口水位测量 |
| 2 | 投入式水位变送器 | 1.量程:0~10 m;<br>2.输出信号:DC4~20 mA;<br>3.电源 DC24 V,4 线制投入电缆长度 20 m | 套 | 16 | 首部枢纽进水口拦污栅后 | 与首部枢纽进水口处的投入式水位变送器共同作用,测量拦污栅前后压差 |

续表 2-40

| 序号 | 设备名称 | 规格型号 | 单位 | 数量 | 位置 | 功能 |
| --- | --- | --- | --- | --- | --- | --- |
| 3 | 泥沙高度监测装置 | 1.电源 AC127 V;<br>2.输出信号:DC4~20 mA | 套 | 2 | 首部冲沙闸进口 | 1.1 主 1 备,用于监测冲沙区泥沙高度,以控制平板闸门和弧形闸门的启闭;<br>2.2 个水库沉沙传感器如果是 4~20 mA 信号,在沉沙池进口左右岸液压启闭机 PLC 处分别接 1 个 |
| 4 | 投入式水位变送器 | 1.量程:0~5 m;<br>2.输出信号:DC4~20 mA;<br>3.电源 DC 24 V,4 线制投入电缆长度 12 m | 套 | 8 | 沉沙池 | 测量沉沙池 8 个流道水位,用于控制进水口工作闸门的开度 |
| 5 | 投入式水位变送器 | 1.量程:0~10 m;<br>2.输出信号:DC4~20 mA;<br>3.电源 DC 24 V,4 线制投入电缆长度 15 m | 套 | 2 | 静水池 | 测量静水池的水位,用于控制侧堰旋转门的开度 |
| 6 | 投入式水位变送器 | 1.量程:0~5 m;<br>2.输出信号:DC4~20 mA;<br>3.电源 DC24 V,4 线制投入电缆长度 8 m | 套 | 2 | 生态流量洞工作闸门后 1 个<br>沉沙池后 1 个 | 1.测量生态流量洞水位,以记录其流量;<br>2.记录沉沙池冲沙时流过生态流量洞的流量 |
| 7 | 投入式水位变送器 | 1.量程:0~10 m;<br>2.输出信号:DC4~20 mA;<br>3.电源 DC24 V,4 线制投入电缆长度 15 m | 套 | 1 | 引水隧洞末端事故闸门前 | 控制引水隧洞末端事故闸门 |
| 8 | 投入式水位变送器 | 1.量程:0~30 m;<br>2.输出信号:DC4~20 mA;<br>3.电源 DC24 V,4 线制投入电缆长度 30 m | 套 | 2 | 调蓄水库压力钢管进口 | 调蓄水库水位测量 |

续表 2-40

| 序号 | 设备名称 | 规格型号 | 单位 | 数量 | 位置 | 功能 |
|---|---|---|---|---|---|---|
| 9 | 投入式水位变送器 | 1.量程:0~20 m;<br>2.输出信号:DC4~20 mA;<br>3.电源 DC24 V,4 线制投入电缆长度 23 m | 套 | 2 | 调蓄水库压力钢管进口拦污栅后 | 与压力钢管进口处的投入式水位变送器共同作用,测量拦污栅前后压差 |
| 10 | 投入式水位变送器 | 1.量程:0~20 m;<br>2.输出信号:DC4~20 mA;<br>3.电源 DC24 V,4 线制投入电缆长度 28 m | 套 | 2 | 调蓄水库压力钢管进口工作闸门后 | 与拦污栅后的投入式水位变送器共同作用,用于事故闸门开启时平压用 |
| 11 | 投入式水位变送器 | 1.量程:0~15 m;<br>2.输出信号:DC4~20 mA;<br>3.电源 DC24 V,4 线制投入电缆长度 21 m | 套 | 1 | 尾水渠闸门后 | 尾水水位测量 |

图 2-19　水轮机层仪表盘

## 2.5.7　机修设备

### 2.5.7.1　机修间设备配置

在主厂房副安装间 623.50 m 高程设置机修间,根据主合同要求配置机械修理设备。机修间内配备的主要机修设备参数见表 2-41。

表 2-41　机修主要设备参数

| 序号 | 名称 | 规格参数 | 单位 | 数量 |
|---|---|---|---|---|
| 1 | 车床 | 床身上最大回转直径:500 mm;<br>中心距:1 500 mm | 台 | 1 |
| 2 | 移动式万向摇臂钻床 | 最大钻孔直径: 25 mm | 台 | 1 |
| 3 | 弓锯床 | 切割范围:<br>圆材:500 mm<br>型材: 400 mm×400 mm | 台 | 1 |
| 4 | 磨床 | 顶尖间最大工作长度: 1 500 mm<br>最大磨削长度: 1 500 mm | 台 | 1 |
| 5 | 电焊机 | 可实现手工焊,又能进行 MIG、TIG 焊接及切割<br>氩弧引弧方式: 高频高压 | 套 | 1 |
| 6 | 气焊机 |  | 套 | 1 |
| 7 | 移动式风冷全无油空压机 | 排气量: 0.53 $m^3$/ min<br>工作压力: 0.8 MPa | 台 | 1 |
| 8 | 电焊工具 |  | 套 | 1 |
| 9 | 气焊工具 |  | 套 | 1 |
| 10 | 切割工具 | 包括锯子、砂轮切割机、<br>气割(也叫乙炔切割)、管子切割机 | 套 | 1 |
| 11 | 钳工工具 | 包括钳工台、虎钳、手锤、扁铲(錾、凿)、<br>冲子、锉刀、刮刀、扳手、手锯、板牙、丝锥和<br>铰刀、划线工具、照明灯、千斤顶、手电钻等 | 套 | 1 |
| 12 | 钳工台 | 1 500 mm×750 mm×800 mm(宽×深×高) | 个 | 3 |
| 13 | 机修设备陈列柜 | 1 000 mm×400 mm×1 800 mm(宽×深×高)<br>双轨抽屉 | 列 | 1 |
| 14 | 25 m 货架 | 2 000 mm×600 mm×2 000 mm(宽×深×高) | 套 | 1 |
| 15 | 5 t 电动单梁悬挂式起重机 | 额定起重量:5 t;跨度:8 m | 台 | 1 |

#### 2.5.7.2　机修间设备布置

在 CCS 水电站主厂房临时副安装间的一层布置了 CCS 水电站机修设备。在副安装间 623.50 m 高程的上游侧左边设置 1 间仓库,里面放置了 13 个 2 m×0.6 m×2 m(长×宽×高)的货架,用于放置厂房小型机修设备。在右侧设置 1 个机修间,里面放置 1 个车床、1 个磨床、1 个移动式万向摇臂钻床、1 个弓锯床、1 个机修设备陈列柜。在房间内设置 1 台 5 t 电动单梁悬挂式起重机,用于起吊需要检修的较重件。在副安装间下游侧设置了 1 个焊接室，里面放置了3个钳工台、1台移动式风冷全无油空压机、1套气焊工具、1套切割工具。

### 2.5.8 生活污水处理系统

地下副厂房及地面中控楼内卫生间生活污水需要处理，才能达标排放，为此各配置1套化粪池及1套埋地式污水处理设备。

#### 2.5.8.1 污水处理设备的处理量

CCS水电站地下厂房运行人员约100人，根据《NATIONAL STANDARD PLUMBING CODE》(PHCC—2009)规范要求，每人一天用水量56.78 L，经计算，所需污水设备处理量为1.0 $m^3/h$。

#### 2.5.8.2 污水处理设备工艺

生活污水处理设备包括玻璃钢化粪池(主厂房有效容积20 $m^3$，中控楼有效容积30 $m^3$)、格栅池、调节池、兼氧池、好氧池、MBR池、污泥池、消毒池、风机房、电控柜、液位控制器、活性炭吸附装置等。

生活污水先排入玻璃钢化粪池，经8～12 h沉淀后流入污水处理设备处理，达到排放标准后就近排入厂区排水沟或尾水。

化粪池设有排污泵，将污水从调节池中提升至污水处理设备内，污水处理设备配套有排污泵、风机、检查孔和通气孔、电气设备、连接管道等。污水处理设备采用埋地式，地下副厂房污水处理设备布置在2#进厂交通洞内；控制楼污水处理设备布置在中控楼室外埋地布置，但控制柜和风机布置在中控楼内一层。

## 2.6 电站应急机组

### 2.6.1 应急机组

CCS水电站主厂房内设有1台套1 400 kVA卧轴冲击式水轮机发电机组，作为电站事故情况应急机组具有黑启动功能。分别从4#、5#机组压力钢管引水，见图2-20。应急机组设置一套反向喷嘴制动系统。

#### 2.6.1.1 应急机组参数

水轮机型式：卧轴冲击式水轮机(CJA475-W-83/1X6)；

最大毛水头：615.5 m；

额定水头：609 m；

额定出力：1 310 kW；

额定流量：0.25 $m^3/s$；

额定效率：89%；

额定转速：1 200 r/min；

水轮机的旋转方向：从发电机向水轮机看为顺时针；

图 2-20　应急机组布置图

机组中心线高程:624.23 m;

发电机型式:卧轴三相交流同步发电机(SF1200-6/1430);

额定容量:1 411.8 kVA;

额定电压:0.48 kV;

额定转速:1 200 r/min;

额定效率:95.22%;

额定频率:60 Hz;

功率因数:0.85;

绝缘等级:F/F;

励磁方式:静止可控硅自并励;

旋转方向:从发电机端看为顺时针;

冷却方式:空气冷却。

#### 2.6.1.2　进水球阀

应急机组前设置 2 台 DN300 mm 液控进水球阀(互为备用),配有伸缩节、旁通阀、检修阀等,工作压力为 7.0 MPa。全厂失电时,进水阀能自动打开。在 4#、5#机组取水口处分别设置一套电动检修球阀,直径 DN300 mm,工作压力为 7.0 MPa。

#### 2.6.1.3　调速器

调速器采用微机调速器,齿盘测频,具有 PID 调节规律,能满足电站微机监控和黑启动要求。油压装置采用气囊蓄能组合式,油压装置与机械控制柜组合为一体。调速器油压装置的回油箱上设计有 3 个泵,1 个交流电机启动的泵、1 个直流电机启动的泵,还设有 1 个手动泵。

#### 2.6.1.4　桥机

为满足应急机组安装、检修的需要,应急机组室内起重设备采用 1 台 10 t 电动单梁桥式起重机,跨度 8.5 m,供机组安装、检修及设备装卸使用。应急机组室桥机轨顶高程为

629.504 m。

#### 2.6.1.5 气系统

应急机组室设置低压压缩空气系统一套。低压压缩空气系统分检修用气和制动用气,气源均取自全厂低压压缩空气系统。制动用气干管经主厂房送至应急机组室温度控制柜内。从温度控制柜内出来的支管分两支,分别供气至机组飞轮制动闸处。制动用气系统工作压力设计为 0.7 MPa。

#### 2.6.1.6 冷却水系统

冷却水系统主要供水对象为发电机空气冷却器、主轴承设备冷却用水。冷却水水源取自厂房工业用水供水管。

## 2.7 重大及关键技术问题解决方案

### 2.7.1 尾水洞有压运行工况问题研究

#### 2.7.1.1 概述

本工程概念设计(相当于国内的可行性研究阶段)由意大利 ELC 公司完成,对概念设计进行复核时发现:正常工况下尾水洞是无压洞,当在较大洪水条件(流量大于 1 600 $m^3/s$)下,下游河道水位抬高将导致 8 条尾水洞水位上升,尾水洞成为有压运行模式,会导致转轮室压力降低,涌浪出现,水轮机效率严重下降,使机组不能正常运行,这是概念设计及主合同均没有提及的一种特殊工况。

在基本设计阶段,考虑尾水洞出口地质条件等因素,决定将尾水洞出口位置下移 200 m 左右,使得情况有所缓解,尾水洞成为有压洞的洪水流量由 1 600 $m^3/s$ 提高到 2 800 $m^3/s$,根据水文专业的计算,电站平均每年有半个月左右时间出现较大洪水条件(大于2 800 $m^3/s$),但也无法避免对水轮机造成的短时停机影响,作为国家的骨干电站,一旦停机对国家电网冲击较大,为避免该工况出现及不影响发电水头,曾提出过抬高水轮机安装高程(4 m)并相应抬高调蓄水库高程(提高上游水位)的方案,但因投资大、实施工程困难等因素而搁浅。在与世界上著名水轮机厂家充分交流的基础上,提出在尾水洞下游侧设自然补气系统和强迫补气系统,其中强迫补气系统能将水面降低至一定水位,形成必需的通气高度,解决了冲击式水轮机在尾水洞有压工况下安全稳定运行的难题。自然补气系统和强迫补气系统已在 2012 年 5 月瑞士洛桑水轮机模型试验中得到验证,为后期项目实施提供了可靠的依据及技术支撑。

CCS 水电站 8 台机组于 2016 年 11 月全部投产发电至今,水轮机运行稳定,效率较高,完全满足合同要求,已产生巨大的经济效益。

#### 2.7.1.2 研究内容

冲击式水轮机一般为了获得最大可能的工作水头,使转轮尽量布置在靠近最高尾水位的地方,避开机组变负荷时的尾水洞内的涌浪,保证通风,避免转动的转轮与尾水顶部的泡沫接触而引起效率损失,转轮与最高尾水位之间需要有一个最小距离,即水轮机排出高度。与反击式水轮机相比,这部分水头未能被利用,因此也称为“水头丢失”。当水轮机正常运行后的水流离开水斗落入尾水坑的过程中会大量掺气,因而将空气带走,若尾水洞(渠)通气高度不够,从水中分离出来的空气不能全部返回机壳,使机壳内出现真空,则会造成水轮发电机组效率下降和机组振动加剧。为了避免机壳内出现不良的条件,必须采取补气的方法将机壳内的压力与大气应力进行平衡。

冲击式水轮机在尾水洞有压运行工况下运行,目前国内还没有先例,世界上仅有少数几个电站存在这种工况(见表 2-42),但少数几个电站的工况是下游河道水位常年一直高于尾水洞水位,不存在工况转化问题。但 CCS 水电站的 8 台水轮机绝大多数时间是正常的运行工况,只有在大洪水条件下,尾水洞才成为有压洞(见图 2-21),所以其运行工况、边界条件、机组结构形式与少数几个电站均存在较大的差异。

表 2-42　冲击式水轮机尾水洞有压运行电站实例

| 电站名称 | 机组台数 | 单机容量(MW) | 单机流量($m^3/s$) | 最高尾水位(高于尾水洞水位)(m) | 说明 |
|---|---|---|---|---|---|
| Kopswerk II | 3 | 179 | 25.1 | 19.17 | 一直需要空压机投入压气运行 |
| Tesla | 1 | 26.5 | 5.6 | 3.5 | 一直需要空压机投入压气运行 |
| Tysso II | 2 | 109 | 17.5 | 17 | 一直需要空压机投入压气运行 |
| CCS | 8 | 184.5 | 34.7 | 4 | 大部分时间不需要空压机投入运行 |

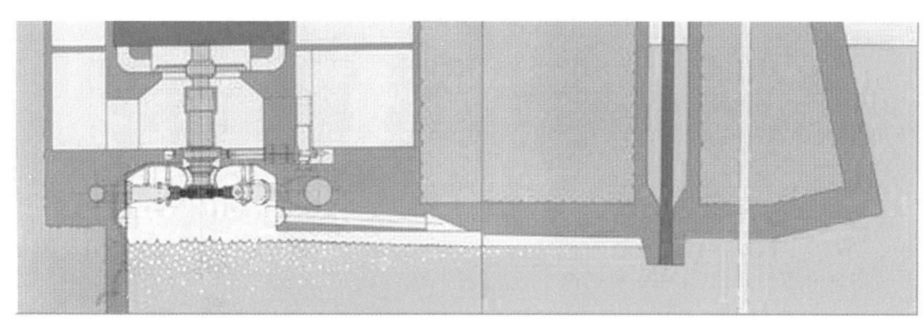

图 2-21　尾水洞有压工况下运行示意图

目前这少数几个电站均是采取强迫补气压水措施,将尾水洞水位降低到能保证水轮机安全运行的高度,使得转轮能在空气中运转,确保水轮机安全稳定运行。

#### 2.7.1.3　系统设计

1.补气系统概述

冲击式水轮机的补气系统可分为两个独立的过程:气泡的形成过程和空气回收过程。其中,气泡的形成过程为复杂的两相流问题,目前研究得还不够深入,重要参数的研究才刚刚起步。因此,这里以水轮机模型试验为依据,并结合少量已运行的类似电站对空气回收系统进行分析研究。

2.空气回收系统

当下游河道水位正常时,气泡被尾水洞(渠)的水流带入下游河道中。为了减小这部分空气的损失量,弥补机壳内的气压损失,有必要设置空气回收系统,尤其是当气泡分布峰荷正好在水轮机机坑出口处高程时,空气的损失量更大,空气回收系统的设置显得更加重要。

1)自然补气系统

尾水洞在无压状态下,为了解决水轮机工作水头与能量效率以及安全稳定运行之间的矛盾,在尾水洞内设置自然补气管,利用尾水洞内的压差,能自动把落入尾水坑过程中的水流中掺入的空气通过补气管道再送回机壳内,从而破坏机壳出现的真空,维持机组效率,减少机组振动。为了保证水轮机机壳内的最优补气,补入的空气应从水轮机机壳的中心部位补入,空气的大部分应能直接补入机壳中。因此,有必要对水斗式水轮机无压工况运行时自然补气系统进行分析研究。

2)空气回收系统

冲击式水轮机尾水气体含量随着出力的增大而增加,因为更多的水从斗叶甩出会产生更多的泡沫,挤压了气泡的间距。由于尾水洞(渠)进口处水流高度紊动,气泡不会合并。另外,由于气体在尾水渠的垂直方向分布非常不均匀,如图 2-22 和图 2-23 所示,集群气泡的逸出速度在渠道的进口和接近表面处分布必然会最小。为了有效利用尾水洞内的空气,需要在合适的位置设置一个挡气坎用于空气回收。

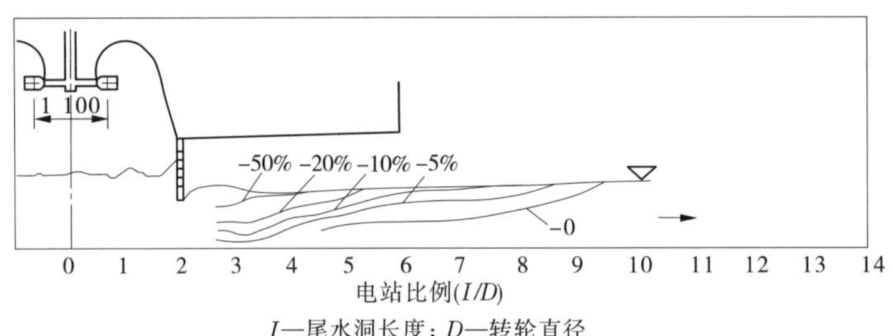


$I$—尾水洞长度;$D$—转轮直径

**图 2-22 冲击式水轮机 45%负荷时在尾水渠中自由气泡的比例**

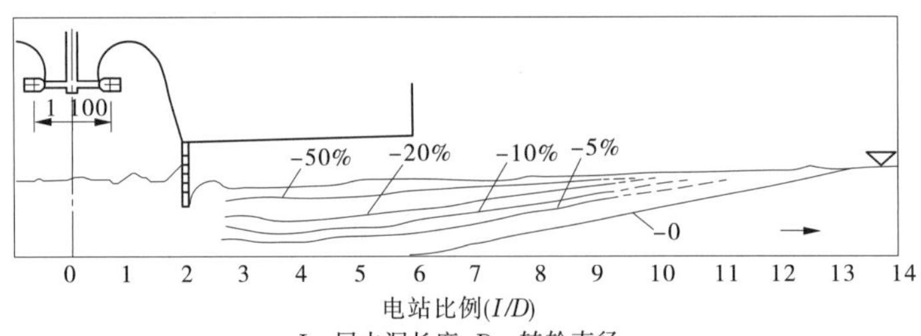


$I$—尾水洞长度;$D$—转轮直径

**图 2-23 冲击式水轮机 100%负荷时在尾水渠中自由气泡的比例**

从图 2-22、图 2-23 中我们可以看出,在约 14 倍转轮直径的尾水洞(渠)处,自由气泡的比例达到 100%。

#### 2.7.1.4 补气系统的水轮机模型试验

2012 年 5 月 21~25 日,在瑞士的洛桑安德里茨水力实验室进行了水轮机模型验收试验,见图 2-24。该试验台配有高精度的测量设备,其中流量测量误差为±0.162%,水力比能测量误差为±0.112%，力矩测量误差为±0.100%，转速测量误差为±0.050%，模型效率误差为±0.232%，综合效率误差为±0.246%，满足 IEC 有关要求。

图 2-24　模型试验台

模型试验台的主要参数：最高水头 320 m，最大流量 0.3 $m^3/s$，最大功率 940 kW。模型水轮机的主要参数：转轮节圆直径 361.5 mm，斗叶宽度 90.1 mm，喷嘴直径 35.8 mm，水斗数 22，原模型比尺为 9.264 7∶1。根据合同要求对水轮机进行了效率试验、出力试验、飞逸试验、自然补气和强迫补气试验、折向器推力测量试验以及模型尺寸检查等试验。

针对 CCS 水电站存在的压气运行工况（尾水洞有压工况），对试验台尾水渠及末端进行改造，在整个尾水段装设有观察口（透明玻璃），尾水出口安装了挡气坎及一个高位水箱（涌高水位），对整个水流流态进行了模拟，并进行了自然补气和强迫补气试验。

根据相似定律确定了水轮机流道并设置了相应的自然补气系统和强迫压气系统，在模型试验台上，进行了额定净水头为 604.10 m，额定出力为 188.266 MW 时各种工况的模拟，记录了在尾水流道鼻端后水位不同时，水轮机效率、气流量和气压的变化情况，并通过原模型效率、气流量和气压的换算，得到原型水轮机的补气试验参数特性，补气试验参数见图 2-25。

在自然补气试验中，通过图 2-25 中蓝色实线可以发现，在鼻端尾水位高于 607.80m 时，水轮机效率随尾水位的抬高下降得非常快，而在低于 607.80m 时，水轮机的效率几乎不随尾水位的变化而变化，在尾水位达到 607.30m 时水轮机的效率应不受尾水位的影响，很显然自然补气试验的结果是满足要求的。在强迫补气试验中，一是要检验压缩空气对水轮机效率的影响程度，二是要验证在尾水位变化时所选用的空压机容量是否能够满足压气要求。通过图 2-25 可以发现，在尾水位不断升高，甚至达到 609.60 m 这样一个极端尾水位时，在保证进入机壳内的气压（红色点划线）及空压机排气量（红色虚线）的前提下，水轮机效率（双点划线）受尾水位的影响极小。当然，随着机壳内气压的增大，机壳内的空气密度也在增大，这就导致了转轮的风损增大，水轮机的效率有微弱下降，也证明了

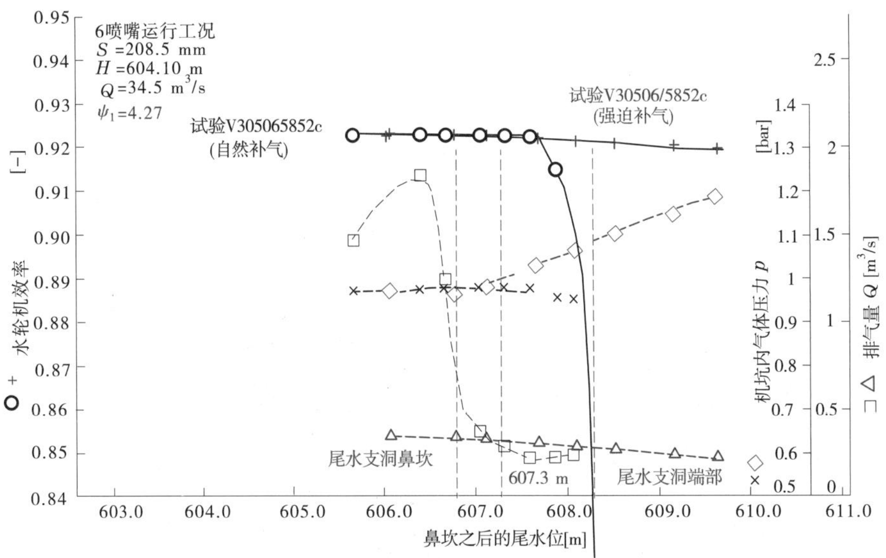


图 2-25 原型水轮机补气试验结果

强迫压气及补气压系统设计合理、可靠,挡气坎位置选择正确。

#### 2.7.1.5 CCS 水电站应用

CCS 水电站冲击式水轮机的排出高度为 3.8 m,尾水支洞通气高度 1 m,尾水洞水位允许的最高运行水位为 607.3 m,如水位超过这个水位,需要投入压缩空气,将水位压到 607.3 m 以下,水轮机才能运行。水轮机压气系统由供气系统和空气回收系统组成,通常包括注入机壳的压缩空气和对应设置在尾水支洞内的挡气坎来回收空气。

1.空气回收

CCS 水电站采用从机壳到尾水洞的埋管,埋管离机壳有足够的距离。管道的供气量为水轮机最大流量的 20%~30%,进入机壳内的气流速度不宜太大,空气流速控制在 20~30 m/s,每个喷嘴设置独立的管道系统,自然补气系统共布置 8 根补气管路,其中 15%的气量从 2 根 DN250 管路为中心体补气,空气口的位置位于尾水洞的进口处以及距离水轮机中心线 52m 处;85%的气量从 6 根 DN350 管路为机壳内补气,空气口的位置位于尾水洞的进口处以及距离水轮机中心线 20 m 的鼻端处,分散在不同的角度。自然补气的管路布置图见图 2-26。

2.压气运行

1)压气运行概述

在压气运行系统中,供气系统和空气回收系统之间达到经济最优组合非常重要。目前从很少的一些已建电站或模型试验中获得一些资料。CCS 水电站供气系统在 608.0m 高程设置了 2 台 75 kW 鼓风机(1 主 1 备)用于向水轮机机壳内注入压缩空气,压气系统图见图 2-27。

根据计算,CCS 水电站在尾水支洞离机组中心线约 56 m 处自由气泡达到 100%,因此参考类似电站的运行经验,在距机组中心线 50 m 的位置设置一个挡气坎用于回收尾水支

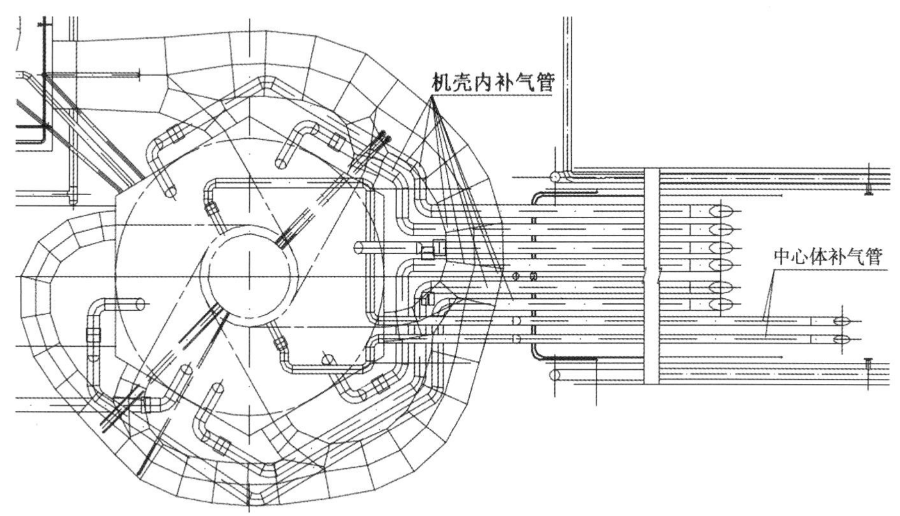


图 2-26　自然补气管路平面布置图

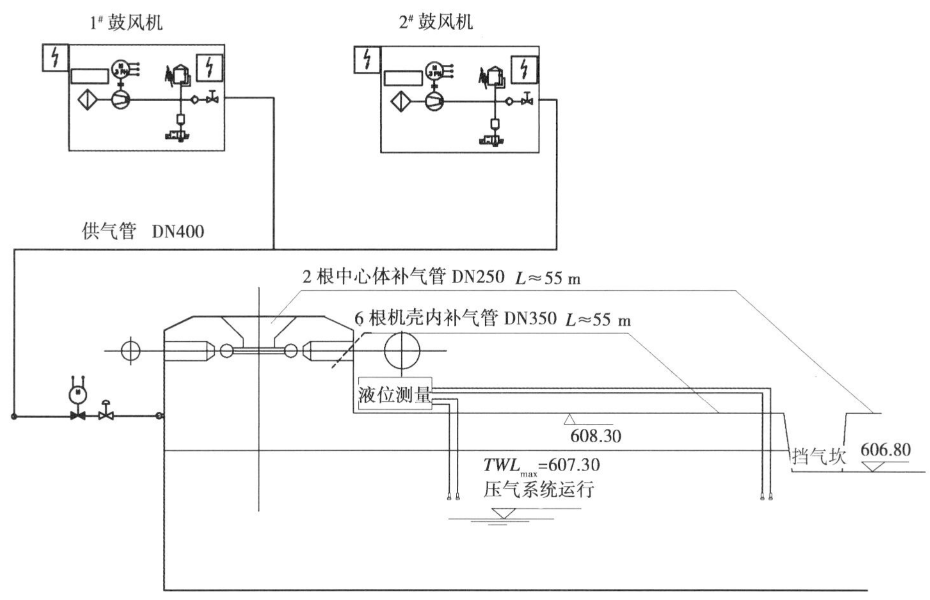


图 2-27　压缩气系统图

洞内的气体。

2) 压气系统管路计算

由于空压机的气量偏小，一根管子就能够满足要求。根据模型试验结果，为了确保足够的补气量，空压机所连接的管路确定为 400 mm。在模型水轮机中，管路的位置背对尾水洞，以确保有足够的压力进入机壳内。在原型水轮机中，位置和模型水轮机保持一致，具体的布置图见图 2-28。

3) 压气系统的自动控制

在每条尾水支洞内前后 2 个断面各设置了 2 个微压传感器，共 4 个微压传感器，通过

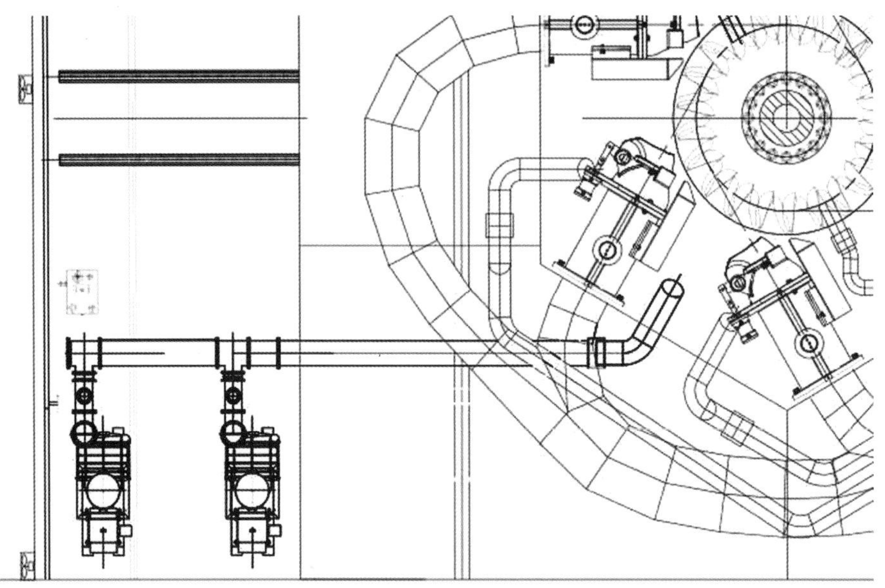

图 2-28　鼓风机管路布置图

压差计算出尾水支洞内的水位，用于控制 2 台鼓风机启停，具体布置见图 2-29。

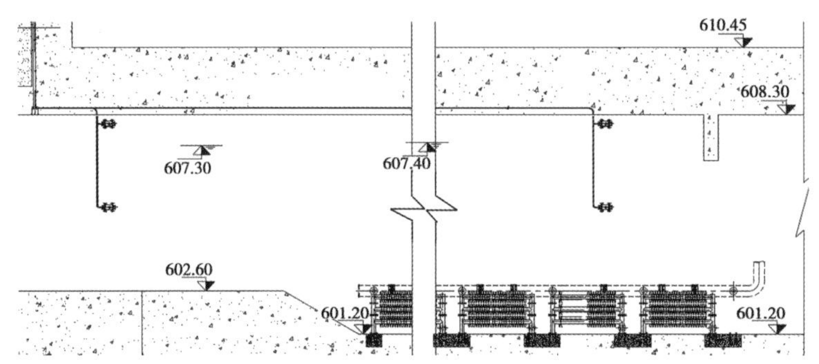


图 2-29　尾水支洞水位计布置图

4）压气系统设备参数

当尾水洞处于有压状态时，需投入压气运行系统进行强迫压气。经过上述选型计算，压气运行系统所需设备主要参数见表 2-43。

表 2-43　压气运行系统主要设备参数

| 序号 | 名称 | 规格 | 单位 | 数量 | 备注 |
| --- | --- | --- | --- | --- | --- |
| 1 | 鼓风机 | $Q$=3 600 $m^3$/h，$N$=75 kW | 台 | 16 | 每台机组设置 2 台 |
| 2 | 微压传感器 | 测量范围：0~50 kPa，输出：DC4~20 mA | 个 | 32 | 每台机组设置 4 个 |

### 2.7.1.6　结论

对尾水洞有压工况下水轮机安全稳定性的研究及模型试验，为工程安全运行提供重要的理论依据，所取得的技术成果为今后国内外冲击式水轮机在尾水有压工况下安全稳定运行奠定基础、积累宝贵的经验。

通过研究确保 CCS 水电站水轮机无论在何种工况下均能安全稳定运行,在发生较大洪水条件下,确保电站 8 台机组安全稳定运行,确保了国家电网的安全与稳定。根据水文专业的计算,每年按 15 d 考虑,每天按 20 h 计算,由此每年可以多发电 45 000 万 kW · h。

## 2.7.2　技术供水系统的优化

### 2.7.2.1　原设计方案

在概念设计阶段,CCS 水电站的技术供水系统采用水泵加循环水池的技术供水系统,见图 2-30。

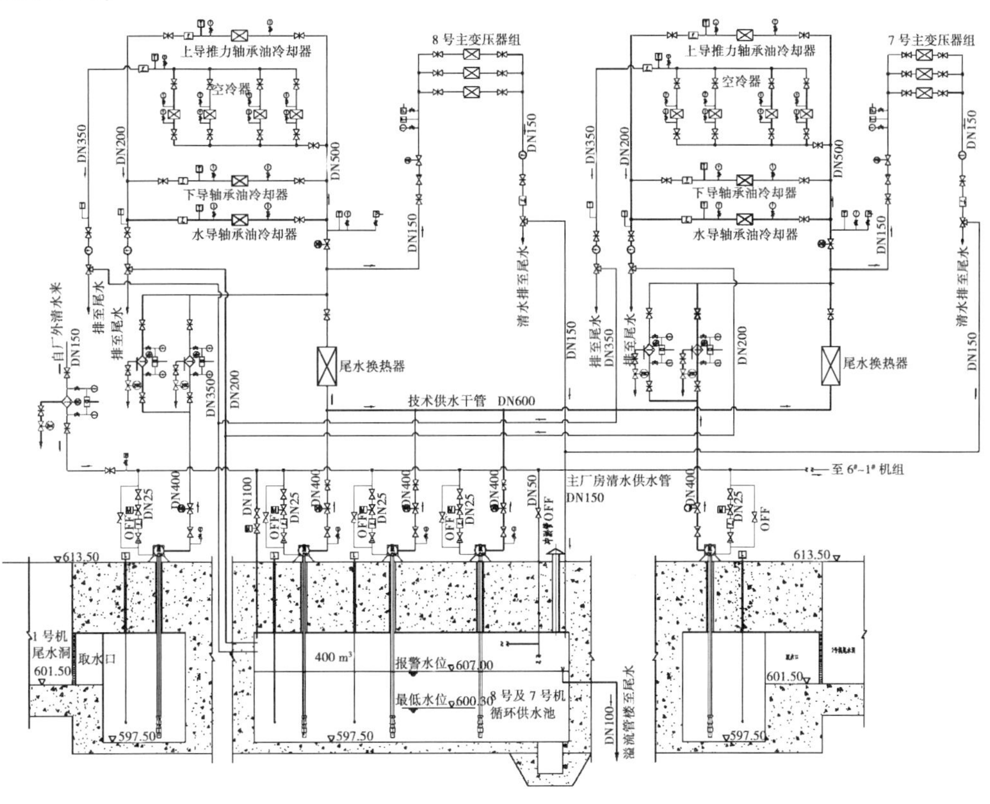


图 2-30　概念设计阶段技术供水系统图

供水流程:循环水池(从厂房外引入清洁水源)→长轴深井泵→尾水换热器→机组和主变压器冷却器→循环水池。

### 2.7.2.2　系统优化设计

原技术供水方案虽然在概念设计阶段顺利通过业主的审查,但要实现该技术供水系统,需要在地下厂房内每台机组旁开挖一 80 $m^3$ 的水池引尾水,在 2 台机组间再开挖一个 400 $m^3$ 的循环水池,厂房共需要开挖 8 个取水池,4 个循环水池,开挖量较大,而且整个厂房的结构计算也比较复杂。8 台机组的技术供水系统共需设置 20 台水泵和 20 台滤水器,所需自动化元件设备繁多,电站运行后期运行管理比较复杂。

因此,在基本设计阶段,对技术供水系统进行优化设计,采用“密闭式循环+尾水换热器"的技术供水系统。用膨胀水箱替换循环水池,节省厂房开挖量和工程投资。

1.膨胀水箱

在"密闭式循环+尾水换热器"技术供水系统中,经计算,设置 1 $m^3$不锈钢膨胀水箱安装在 CCS 水电站厂房内发电机层母线洞高处。水箱内设有液位计、浮球阀、排气孔等设施来保证机组的正常运行。

膨胀水箱的主要作用:吸纳密闭技术供水管道系统在机组正常运行时由于水泵启动寻找运行平衡点时管道中膨胀的水体;补充管道系统中因水体流动蒸发和泄漏而损失的水量;稳定管道系统的压力;排除管道系统中的空气,防止振动;需要时可通过它投放化学药剂,对冷却水进行软化、杀菌等化学处理。

膨胀水箱的水源来自 CCS 水电站厂外高位水池,通过重力输水管供水至膨胀水箱内,采用 Pipe Flow 软件确定重力流状态下进入膨胀水箱内的管道管径及压力,保证膨胀水箱安全稳定取水,避免水箱溢水。

2.尾水换热器

CCS 水电站为了节省厂房空间,避免造成对厂房的扩挖,利用管壳式换热器的原理,把换热器放置在尾水支洞内来节省厂房尺寸。

利用 CCS 水电站的尾水支洞作为换热器的外壳,散热面直接用许多$\Phi$ 32×3 mm 管道焊接在主管道上,组合成适合水电站尾水支洞的尺寸,放置在水电站的尾水洞内并淹没在尾水以下,仅需留出热流体进出口,冷流体就利用电站的尾水,整个淹没换热器达到冷却水轮发电机组各个轴承的目的,冷却效果更好。

1)尾水换热器参数

机组各轴承冷却器进水温度:30 ℃;

尾水换热器进口温度:35.4 ℃;

河水温度:26.4 ℃;

总损耗即换热器传热量:3 862 kW(发电机的损耗和主变压器损耗之和);

尾水换热器换热面积:1 052.92 $m^2$。

2)尾水换热器的布置及检修

CCS 水电站是地下厂房,尾水洞是 5.7 m×7.1 m 的马蹄形尾水洞,长度约 60 m。吸取国内水电站尾水换热器布置的经验教训,为了减少尾水换热器表面微生物的滋生,把尾水换热器布置在尾水支洞两边,利用流动的尾水冲击尾水换热器,不仅增强了尾水换热器的冷却效果,也能及时带走尾水换热散发的热量,避免微生物的滋生。在尾水支洞的顶部两侧分别布置了一根轨道,安装手动葫芦,通过手动葫芦起吊尾水换热器,方便安装和后期的检修。

为了避免尾水换热器的锈蚀,整体材料为 ASTM 304 不锈钢材质,散热管为$\Phi$ 32×3 mm的不锈钢管,每组尾水换热器单个截面 5 根$\Phi$ 32 散热管错开布置,焊接在主水管$\Phi$ 133×4 mm 上,每组尾水换热器尺寸为 2 100 mm×1 340 mm×352 mm。尾水换热器的具体结构见图 2-31。CCS 水电站每台机组共需 20 组,分两边布置在尾水支洞内。

3.循环水泵设计

在"密闭式循环+尾水换热器"技术供水系统中,由于膨胀水箱设置在高点处仅作为管道的补充水源，冷却水通过水泵加压送至各个冷却器之后经过尾水换热器冷却后又回到水泵的入口，一般选用离心泵。

根据 CCS 水电站水轮发电机组技术供水水量，为满足机组用水需求，取水泵流量为915 $m^3/h$。

由于整个供水管道是封闭循环系统，管道分别进入各个用水设备后再汇总到一根排水管供至水泵入口。一般水泵的扬程=水泵吸水和排水水面高程差+管道水头损失，对于闭式循环管道，由于水泵的进、出水高程是一样的，水泵的扬程仅需要计算各个支路管道的水头损失，比较之后取大值即可。经计算，主变压器冷却器的技术供水管道损失最大为 36.018 m，考虑 5%的安全系数，取水泵的扬程为 38 m。

图 2-31　CCS 水电站尾水换热器结构图

## 2.7.3　压力管道排水方案研究

### 2.7.3.1　压力管道系统概述

CCS 水电站共布置 2 条压力管道，均由上平段、上弯段、竖井段、下弯段、下平段和岔支管段组成。1# 压力管道主管轴线长度为1 782.935 m，2# 压力管道主管轴线长度为 1 856. 339 m，上平段、上弯段、竖井段、下弯段、部分下平段采用钢筋混凝土衬砌，内径均为 5.8 m，岔支管段分为 4 段，均为钢衬，管径分别为 5.2 m、4.5 m、3.7 m、2.6 m，见图 2-32。

其中 1#～4#机组从 1#压力管道引水，5#～8#机组从 2#压力管道引水，见图 2-10。CCS 水电站的水头有 600 m 左右，整个压力管道也将近 1.9 km，如果压力管道放水速度过快，在管道内可能会出现真空，形成负压，对压力管道造成破坏；如果放水速度过慢，则会延长电站检修时间，造成较大的经济损失。针对这个问题，为了优化排水方案，减少排水阀的数量，通过具体的建模计算分析，确定了排水阀的位置及数量。

### 2.7.3.2　排水阀的设置

在球阀廊道层，1#、8#机组压力钢管末端直径 2.6 m 的管段区域分别开 1 个排水孔(1#～4#机组，1#球阀前底部位置最低；5#～8#机组，8#球阀前底部位置最低)，在排水孔的正下方安装 1 个 DN200 具有消能功能的活塞式流量调节阀，具体布置见图 2-14。根据压力管道布置分段调整活塞式流量调节阀开度，根据活塞式流量调节阀流量特性(见表 2-44)，考虑活塞式流量调节阀最大排水能力和管道允许水位消落速度的限制，且满足通过活塞式流量调节阀的流体速度不得超过 10 m/s 的要求。

### 2.7.3.3　排水方案的选择

当电站输水隧洞、进水球阀需要检修时，输水隧洞有以下两种排水方案。

(1)通过水轮机的喷嘴直接排水至水轮机坑内。

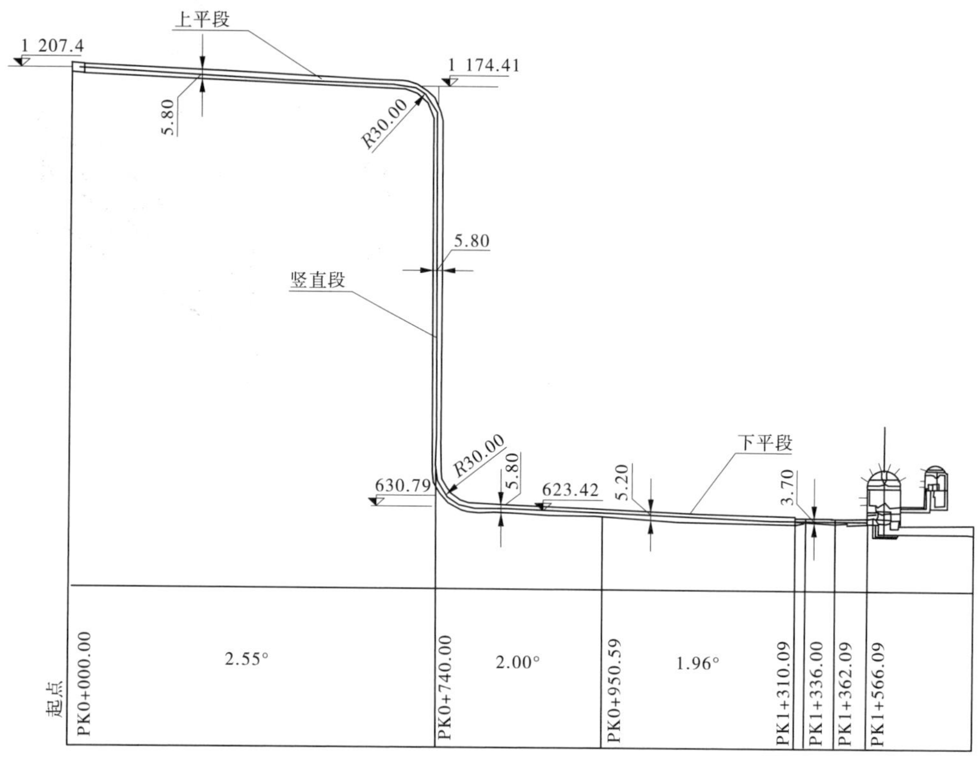


图 2-32　引水系统剖面图　（单位:m）

表 2-44　活塞式流量调节阀流量特性

| 阀门行程（mm） | 有效过流面积 | | 阀门行程（mm） | 有效过流面积 | |
|---|---|---|---|---|---|
| | （mm²） | （m²） | | （mm²） | （m²） |
| 4 514 | 0.004 514 | | 0.000 179 | 29 | |
| 4 772 | 0.004 772 | | 0.000 533 | 31 | |
| 5 024 | 0.005 024 | | 0.000 88 | 33 | |
| 5 270 | 0.005 27 | | 0.001 22 | 35 | |
| 5 508 | 0.005 508 | | 0.001 553 | 37 | |
| 5 740 | 0.005 74 | | 0.001 88 | 39 | |
| 5 965 | 0.005 965 | | 0.002 199 | 41 | |
| 6 183 | 0.006 183 | | 0.002 512 | 43 | |
| 6 394 | 0.006 394 | | 0.002 819 | 45 | |
| 6 599 | 0.006 599 | | 0.003 118 | 47 | |
| 6 797 | 0.006 797 | | 0.003 411 | 49 | |
| 6 988 | 0.006 988 | | 0.003 697 | 51 | |
| 7 081 | 0.007 081 | | 0.003 976 | 52 | |
| | | | 0.004 248 | | |

上平段排水:采用 8#机组球阀的旁通阀全开+喷嘴泄流的调节方式（折向器投入、制

动器投入)。

竖井段排水:采用 8#球阀的工作密封(在退出状态)自由泄水,经喷嘴泄流调节方式(折向器投入、制动器投入,球阀旁通阀处于关闭状态)。

下平段排水:采用 8#球阀旁通阀全开+喷嘴泄流的调节方式(折向器投入、制动器投入),611.1 m 以下剩余水体通过消能阀或配水环管放空阀排出。

采用只开一个喷嘴泄流,开度很小,喷嘴可轮换使用的方案。

查水轮机喷嘴不同开度—流量的关系曲线可以确定不同水头下的喷嘴开度值,应根据水道内水位变化及时调整开度,确保满足水位下降速度控制要求。在泄放流量时开启的喷针所对应的折向器必须投入,将水流偏离转轮,以确保转轮不被水流冲到。

(2)通过位于 1#和 8#机组进水球阀上游侧的 DN200 排水阀通过排水管排至水轮机坑内。

压力钢管上平段和竖井段采用从 8#机组进水阀前的排水消能阀进行。排水阀根据水道内水位变化及时调整开度,确保满足水位下降速度控制要求。当压力管道内水位下降至下平段(高程 631.00 m)时,打开一台机组球阀旁通阀,向配水环管冲水平压后,打开球阀,并开启喷嘴喷针泄放水量(查水轮机喷嘴不同开度—流量的关系曲线可以确定不同水头下的喷嘴开度值),在泄放流量时开启的喷针所对应的折向器必须投入,将水流偏离转轮,以确保转轮不被水流冲到而造成机组转动。

#### 2.7.3.4　压力管道排水体积计算

为便于计算每个压力管道系统(1#或 2#压力管道)内积水体积,根据其直径和水平角度分为 7 个部分。1#压力管道系统的 7 个部分排水体积计算结果如表 2-45 所示。

表 2-45　1#压力管道排水体积计算

| 断面序号 | 断面名称 | 直径(m) | 排水体积($m^3$) | 说明 |
|---|---|---|---|---|
| (1) | 上平段 | 5.8 | 19 571 | 从 PK0+000.00,高程 1 207.4 m 至 PK0+740.00,高程 1 174.41 m |
| (2) | 竖直段 | 5.8 | 14 363 | 从 PK0+740.00,高程 1 174.41 m 至 PK0+740.00,高程 630.79 m |
| (3) | 下平段 | 5.8 | 5 567 | 从 PK0+740.00,高程 630.79 m 至 PK0+950.59,高程 623.42 m |
| (4) | 加固水平压力钢管 | 5.2 | 7 639 | 从 PK0+950.59,高程 623.42 m 至 PK1+310.09,高程 611.10 m |
| (5) | 分岔段 | 4.5 | 414 | 从 PK1+310.09,高程 611.10 m 至 PK1+336.00,高程 611.10 m |
| (6) | 分岔段 | 3.7 | 281 | 从 PK1+336.00,高程 611.10 m 至 PK1+362.09,高程 611.10 m |
| (7) | 分岔段 | 2.6 | 1 083 | 从 PK1+362.09,高程 611.10 m 至 PK1+566.09,高程 611.10 m |

1#压力管道的排水总体积约为 48 918 $m^3$。

#### 2.7.3.5　计算结果

通过建立相应的数学计算模型,为了满足限制流速,活塞式流量调节阀 $A(t)$ 的孔口面积需根据表 2-46 进行调整，需要调整 4 次，根据计算排空压力管道系统大约需要 73.8 h，约 3 d 才能排空 1 条压力管道。

需要注意的是，对于第一次充水和排空，必须严格限制压力钢管系统中水位的下降速率 $DH(t)$，以避免压力管道结构的不稳定，因此排空时间将更长。

表 2-46　排水阀孔的过流面积对应的流量

| 项目 | 阀门开启的第一个位置 | 阀门开启的第二个位置 | 阀门开启的第三个位置 | 阀门开启的第四个位置 |
|---|---|---|---|---|
| 阀门过流面积 $A$($m^2$) | $4.40\times10^{-3}$ | $2.80\times10^{-3}$ | $4.00\times10^{-3}$ | $19.80\times10^{-3}$ |
| 持续时间 (h) | 16.24 | 11.82 | 17.72 | 28.05 |

压力管道的水位 $H(t)$、水量 $V(t)$、水位下降速率 $DH(t)$、阀门流量 $Q(t)$ 和排水阀速度 $U(t)$ 随时间变化分别如图 2-33~图 2-38 所示。

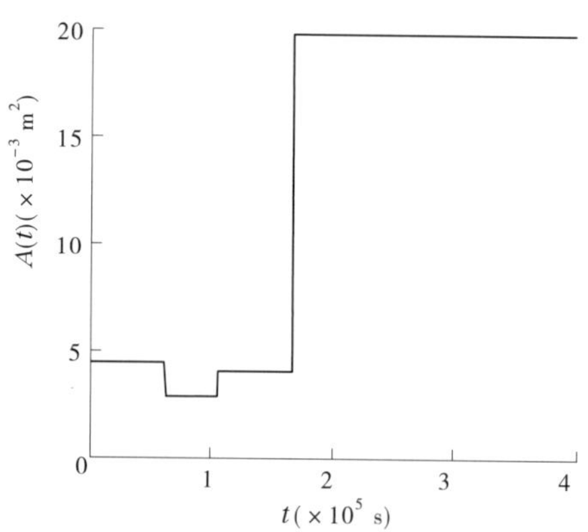


图 2-33　排水阀过流面积 $A(t)$ 变化趋势

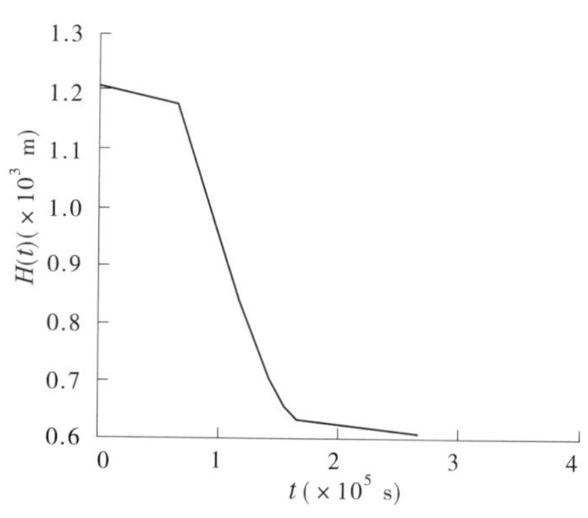


图 2-34　压力管道水位 $H(t)$ 变化趋势

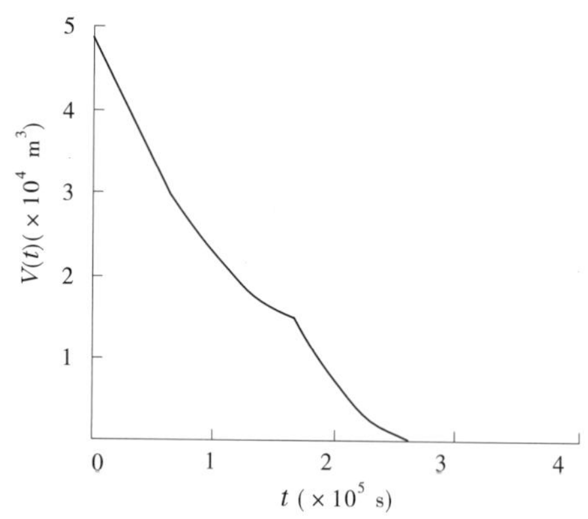


图 2-35　排水体积变化趋势

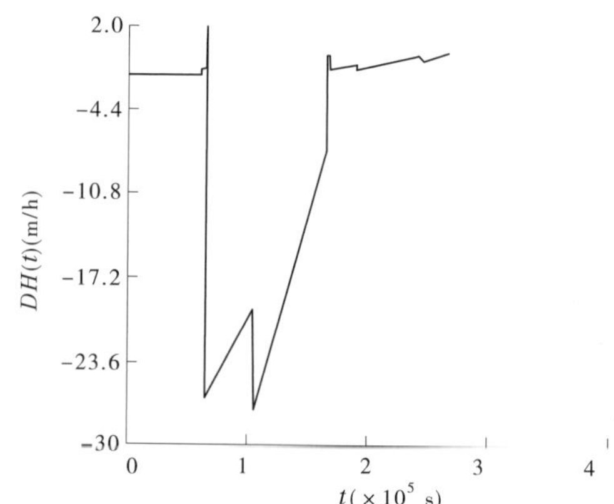


（注：$DH(t)$ 的负值表明水位逐渐降低）

图 2-36　水位下降速率 $DH(t)$ 的变化趋势

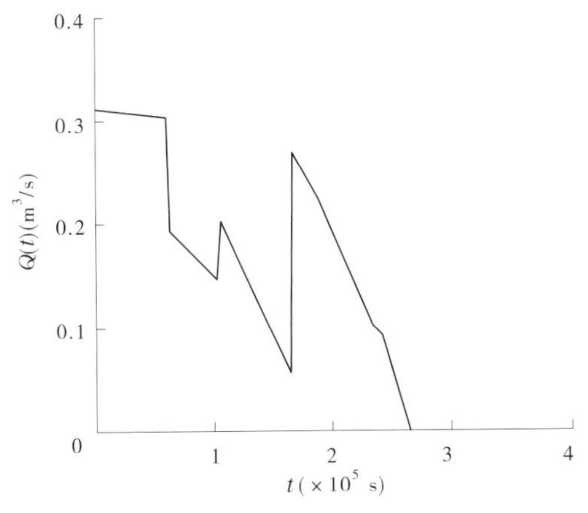


图 2-37　排水阀流量变化趋势

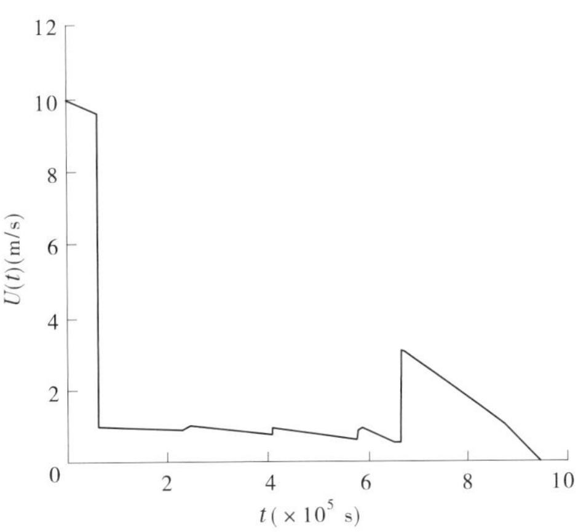


图 2-38　排水阀流速变化趋势

## 2.8　经验教训

### 2.8.1　尾水换热器布置

2016 年 3 月,在 4#机组调试运行过程中,发现母线洞技术供水的膨胀水箱水位下降速度过快,将尾水支洞内的水抽排后,发现 4#机组技术供水尾水换热器管路在母材上有三处存在喷水和渗水情况,其中一处为尾水换热器主管三通母材上,其余两处为支管与主管插接焊缝上。经分析基本确定原因为:水流经冲击式水轮机喷嘴射向转轮后排出,进入尾水支洞的水流流速大约为 2.8 m/s,同时水流流态为急变流,流线之间夹角很大,流线曲率半径很小,处于此急变流内的热交换器受横向交变应力。尾水换热器布置在尾水支洞的流道内,直接被水流冲刷,虽然避免了微生物的滋生,但水流速度过快,对尾水换热器造成冲击,使尾水换热器的支管与主管连接处产生疲劳破坏导致焊缝处出现裂纹。

为了解决尾水换热器漏水问题,采取了以下措施:①在尾水换热器前面增加一个 5 660 mm×1 630 mm(长×宽)的整流格栅,通过膨胀螺栓把整流格栅左、右两侧和下部固定在尾水支洞内,以减缓进入尾水支洞内的水流速度。②对尾水换热器的换热管进行了加固,每个冷却器单片的 90°换热管上使用扁钢加固,增加主换热管的整体强度,扁钢与冷却器之间使用 U 形螺栓固定。③尾水支洞检修门更换为叠梁门形式的壅水闸门,机组运行过程中,下落一节叠梁门,壅高尾水支洞内的水位,使尾水支洞内水流流速降低,保证了尾水换热器在静水中避免了水直接冲刷,使尾水换热器正常运行。

通过采取以上措施,尾水换热器在以后两年的运行时间内未发生过漏水现象。虽然解决了尾水换热器的漏水问题,但将原悬挂的一节闸门长落下运行,改变了闸门的运行工况，对后期电站的顺利移交依然存在不良影响。

尾水换热器是机组技术供水系统中重要的一个设备，一旦出现故障就会影响机组正常运行。对于尾水换热器的布置位置和受力分析均需要进行深入细致的研究，尾水换热器布置位置也需要尽量避免水流速度较大的区域。

### 2.8.2 主变压器空载冷却水问题

CCS 水电站主变压器空载时，仍需要冷却水，所需冷却水量较少，无法使用机组的水泵供水，另外设置了 1 台立式离心泵供应主变压器空载时冷却水。虽然主变压器空载的时间不长，但仍会出现水泵出现故障的可能性，水泵台数设置 2 台比较可靠。

### 2.8.3 中压压缩空气系统设备优化布置

CCS 水电站的调速器和进水球阀的油压装置均需要 7.0 MPa 的中压压缩空气进行充气。在常规设计中，一般是设置一个中压空压机室，通过供气干管给每个机组的调速器和进水球阀的油压装置供气，见图 2-39。CCS 水电站共有 8 台机组，如果设置供气干管供气，厂房母线层和水轮机层将各增加 8 根供气管。管道的布置将会使厂房的管道显得更加错综复杂，也不美观。

CCS 水电站的中压气系统优化采用单元供气方式，每个调速器和进水球阀的油压装置分别就近配置一台组合式中压空压机组，见图 2-40。取消了贯穿整个厂房的中压供气管道，也取消了进入每个油压装置的供气支管。在后期运行过程中，组合式中压空压机组的运行噪声也不大，整个厂房布置比较整齐。

图 2-39　调速器油压装置用中压空压机

图 2-40　进水球阀油压装置用中压空压机

# 第 3 章

# 电气工程

# 3.1 电气一次

## 3.1.1 接入电力系统方式

CCS水电站是中国电建集团对外总承包工程,2009年7月总承包合同签订时,主合同附件A已经明确了电站主要设备形式、参数及数量等,同时附图中明确了主接线形式及接入系统回路数、电压等级等重要电气信息(见图3-1)。

CCS水电站装机容量为8×184.5 MW,采用500 kV一级电压接入电力系统,500 kV出线2回,前期方案为直接接入INGA变电站,在电站附近设置500 kV/220 kV变电站与当地220 kV电网连接,后期更改为在电站附近约7 km处修建一座新的500 kV/220 kV变电站(San Rafael,圣拉菲),通过该变电站接至首都基多附近的INGA 500 kV变电站。

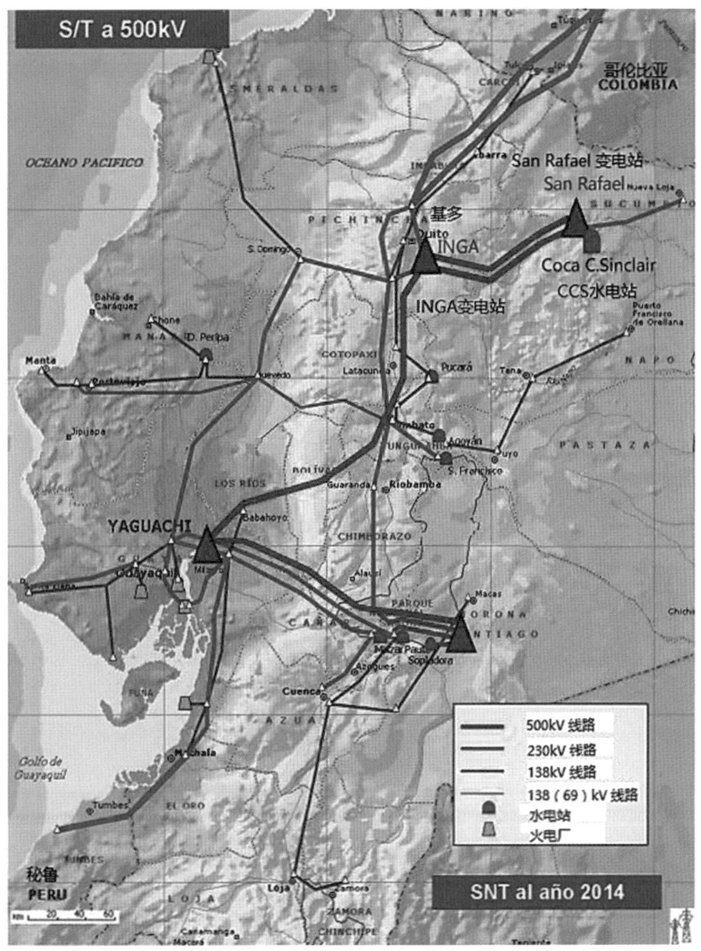


图3-1 电站接入系统地理接线图

## 3.1.2 电气主接线

### 3.1.2.1 发电机-变压器组接线

按照总承包合同技术附件 A 中对主接线形式的要求,CCS 水电站发电机-变压器组接线采用单元接线。变压器采用单相双卷无励磁调压升压变压器。

总承包主合同要求发电机与变压器之间设置负荷开关,经调研该电压等级的大电流负荷开关设备已无制造厂家生产。为节省投资,概念设计阶段提出带厂用分支的 1#、8#机组设置发电机断路器 GCB 装置,其他 6 台机组设置大电流隔离开关的替代方案。咨询 ELC 公司不同意此种替代方案,基本设计阶段最终确定方案为 8 台机组均设发电机断路器 GCB 成套装置。

在机组取消反向喷管制动后,需考虑机组设置电气制动。经综合比较,采用专用电制动开关,即发电机出口离相封闭母线励磁变压器后至发电机断路器之间配置专用的电制动开关设备,能够保证机组安全可靠停机。

### 3.1.2.2 500 kV 接线

本电站 500 kV 配电装置进线 8 回,出线 2 回,进出线多达 10 回,在国内,同等规模电站接线形式常采用更为灵活可靠的一倍半接线。由于 CCS 水电站总承包工程特性,根据主合同附件 A 要求,500 kV 电压侧采用双母线接线。概念设计及基本设计期间曾应业主要求,研究过就近设置 500 kV/220 kV 变电站方案,该方案完成并上报业主,后因报价等原因取消。

主接线示意图见图 3-2。

## 3.1.3 厂用电接线

CCS 水电站的厂用电接线形式,在基本设计阶段按照意大利咨询 ELC 公司审查意见,厂用接线采用单母线分段接线,在设计优化中,将应急机组作为单独一段母线设置,使得电源切换更加灵活。厂用电的设计中主要遵循美标 IEEE 规范及 IEC 规范,主要有美国陆军规范 EM1110-2-3006、IEEE-141 和 IEEE-399 等,并参考结合国内规范 DL 5164。

### 3.1.3.1 厂用电接线形式

CCS 水电站厂用电的供电范围包括地下厂房机组自用电、公用电、地面中控楼、电站尾水闸、上下站索道、首部枢纽、调蓄水库、业主营地、圣路易斯业主营地、高位水池、水源井等。由于各区域距离地下厂房较远(首部枢纽供电点最远距离有 37 km),为保证供电质量,供电线路由 13.8 kV 环网供电至各区域。厂用电接线示意图如图 3-3 和图 3-4 所示。

厂用电供电电源主要由以下部分组成:

(1)1#机组机端和 8#机组机端 13.8 kV 电源,该电源为主供电源,可为全厂负荷供电。

(2)地下主厂房设有 480 V、1 200 kW 水轮发电机组,该电源主要为地下主厂房480 V 系统提供应急电源,用于 1#机组和 8#机组故障或者检修时启动 1#机组或 8#机组。

(3)地面控制楼设有 480 V、1 250 kVA 柴油发电机组,该电源主要作为地面控制楼负荷的应急电源,当地面控制楼失去电源时,1 250 kVA 柴油发电机组投入运行。该柴油发电机组可兼作黑启动电源,当 CCS 水电站有黑启动需求,且地下厂房应急水轮发电机组不具备启动条件时,启动机组使用。

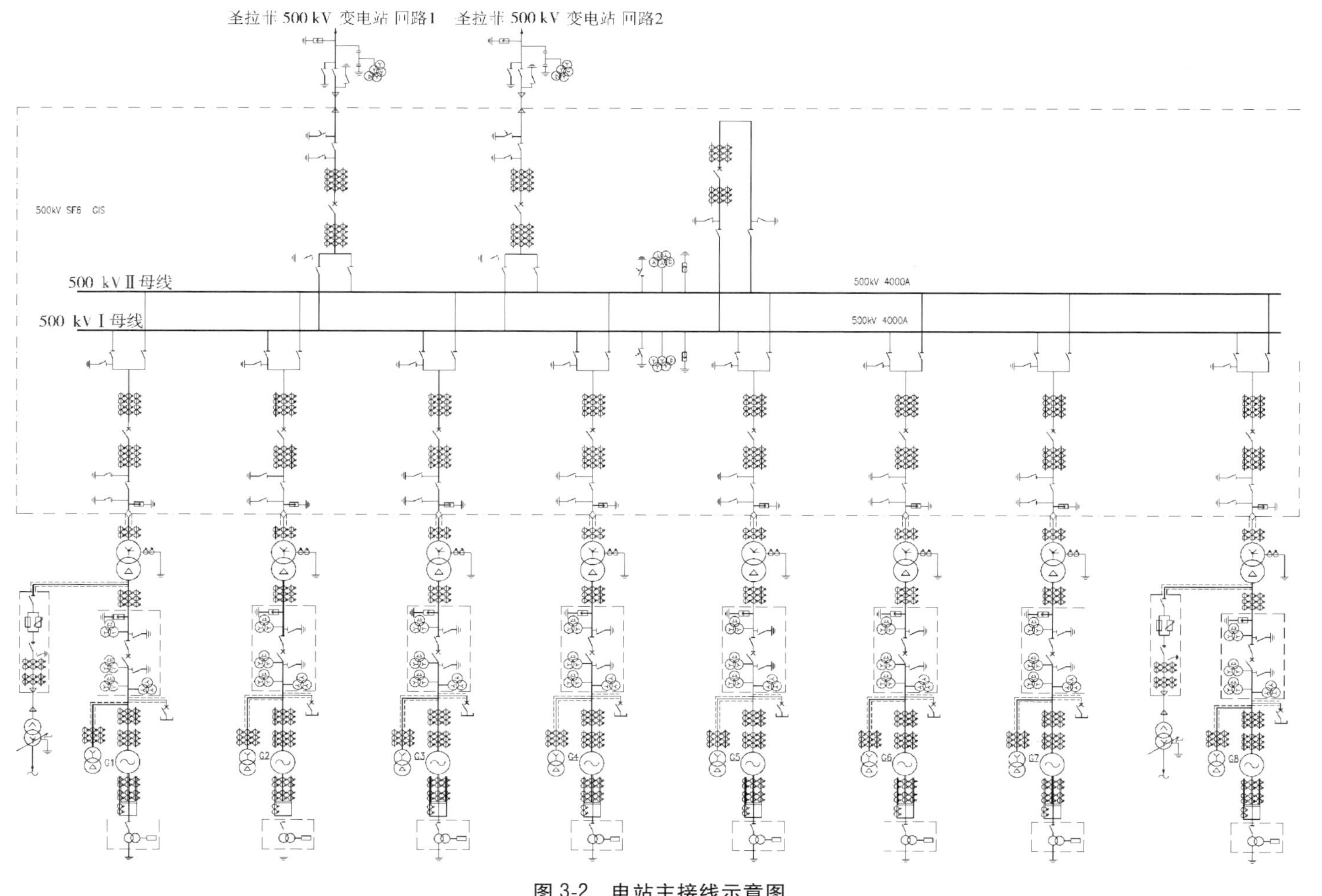


图 3-2　电站主接线示意图

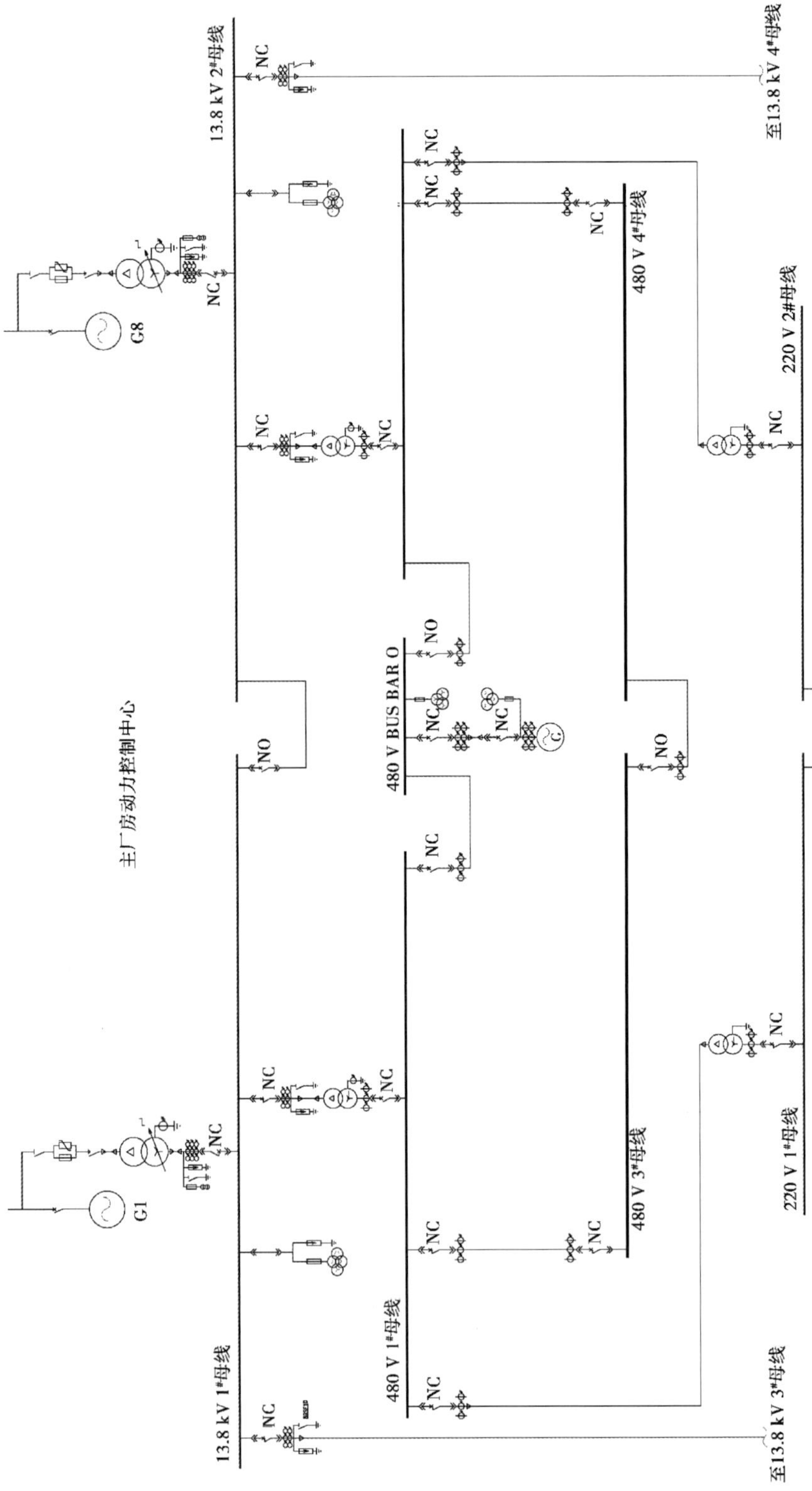

13.8 kV 2#母线
NC
至13.8 kV 4#母线
NC
NC
480 V 4#母线
NC
G8
220 V 2#母线
NC
NC
NC
主厂房动力控制中心
NO
NO
480 V BUS BAR O
NC
NC
G
NO
NO
NC
NC
NC
NC
NC
G1
480 V 3#母线
220 V 1#母线
NC
NC
480 V 1#母线
13.8 kV 1#母线
NC
NC
至13.8 kV 3#母线

图 3-3　厂用电接线示意图(1/2)

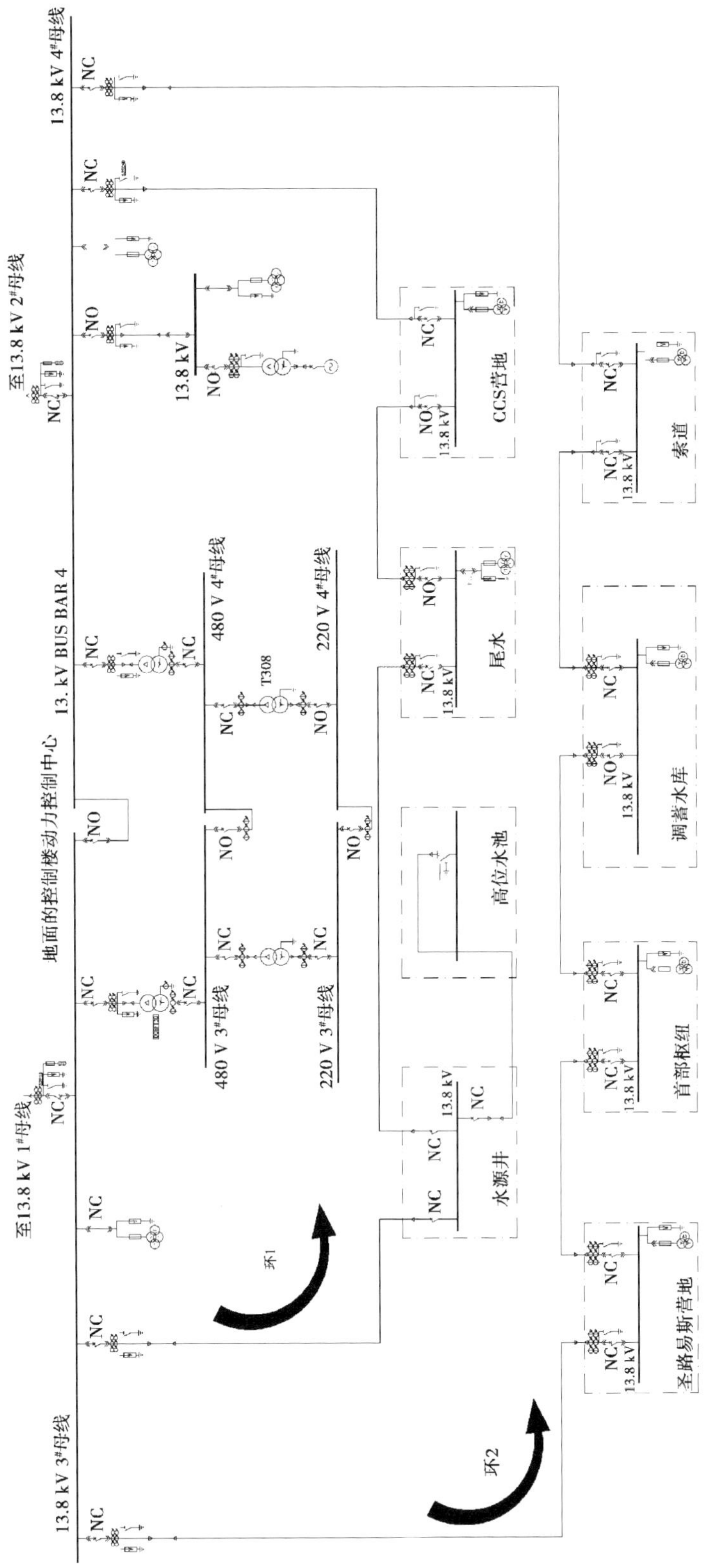


图 3-4　厂用电接线示意图(2/2)

(4)通过 1#机组和 8#机组的 13.8 kV/500 kV 主变压器倒送电获得电源,该电源在系统电网稳定运行时,通过断开 1#机组和 8#机组机端断路器,可有效减少备用电源的启动时间,且系统电源比较可靠。

(5)首部枢纽、调蓄水库、尾水、业主营地等区域均设置有 480 V 柴油发电机,主要为就地闸门及二次重要负荷提供应急电源。

CCS 水电站厂用变压器为自用电和公用电混合供电。全厂共有 2 台 6 000 kVA 隔离变压器(13.8 kV/13.8 kV)、9 台 480 V 厂用变压器(13.8 kV/0.48 kV)、11 台 220 V 厂用变压器(0.48 kV/0.22 kV)、5 台户外箱式变压器。地下厂房和地面控制楼的厂用变压器(480 V 和 220 V)及隔离变压器均为两台设置,互为暗备用,备用容量为 100%,即正常运行时,厂用变压器的负载率为 50%左右,1 台变压器退出运行时,另外 1 台厂用变压器能够担任所有的厂用负荷。

CCS 水电站供电电压等级分为三级(13.8 kV、480 V、220 V),高压 13.8 kV 送至各区域,降压至 480 V 供电主要电机负荷,照明及小动力系统由 480 V 降压至 220 V 供电。地下主厂房 13.8 kV 段和地面控制楼 13.8 kV 段为单母线分段接线,其他各区域的 13.8 kV 为单母线接线,厂区内 13.8 kV 系统以两个环网形式连接。

截至 2018 年 12 月,CCS 水电站的厂用电运行工况为 8 台机组发电,其中 6 台机组出力 50 MW,2 台机组出力 75 MW,共 450 MW。空调和通风设备全部投入运行情况下,厂用电用单台 3 500 kVA 变压器带电,负荷约为 2 100 kW(2 441 kVA),厂用变压器的负荷率为 69.7%。考虑到压气运行工况和其他的一些附加负荷,预计满负荷发电单台厂用变压器运行时,负荷率在 72%~75%。

#### 3.1.3.2 厂用电 Powerflow 计算

CCS 水电站的 Powerflow 计算主要针对中低压系统。Powerflow 计算的主要作用为计算负荷/元件端电压、母线电压、厂用变压器分接头、系统损耗、发电机励磁或者调压器分接点、事故状态下的工况运行等。CCS 水电站的 Powerflow 计算利用德国 Digsilent 公司开发的 Power Factory V14.0 软件。本电站的 Powerflow 计算结果如表 3-1 和表 3-2 所示。

表 3-1 Powerflow 计算母线电压

| 母线 KKS | 区域 | 额定电压(kV) | 电压的倍数 | 角度(°) |
| --- | --- | --- | --- | --- |
| 00BCC00 | 索道 | 13.8 | 0.995 | 72.16 |
| 00BHE00 | 索道 | 0.48 | 0.981 | 100.89 |
| 00BLD00 | 索道 | 0.22 | 0.975 | 130.35 |
| 00BCA00 | CCS 营地 | 13.8 | 0.996 | 72.17 |
| 00BHC00 | CCS 营地 | 0.48 | 0.987 | 101.38 |
| 00BLB00 | CCS 营地 | 0.22 | 0.977 | 130.47 |
| 00BBG00 | 调蓄水库 | 13.8 | 0.994 | 72.14 |
| 00BFJ00 | 调蓄水库 | 0.48 | 0.982 | 101.06 |
| 00BJG00 | 调蓄水库 | 0.22 | 0.975 | 130.33 |
| 00BBC00 | 中控楼 | 13.8 | 0.996 | 71.95 |
| 00BBD00 | 中控楼 | 13.8 | 0.996 | 72.18 |

续表 3-1

| 母线 KKS | 区域 | 额定电压(kV) | 电压的倍数 | 角度(°) |
|---|---|---|---|---|
| 00BFE00 | 中控楼 | 0.48 | 0.983 | 100.78 |
| 00BFF00 | 中控楼 | 0.48 | 0.983 | 101.01 |
| 00BJC00 | 中控楼 | 0.22 | 0.973 | 129.87 |
| 00BJD00 | 中控楼 | 0.22 | 0.974 | 130.10 |
| 00BBF00 | 首部枢纽 | 13.8 | 0.968 | 71.28 |
| 00BFH00 | 首部枢纽 | 0.48 | 1.005 | 100 |
| 00BJF00 | 首部枢纽 | 0.22 | 0.996 | 129.18 |
| 00BBA00 | 主厂房 | 13.8 | 0.997 | 71.97 |
| 00BBB00 | 主厂房 | 13.8 | 0.997 | 72.19 |
| 00BDA00 | 主厂房 | 13.8 | 0 | 0 |
| 00BFA00 | 主厂房 | 0.48 | 1.007 | 100.85 |
| 00BFB00 | 主厂房 | 0.48 | 1.007 | 101.07 |
| 00BFC00 | 主厂房 | 0.48 | 1.007 | 100.85 |
| 00BFD00 | 主厂房 | 0.48 | 1.007 | 101.07 |
| 00BHA00 | 主厂房 | 0.48 | 0 | 0 |
| 00BJA00 | 主厂房 | 0.22 | 0.99 | 130.04 |
| 00BJB00 | 主厂房 | 0.22 | 0.991 | 130.27 |
| 00BCB00 | 圣路易营地 | 13.8 | 0.974 | 71.40 |
| 00BLC00 | 圣路易营地 | 0.22 | 0.984 | 100.05 |
| 00BBE00 | 尾水 | 13.8 | 13.74 | 71.94 |
| 00BFG00 | 尾水 | 0.48 | 0.977 | 100.25 |
| 00BJE00 | 尾水 | 0.22 | 0.988 | 129 |
| 00BCD00 | 水源井泵房 | 13.8 | 0.995 | 71.95 |
| 00BHF00 | 水源井泵房 | 0.48 | 0.995 | 101.63 |
| 00BJH00 | 水源井泵房 | 0.22 | 0.995 | 130.63 |
| 00BCE00 | 高位水池 | 13.8 | 0.995 | 71.94 |
| 00BHG01 | 高位水池 | 0.48 | 0.995 | 100.97 |
| 00BJJ00 | 高位水池 | 0.22 | 0.995 | 129.87 |

表 3-2　Powerflow 计算变压器分接头

| 变压器 KKS | 容量 (kVA) | 高压侧的倍数 | 低压侧的倍数 | 负载率 (%) | 当前接头 | 最小接头 | 最大接头 |
|---|---|---|---|---|---|---|---|
| T301 | 3 500 | 0.993 | 0.958 | 94.088 | 0 | −2 | 2 |
| T302 | 3 500 | 0.994 | 0.959 | 94.088 | 0 | −2 | 2 |
| T303 | 400 | 0.951 | 0.930 | 86.090 | 0 | −2 | 2 |
| T304 | 400 | 0.952 | 0.931 | 86.091 | 0 | −2 | 2 |
| T305 | 400 | 0.992 | 0.975 | 78.224 | 0 | −2 | 2 |

续表 3-2

| 变压器 KKS | 容量 (kVA) | 高压侧的倍数 | 低压侧的倍数 | 负载率 (%) | 当前接头 | 最小接头 | 最大接头 |
|---|---|---|---|---|---|---|---|
| T306 | 400 | 0.993 | 0.976 | 78.328 | 0 | −2 | 2 |
| T307 | 100 | 0.975 | 0.962 | 61.548 | 0 | −2 | 2 |
| T308 | 100 | 0.976 | 0.963 | 61.630 | 0 | −2 | 2 |
| T309 | 1 250 | 0.000 | 0.000 | 0.000 | 0 | −2 | 2 |
| T312 | 400 | 0.969 | 0.956 | 60.723 | 0 | −2 | 2 |
| T314 | 400 | 0.962 | 0.943 | 86.934 | 0 | −4 | 4 |
| T315 | 100 | 0.943 | 0.935 | 38.869 | 0 | −4 | 4 |
| T316 | 400 | 0.991 | 0.981 | 46.093 | 0 | −4 | 4 |
| T317 | 50 | 0.981 | 0.973 | 38.336 | 0 | −4 | 4 |
| T318 | 250 | 0.991 | 0.978 | 62.233 | 0 | −2 | 2 |
| T319 | 50 | 0.978 | 0.965 | 62.642 | 0 | −2 | 2 |
| T320 | 400 | 0.992 | 0.979 | 63.280 | 0 | −2 | 2 |
| T321 | 50 | 0.979 | 0.969 | 45.606 | 0 | −2 | 2 |
| T322 | 400 | 0.992 | 0.980 | 57.578 | 0 | −2 | 2 |
| T323 | 50 | 0.980 | 0.974 | 27.493 | 0 | −4 | 4 |
| 00BHT50 | 400 | 0.992 | 0.988 | 15.783 | 0 | −2 | 2 |
| 00BJH01 | 20 | 0.988 | 0.977 | 50.594 | 0 | −4 | 4 |
| 00BHT60 | 400 | 0.991 | 0.980 | 51.176 | 0 | −2 | 2 |
| 00BJJ01 | 20 | 0.980 | 0.969 | 54.701 | 0 | −4 | 4 |
| TA1 | 6 000 | 1.000 | 0.993 | 80.062 | 2 | −4 | 4 |
| TA8 | 6 000 | 1.000 | 0.994 | 78.257 | 2 | −4 | 4 |

从计算结果可以看出,在变压器(TA1 和 TA8)调节头参与调节的情况下,母线电压均能保持在 3%压降内,能够满足全厂及设备的运行条件。

#### 3.1.3.3 厂用电设备布置

1#、8#机端厂用隔离变压器布置在地下主厂房母线层 1#、8#机组下游侧,13.8 kV 开关柜、13.8 kV/0.48 kV 与 0.48 kV/0.22 kV 厂用变压器、0.48 kV 与 0.22 kV 低压开关柜布置在母线层安装间段配电室内。

在发电机层安装间段设置 3 面 0.48 kV 检修开关柜,在母线层下游侧每台机组旁边均设置 0.48 kV 及 0.22 kV 机旁动力盘,GIS 室设置 2 面 0.22 kV 动力开关柜。

地面中控楼配电室内布置有 13.8 kV 开关柜、0.48 kV 开关柜、0.22 kV 开关柜、柴油发电机、升压变压器等设备。

首部枢纽、调蓄水库、尾水等区域均设置有配电中心,配电中心室内布置中、低压开关柜及柴油发电机等设备。

## 3.1.4　短路电流计算

### 3.1.4.1　计算条件和依据

根据厄瓜多尔业主方提供的系统参数，运用德国 Digsilent 公司开发的 Power Factory V14.0 计算软件，以 2020 年为设计水平年，在最大运行方式下，系统归算至 INGA 电站 500 kV 母线侧的正序电抗 $X_1=0.020\ 43$，零序电抗 $X_0=0.017\ 92$（以上电抗为标幺值，取 $S_j=100$ MVA，$U_j=525$ kV）。

设备参数如发电机、变压器等见相应章节。

### 3.1.4.2　模型建立

模型建立如图 3-5 所示。

### 3.1.4.3　短路电流计算结果

短路电流计算结果见表 3-3 及表 3-4。

## 3.1.5　主要电气设备选择

### 3.1.5.1　发电机断路器

（1）设备最高额定电压：23 kV。

（2）额定电流（环境温度 40 ℃）：10 kA。

（3）额定频率：60 Hz。

（4）相数：3 相。

（5）额定绝缘水平：

雷电冲击耐压（1.2/50 μs）（峰值）；

相对地 125 kV；

断口间 145 kV；

1 min 工频耐压（干试）（有效值）相对地为 60 kV，断口间为 70 kV。

（6）额定短路开断电流：

①系统源。

交流分量（有效值）：80 kA；

直流分量（百分数）：≥75%。

②发电机源。

交流分量（有效值）：64 kA；

直流分量（百分数）：130%。

（7）额定短路关合电流（峰值）：220 kA。

（8）额定时间参数：

分闸时间：（34±5）ms；

开断时间：<68 ms；

合闸时间：（37±5）ms。

（9）额定操作顺序

开断额定电流操作顺序为 CO–3 min–CO；

开断额定短路电流操作顺序为 CO–30 min–CO。

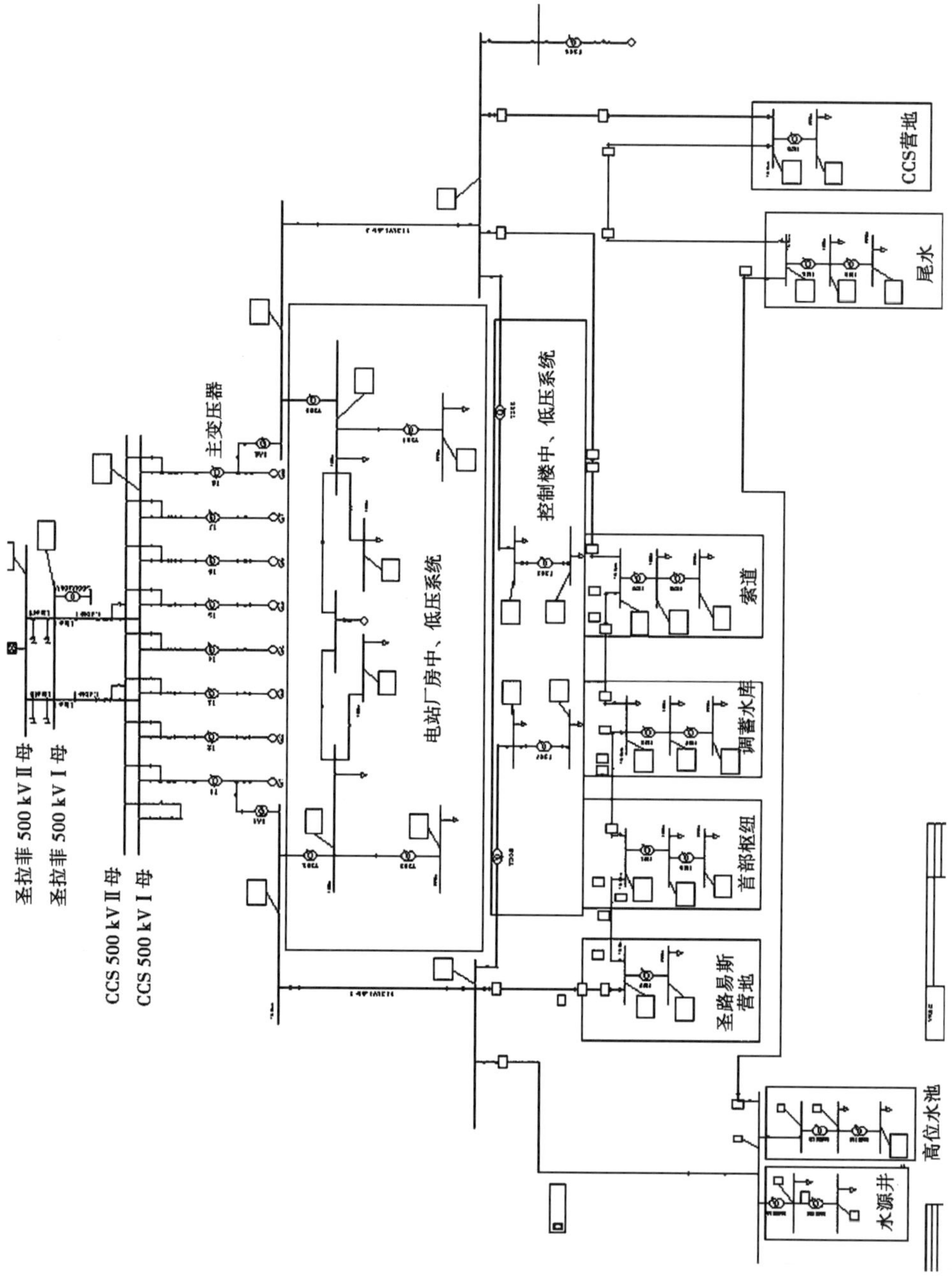

图 3-5　短路电流计算模型

表 3-3　短路电流计算结果

| 短路点 | 电压（kV） | 分支提供电流 | 三相短路电流 | | | | | | 两相短路电流 | 单相对地短路电流 | 两相对地短路电流 |
|---|---|---|---|---|---|---|---|---|---|---|---|
| | | | $I''_{k3}$（kA） | $S''_{k}$（MVA） | $I_p$（kA） | $I_{b(0.1\,s)}$（kA） | $I_{b(1\,s)}$（kA） | $I_{b(4\,s)}$（kA） | $I''_{k2}$（kA） | $I''_{k1}$（kA） | $I''_{k2E}$（kA） |
| F1（500 kV INGA 变电站母线） | 500 | 系统侧 | 6.17 | 5 347.00 | 16.26 | 6.17 | 6.17 | 6.17 | 4.86 | 6.03 | 6.15 |
| | | G1～G8 | 3.52 | 3 051.30 | 9.28 | 3.52 | 3.52 | 3.52 | 3.06 | 3.58 | 3.74 |
| | | 汇总 | 9.69 | 8 398.30 | 25.54 | 9.69 | 9.69 | 9.69 | 7.92 | 9.61 | 9.89 |
| F2（500 kV San Rafael 变电站母线） | 500 | 系统侧 | 4.36 | 3 777.16 | 11.58 | 4.30 | 4.26 | 4.26 | 3.54 | 3.82 | 4.20 |
| | | G1～G8 | 4.62 | 3 998.28 | 12.26 | 4.54 | 4.52 | 4.52 | 4.02 | 6.14 | 5.76 |
| | | 汇总 | 8.98 | 7 770.07 | 23.83 | 8.83 | 8.76 | 8.76 | 7.56 | 10.22 | 9.99 |
| F3（500 kV 电缆） | 500 | 系统侧 | 2.35 | 2 037.32 | 6.25 | 2.31 | 2.30 | 2.30 | 1.92 | 2.07 | 2.17 |
| | | G1～G8 | 6.62 | 5 732.75 | 17.58 | 6.50 | 6.46 | 6.46 | 5.64 | 8.15 | 7.82 |
| | | 汇总 | 8.97 | 7 769.26 | 23.82 | 8.81 | 8.75 | 8.75 | 7.55 | 10.21 | 9.94 |
| F4（500 kV 母线） | 500 | 系统侧 | 4.28 | 3 702.30 | 11.36 | 4.20 | 4.16 | 4.16 | 3.44 | 3.78 | 3.94 |
| | | G1～G8 | 4.70 | 4 085.58 | 12.52 | 4.62 | 4.62 | 4.62 | 4.14 | 6.46 | 6.14 |
| | | 汇总 | 8.99 | 7 787.88 | 23.88 | 8.22 | 8.78 | 8.78 | 7.58 | 10.24 | 10.08 |
| F5（G1 发电机出口） | 13.8 | 系统侧 | 51.01 | 1 219.16 | 139.19 | 47.06 | 45.88 | 45.88 | 43.76 | $1.242\times10^{-3}$ | 43.76 |
| | | G1 | 35.48 | 848.15 | 96.83 | 32.74 | 31.92 | 31.92 | 31.22 | $9.99\times10^{-3}$ | 31.22 |
| | | 汇总 | 86.49 | 2 067.31 | 236.02 | 79.80 | 77.80 | 77.80 | 74.98 | $11.232\times10^{-3}$ | 74.98 |
| F6（13.8 kV 母线 1） | 13.8 | 汇总 | 2.12 | 50.79 | 5.74 | 2.12 | 2.12 | 2.12 | 1.84 | 2.14 | 2.18 |

续表 3-3

| 短路点 | 电压（kV） | 分支提供电流 | 三相短路电流 | | | | | | 两相短路电流 | 单相对地短路电流 | 两相对地短路电流 |
|---|---|---|---|---|---|---|---|---|---|---|---|
| | | | $I''_{k3}$（kA） | $S''_{k}$（MVA） | $I_p$（kA） | $I_{b(0.1\,s)}$（kA） | $I_{b(1\,s)}$（kA） | $I_{b(4\,s)}$（kA） | $I''_{k2}$（kA） | $I''_{k1}$（kA） | $I''_{k2E}$（kA） |
| F7（13.8 kV 母线 3） | 13.8 | 共计 | 2.01 | 48.12 | 4.80 | 2.01 | 2.01 | 2.01 | 1.74 | 2.03 | 2.06 |
| F8（首部枢纽 13.8 kV 母线） | 13.8 | 共计 | 0.42 | 10.16 | 0.73 | 0.42 | 0.42 | 0.42 | 0.37 | 0.27 | 0.39 |
| F9（0.48 kV 母线 1） | 0.48 | 共计 | 31.56 | 26.24 | 84.58 | 31.56 | 31.56 | 31.56 | 27.34 | 38.56 | 37.22 |
| F10（1#发电机 0.48 kV 母线） | 0.48 | 共计 | 15.65 | 13.01 | 23.30 | 15.65 | 15.65 | 15.65 | 13.55 | 16.68 | 17.24 |
| F11（0.48 kV 检修母线） | 0.48 | 共计 | 24.36 | 20.25 | 41.56 | 24.36 | 24.36 | 24.36 | 21.10 | 27.83 | 28.49 |
| F12（0.22 kV 母线 1） | 0.22 | 共计 | 17.65 | 6.73 | 38.77 | 17.65 | 17.65 | 17.65 | 15.28 | 19.76 | 19.95 |
| F13（1#发电机 0.22 kV 母线） | 0.22 | 共计 | 3.11 | 1.18 | 4.48 | 3.11 | 3.11 | 3.11 | 2.69 | 3.16 | 3.17 |
| F14（0.22 kV 检修母线） | 0.22 | 共计 | 8.97 | 3.42 | 13.13 | 8.97 | 8.97 | 8.97 | 7.77 | 9.50 | 9.46 |
| F15（0.48 kV 母线 5） | 0.48 | 共计 | 9.68 | 8.05 | 26.50 | 9.68 | 9.68 | 9.68 | 8.38 | 10.28 | 10.08 |

续表 3-3

| 短路点 | 电压（kV） | 分支提供电流 | 三相短路电流 | | | | | | 两相短路电流 | 单相对地短路电流 | 两相对地短路电流 |
|---|---|---|---|---|---|---|---|---|---|---|---|
| | | | $I''_{k3}$（kA） | $S''_{k}$（MVA） | $I_p$（kA） | $I_{b(0.1\,s)}$（kA） | $I_{b(1\,s)}$（kA） | $I_{b(4\,s)}$（kA） | $I''_{k2}$（kA） | $I''_{k1}$（kA） | $I''_{k2E}$（kA） |
| F16（0.22 kV 母线 3） | 0.22 | 共计 | 4.91 | 1.87 | 13.78 | 4.91 | 4.91 | 4.91 | 4.25 | 5.32 | 5.16 |
| F17（首部枢纽 0.48 kV 母线） | 0.48 | 共计 | 6.02 | 5.00 | 12.58 | 6.02 | 6.02 | 6.02 | 5.21 | 7.22 | 7.29 |
| F18（首部枢纽 0.22 kV 母线） | 0.22 | 共计 | 2.58 | 0.98 | 6.83 | 2.58 | 2.58 | 2.58 | 2.24 | 2.76 | 2.72 |
| F19（尾水 13.8 kV 母线） | 13.8 | 共计 | 1.86 | 44.52 | 4.08 | 1.86 | 1.86 | 1.86 | 1.61 | 1.88 | 1.90 |
| F20（尾水 0.48 kV 母线） | 0.48 | 共计 | 6.42 | 5.34 | 17.51 | 6.42 | 6.42 | 6.42 | 5.56 | 6.70 | 6.62 |
| F21（尾水 0.22 kV 母线） | 0.22 | 共计 | 2.60 | 0.99 | 7.32 | 2.60 | 2.60 | 2.60 | 2.26 | 2.78 | 2.71 |
| F22（调蓄水库 13.8 kV 母线） | 13.8 | 共计 | 1.46 | 34.98 | 2.87 | 1.46 | 1.46 | 1.46 | 1.27 | 1.32 | 1.42 |
| F23（调蓄水库 0.48 kV 母线） | 0.48 | 共计 | 9.15 | 7.61 | 23.43 | 9.15 | 9.15 | 9.15 | 7.92 | 9.88 | 9.76 |
| F24（调蓄水库 0.22 kV 母线） | 0.22 | 共计 | 2.76 | 1.05 | 7.69 | 2.76 | 2.76 | 2.76 | 2.39 | 2.89 | 2.84 |

表 3-4　出线场入地短路电流计算结果

| 短路类型 | | F4(500 kV 母线) | F3(出线场) | F1(INGA 母线) |
|---|---|---|---|---|
| 单相接地 | 出线Ⅰ | 1.004 | 1.050 | 1.706 |
| | 出线Ⅱ | 1.004 | 0.957 | 1.706 |
| | 共计 | 2.008 | 2.007 | 3.412 |
| 两相接地 | 出线Ⅰ | 1.246 | 1.303 | 1.903 |
| | 出线Ⅱ | 1.246 | 1.187 | 1.903 |
| | 共计 | 2.492 | 2.490 | 3.806 |

#### 3.1.5.2　电制动开关

(1)系统额定电压:13.8 kV。

(2)最高运行电压:24 kV。

(3)额定电流 6 300 A,间歇操作的承载电流能力(10 min)12 000 A。

(4)额定频率:60 Hz。

(5)相数:3 相。

(6)额定绝缘水平:

雷电冲击耐压(1.2/50 μs)(峰值)相对地为 125 kV;断口间为 125 kV。

额定工频短时耐受电压相对地为 60 kV;断口间为 60 kV。

(7)额定峰值耐受电流(峰值):190 kA。

(8)额定短时耐受电流(2 s):63 kA。

(9)操作周期:C−5′−O−15′−C−5′或 C−10′−O−30′−C−10′。

(10)额定短路电流制动能力:63 kA。

(11)短路电流操作间隔:CO−30′−CO。

(12)时间参数:

合闸时间≤50 ms;

分闸时间≤30 ms;

开断时间≤39 ms。

#### 3.1.5.3　离相封闭母线

离相封闭母线要求见表 3-5。

#### 3.1.5.4　厂用熔断器负荷开关

(1)系统额定电压:13.8 kV。

(2)设备额定电压:17.5 kV。

(3)额定频率:60 Hz。

(4)负荷开关额定电流:400 A。

(5)开断电流:100 kA。

(6)FU 截断时间:<1.3 ms。

(7)FU 截止电流:31 kA。

(8)FR 残压:23.47 kV。

表 3-5

<table>
<tr><th>序号</th><th colspan="2">项目</th><th>主回路</th><th>主变压器低压侧△连接回路</th><th>励磁变压器及 1#、8#机组厂用分支回路</th></tr>
<tr><td>1</td><td colspan="2">外壳型式</td><td colspan="3">全连式</td></tr>
<tr><td>2</td><td colspan="2">额定电压</td><td colspan="3">13.8 kV</td></tr>
<tr><td>3</td><td colspan="2">设备电压</td><td colspan="3">17.5 kV</td></tr>
<tr><td>4</td><td colspan="2">最高电压</td><td colspan="3">15.2 kV</td></tr>
<tr><td>5</td><td colspan="2">额定电流</td><td>10 000 A</td><td>6 300 A</td><td>630 A</td></tr>
<tr><td>6</td><td colspan="2">额定频率</td><td colspan="3">60 Hz</td></tr>
<tr><td>7</td><td colspan="2">额定短时耐受电流/时间</td><td colspan="3">80 kA/2 s</td></tr>
<tr><td>8</td><td colspan="2">额定峰值耐受电流</td><td colspan="3">220 kA</td></tr>
<tr><td>9</td><td colspan="2">额定 1 min 工频耐受电压(有效值)</td><td colspan="3">湿式:40 kV<br>干式:45 kV</td></tr>
<tr><td>10</td><td colspan="2">额定雷电冲击耐受电压(峰值)</td><td colspan="3">105 kV</td></tr>
<tr><td>11</td><td colspan="2">泄漏比距</td><td colspan="3">≥2.0(cm/ kV)</td></tr>
<tr><td>12</td><td colspan="2">相间中心距离</td><td colspan="3">1 200 mm</td></tr>
<tr><td>13</td><td colspan="2">绝缘子支持方式</td><td colspan="3">三绝缘子</td></tr>
<tr><td>14</td><td colspan="2">冷却方式</td><td colspan="3">空气自然冷却</td></tr>
<tr><td>15</td><td colspan="2">防护等级</td><td colspan="3">IP55</td></tr>
<tr><td>16</td><td colspan="2">外壳接地方式</td><td colspan="3">多点接地</td></tr>
<tr><td>17</td><td colspan="2">母线通过短路电流时的外壳感应电压</td><td colspan="3">≤24 V</td></tr>
<tr><td>18</td><td colspan="2">导体材料</td><td colspan="3">1060 牌号铝材</td></tr>
<tr><td>19</td><td colspan="2">外壳材料</td><td colspan="3">铝</td></tr>
<tr><td rowspan="5">20</td><td rowspan="5">正常使用条件下最高允许温升</td><td>导体</td><td colspan="3">50 K</td></tr>
<tr><td>外壳</td><td colspan="3">30 K</td></tr>
<tr><td>螺栓紧固的导体或外壳接触面(镀银)</td><td colspan="3">65 K</td></tr>
<tr><td>外壳支持结构</td><td colspan="3">30 K</td></tr>
<tr><td>绝缘件</td><td colspan="3">最高允许温度 180 ℃</td></tr>
<tr><td rowspan="3">21</td><td rowspan="3">表面处理</td><td>母线导体外表面及外壳内表面</td><td colspan="3">无光泽黑漆</td></tr>
<tr><td>母线外壳外表面及附属设备表面颜色</td><td colspan="3"></td></tr>
<tr><td>外壳支持钢构件</td><td colspan="3">热镀锌</td></tr>
</table>

### 3.1.5.5 主变压器

主变压器的各项要求见表 3-6。

表 3-6

| 项目 | 要求 | |
|---|---|---|
| 额定电压和功率因数下，环境温度为 40 ℃时的连续额定功率 | MVA | 69 |
| 类型 | 单相，室内布置 | |
| 绝缘类型 | 矿物油 | |
| 冷却(油能/水能转换器) | OFWF | |
| 额定电压：<br>初级绕组<br>次级绕组 | kV<br>kV | $500/\sqrt{3}$<br>13.8 |
| 额定功率因数 | PF | — |
| 额定频率 | Hz | 60 |
| 连接组别(绕组中性点接地) | 三相 YN，d11<br>单相 I，I0 | |
| 阻抗电压(以额定容量为基准，额定电流、额定频率下，绕组温度为 75 ℃的实测值) | % | 14±7.5% |
| 效率(不低于) | % | 99.5 |
| 在高压中性侧的无载调压开关 | % | ±2×2.5 |
| 雷电冲击耐压值(1,2/50 μs)(峰值)：<br>初级绕组<br>次级绕组<br>高压侧中性点绕组 | kV<br>kV<br>kV | 1 550<br>110<br>125 |
| 操作冲击耐压值：<br>初级绕组 | kV | 1 175 |
| 工频耐压值(1 min)：<br>初级绕组<br>次级绕组<br>高压侧中性点绕组 | kV<br>kV<br>kV | 680<br>55<br>85 |
| 空载和负载的损失：<br>空载时(铁)低于<br>负载时(铜 75 ℃)低于 | kW<br>kW | 55<br>220 |

#### 3.1.5.6　厂用设备

1.厂用隔离变压器(TA1和TA8变压器,主厂房内母线层)

(1)型式:三相有载调压干式变压器(带防护外壳)。

(2)额定容量:6 000 kVA。

(3)额定电压比:13.8 kV/(13.8±4×2.5%)kV。

(4)额定频率:60 Hz。

(5)阻抗电压:10%。

(6)连接组别:Dyn11。

2.厂用变压器

1)T301和T302变压器(主厂房内母线层)

(1)型式:三相无励磁调压干式变压器(带防护外壳)。

(2)额定容量:3 500 kVA。

(3)额定电压比:(13.8±2×2.5%)kV/0.48 kV。

(4)额定频率:60 Hz。

(5)阻抗电压:6%。

(6)连接组别:Dyn11。

2)T303和T304变压器(主厂房内母线层)

(1)型式:三相无励磁调压干式变压器(带防护外壳)。

(2)额定容量:400 kVA。

(3)额定电压比:(0.48±2×2.5%)kV/0.22 kV。

(4)额定频率:60 Hz。

(5)阻抗电压:4%。

(6)连接组别:Dyn11。

3)T305和T306变压器(地面控制楼)

(1)型式:三相无励磁调压干式变压器(带防护外壳)。

(2)额定容量:400 kVA。

(3)额定电压比:(13.8±2×2.5%)kV/0.48 kV。

(4)额定频率:60 Hz。

(5)阻抗电压:4%。

(6)连接组别:Dyn11。

4)T307和T308变压器(地面控制楼)

(1)型式:三相无励磁调压干式变压器(带防护外壳)。

(2)额定容量:100 kVA。

(3)额定电压比:(0.48±2×2.5%)kV/0.22 kV。

(4)额定频率:60 Hz。

(5)阻抗电压:4%。

(6)连接组别:Dyn11。

5)T309 变压器(地面控制楼柴油发电机升压变压器)

(1)型式:三相无励磁调压干式变压器(带防护外壳)。

(2)额定容量:1 250 kVA。

(3)额定电压比:0.48 kV/(13.8±2×2.5%)kV。

(4)额定频率:60 Hz。

(5)阻抗电压:6%。

(6)连接组别:Dyn11。

6)T314 变压器(首部枢纽配电中心)

(1)型式:三相无励磁调压干式变压器(带防护外壳)。

(2)额定容量:400 kVA。

(3)额定电压比:(13.8±4×2.5%)kV/0.48 kV。

(4)额定频率:60 Hz。

(5)阻抗电压:4%。

(6)连接组别:Dyn11。

7)T315 变压器(首部枢纽配电中心)

(1)型式:三相无励磁调压干式变压器(带防护外壳)。

(2)额定容量:50 kVA。

(3)额定电压比:(0.48±4×2.5%)kV/0.22 kV。

(4)额定频率:60 Hz。

(5)阻抗电压:4%。

(6)连接组别:Dyn11。

8)T316 变压器(调蓄水库配电中心)

(1)型式:三相无励磁调压干式变压器(带防护外壳)。

(2)额定容量:400 kVA。

(3)额定电压比:(13.8±4×2.5%)kV/0.48 kV。

(4)额定频率:60 Hz。

(5)阻抗电压:4%。

(6)连接组别:Dyn11。

9)T317 变压器(调蓄水库配电中心)

(1)型式:三相无励磁调压干式变压器(带防护外壳)。

(2)额定容量:50 kVA。

(3)额定电压比:(0.48±4×2.5%)kV/0.22 kV。

(4)额定频率:60 Hz。

(5)阻抗电压:4%。

(6)连接组别:Dyn11。

10)T318 变压器(尾水闸配电中心)

(1)型式:三相无励磁调压干式变压器(带防护外壳)。

(2)额定容量:250 kVA。

(3)额定电压比:(13.8±2×2.5%)kV/0.48 kV。
(4)额定频率:60 Hz。
(5)阻抗电压:4%。
(6)连接组别:Dyn11。
11)T319 变压器(尾水闸配电中心)
(1)型式:三相无励磁调压干式变压器(带防护外壳)。
(2)额定容量:50 kVA。
(3)额定电压比:(0.48±4×2.5%)kV/0.22 kV。
(4)额定频率:60 Hz。
(5)阻抗电压:4%。
(6)连接组别:Dyn11。
12)00BFT71 变压器(清淤系统配电中心)
(1)型式:三相无励磁调压干式变压器(带防护外壳)。
(2)额定容量:400 kVA。
(3)额定电压比:(13.8±4×2.5%)kV/0.48 kV。
(4)额定频率:60 Hz。
(5)阻抗电压:4%。
(6)连接组别:Dyn11。
13)00BJT71 变压器(清淤系统配电中心)
(1)型式:三相无励磁调压干式变压器(带防护外壳)。
(2)额定容量:50 kVA。
(3)额定电压比:(0.48±4×2.5%)kV/0.22 kV。
(4)额定频率:60 Hz。
(5)阻抗电压:4%。
(6)连接组别:Dyn11。
14)00BHT50 变压器(水源井箱)
(1)型式:三相无励磁调压干式变压器。
(2)额定容量:400 kVA。
(3)额定电压比:(13.8±2×2.5%)kV/0.48 kV。
(4)额定频率:60 Hz。
(5)阻抗电压:4%。
(6)连接组别:Dyn11。
15)00BJH01 GT001 变压器(水源井箱)
(1)型式:三相无励磁调压干式变压器。
(2)额定容量:20 kVA。
(3)额定电压比:0.48 kV/0.22 kV。
(4)额定频率:60 Hz。
(5)阻抗电压:4%。

(6)连接组别:Dyn11。

16)00BHT60 变压器(高位水池箱)

(1)型式:三相无励磁调压干式变压器。

(2)额定容量:400 kVA。

(3)额定电压比:(13.8±2×2.5%)kV/0.48 kV。

(4)额定频率:60 Hz。

(5)阻抗电压:4%。

(6)连接组别:Dyn11。

17)00BJJ01 GT001 变压器(高位水池箱变)

(1)型式:三相无励磁调压干式变压器。

(2)额定容量:20 kVA。

(3)额定电压比:0.48 kV/0.22 kV。

(4)额定频率:60 Hz。

(5)阻抗电压:4%。

(6)连接组别:Dyn11。

18)00BLT20 变压器(圣路易斯营地)

(1)型式:三相无励磁调压干式变压器。

(2)额定容量:400 kVA。

(3)额定电压比:(13.8±2×2.5%)kV/0.22 kV。

(4)额定频率:60 Hz。

(5)阻抗电压:4%。

(6)连接组别:Dyn11。

19)00BHT30 变压器(索道)

(1)型式:三相无励磁调压干式变压器。

(2)额定容量:400 kVA。

(3)额定电压比:(13.8±2×2.5%)kV/0.48 kV。

(4)额定频率:60 Hz。

(5)阻抗电压:4%。

(6)连接组别:Dyn11。

3.13.8 kV 高压开关柜

(1)型式:户内铠装移开式金属封闭开关设备。

(2)额定电压:40.5 kV。

(3)额定频率:60 Hz。

(4)额定电流:630 A。

(5)额定开断短路电流:31.5 kA。

(6)额定开断短路电流次数:≥50 次。

(7)额定关合短路电流:80 kA(峰值)。

(8)额定短时耐受电流(3 s):31.5 kA。

(9)额定峰值耐受电流:80 kA。
(10)绝缘水平:
额定1 min工频耐受电压(有效值)为38 kV;
额定雷电冲击耐受电压(峰值)为95 kV。
(11)防护等级:铠装移开式金属封闭开关设备为IP41。
4.0.48 kV低压开关柜
(1)型式:低压抽出式开关柜。
(2)额定绝缘电压:1 000 V。
(3)额定工作电压:480 V。
(4)主母线最大工作电流:5 000 A。
(5)主母线额定短时耐受电流(有效值):80 kA。
(6)主母线额定峰值耐受电流(最大值):176 kA。
(7)配电母线(垂直母线)最大工作电流:2 000 A。
(8)配电母线(垂直母线)额定短时耐受电流(有效值):40 kA。
(9)配电母线(垂直母线)额定峰值耐受电流(最大值):84 kA。
(10)防护等级:IP42。
5.0.22 kV低压开关柜
(1)型式:低压抽出式开关柜。
(2)额定绝缘电压:1 000 V。
(3)额定工作电压:220 V。
(4)主母线最大工作电流:1 250 A。
(5)主母线额定短时耐受电流(有效值):50 kA。
(6)主母线额定峰值耐受电流(最大值):105 kA。
(7)防护等级:IP42。
6.柴油发电机组
1)01XJA10柴油发电机(地面控制楼)
(1)额定连续功率:1 250 kVA。
(2)额定电压:0.48 kV。
(3)额定频率:60 Hz。
(4)额定功率因数:0.8(滞后)。
(5)启动方式:24V DC电启动。
(6)最低防护等级:IP23。
2)03XJA10柴油发电机(首部枢纽)
(1)额定连续功率:350 kVA。
(2)额定电压:0.48 kV。
(3)额定频率:60 Hz。
(4)额定功率因数:0.8(滞后)。
(5)启动方式:24 V DC电启动。

(6)最低防护等级:IP23。

3)04XJA10 柴油发电机(调蓄水库)

(1)额定连续功率:350 kVA。

(2)额定电压:0.48 kV。

(3)额定频率:60 Hz。

(4)额定功率因数:0.8(滞后)。

(5)启动方式:24V DC 电启动。

(6)最低防护等级:IP23。

4)02XJA10 柴油发电机(尾水)

(1)额定连续功率:150 kVA。

(2)额定电压:0.48 kV。

(3)额定频率:60 Hz。

(4)额定功率因数:0.8(滞后)。

(5)启动方式:24 V DC 电启动。

(6)最低防护等级:IP23。

3.1.5.7　500 kV GIS **设备**

(1)额定电压及相数。

①额定电压:550 kV。

②相数:3 相。

(2)额定电流。

①主变压器进线回路:4 000 A。

②500 kV 电缆出线回路:4 000 A。

③主母线:4 000 A。

④主变压器高压侧 GIS 短段母线:4 000 A。

(3)额定频率:60 Hz。

(4)额定绝缘水平。

相对地基准冲击绝缘水平:1 550 kV。

①额定短时工频耐受电压(有效值):极对地为 710 kV;开关装置断口间和/或隔离断口间为 925 kV。

②额定操作冲击耐受电压(峰值):极对地和开关装置断口间为 1 175 kV;隔离断口间为(900+450) kV。

③额定雷电冲击耐受电压(峰值):极对地为 1 550 kV;开关装置断口间和/或隔离断口间为(1 550+315) kV。

控制和辅助回路工频耐受电压(有效值)为 3 kV(1 min)。

(5)额定短时耐受电流:63 kA。

(6)额定短路持续时间:1 s。

(7)额定峰值耐受电流:157.5 kA。

#### 3.1.5.8　500 kV 高压电缆

(1)额定电压 $U_0/U(U_m)$:290 kV /500 kV(550 kV)。

(2)型式:交联聚乙烯绝缘皱纹铝套聚乙烯外护套电缆——XLPE。

(3)冷却方式:自然冷却。

(4)短时对称电流(1 s):31.5 kA。

(5)接地故障电流(1 s):31.5 kA。

(6)导体最高温度(正常连续):90 ℃。

(7)导体最高温度(短路持续时间 5 s):250 ℃。

(8)$\tan\sigma(10^{-4})$最大值:10。

(9)额定工频耐受电压(1 min):580 kV。

(10)局部放电电压:435 kV。

(11)额定雷电冲击耐受电压峰值(1.2/50 μs): 1 550 kV。

(12)操作冲击耐受电压:1 175 kV。

(13)电流(持续的)/容量:1 400 A/1 200 MVA。

(14)截面:1 600 $mm^2$。

(15)电缆敷设形式:三角形。

#### 3.1.5.9　500 kV 出线场设备

1.500 kV 户外隔离开关

标称电压:500 kV。

额定电压:550 kV。

额定频率:60 Hz。

额定电流:4 000 A。

额定 1 min 工频耐受电压:相对地为 635 kV;隔离断口间为 800 kV。

额定操作冲击耐受电压(峰值):相对地为 1 175 kV;隔离断口间为(900+450) kV。

额定雷电冲击耐受电压(峰值):相对地为 1 550 kV;隔离断口间为(1 550+315) kV。

额定峰值耐受电流:164 kA。

接地开关:额定短时耐受电流及持续时间为 63 kA /1 s;额定短路关合能力为 164 kA。

2.500 kV 户外电压互感器

标称电压:$500/\sqrt{3}$ kV。

额定电压:$550/\sqrt{3}$ kV。

电压比:$(500/\sqrt{3})$kV/$(0.1/\sqrt{3})$kV/ $(0.1/\sqrt{3})$kV/0.1 kV。

分压电容器总电容:0.004 μF。

二次绕组(滞后功率因数 0.8)的额定输出及准确级:

(1)保护:200 VA　3P。

(2)计量:50 VA　0.2。

(3)测量:100 VA　0.5。

电容式电压互感器高压端绝缘水平:

雷电冲击耐压(峰值)为1 550 kV;

操作冲击耐压(峰值)为1 175 kV;

1 min工频耐压(有效值)为680 kV。

3.500 kV户外避雷器

标称电压:500 kV。

额定电压:550 kV。

避雷器额定电压:444 kV。

避雷器持续运行电压:317 kV。

避雷器标称放电电流:20 kA。

直流1 mA参考电压($U_1$):597 kV。

8/20 μs雷电冲击残压(20 kA)(峰值):1 060 kV。

30/60 μs操作冲击残压(1 000 A)(峰值):878 kV。

线路放电等级:5。

冲击电流耐受值(峰值):100 kA。

短路容量/压力释放能力:63 kA。

额定电压能量吸收能力:15.4 kJ/ kV。

2 ms方波通量(20次):2 kA。

### 3.1.6 主要电气设备布置

CCS水电站主要构筑物区域分为首部枢纽、输水隧道、调蓄水库、压力钢管、地下主厂房区域(含地下主厂房、高压电缆洞、出线场区域、尾水闸)等。主要电气设备分布在主厂房区域。

地下主厂房以进厂交通洞为中心,中间部分为主安装间,顺水流方向看:左侧为4#~1#机组段,右侧为5#~8#机组段,在8#机组右侧布置副安装间。

厂房总长度为212 m,宽度为26 m,机组段间距为18.5 m。厂房共分为发电机层、母线层、水轮机层和球阀层等。各层高程分别为623.50 m、618.00 m、613.50 m和608.00 m。

#### 3.1.6.1 发电机电压设备布置

1#~8#机组段下游侧垂直于主厂房方向布置8条母线洞,母线洞地板高程623.50 m,与发电机层同高程,以方便母线洞内设备运输。1#、8#母线洞内布置有13.8 kV离相封闭母线、发电机断路器及厂用负荷开关柜,2#~7#母线洞内布置有13.8 kV离相封闭母线及发电机断路器。

1#~8#机组的离相封闭母线由水轮机层的发电机组风罩壁内引出,出线为-Y方向。离相封闭母线引出线中心线高程为621.00 m,距离母线层楼板3 m,离相封闭母线从发电机组风罩壁内沿-Y方向引出,水平进入局部开挖的励磁变压器及电制动短路开关室内后垂直引至母线洞内,在母线层母线下方618.00 m高程布置发电机励磁变压器,端部布置电制动短路开关,电气设备布置均充分考虑了运输搬运通道和运行维护空间。母线进入母线洞后,在中心线距楼板1.4 m高程水平布置与GCB连接。1#、8#母线洞内的离相封闭母线在 GCB 之后垂直布置,升至母线中心线 627.4 m 高程后继续水平布置,以方便厂用负荷开关柜的连接安装;2#~7#母线洞内由于无厂用负荷开关柜,离相封闭母线在 GCB 之后继续水平布置。1#~8#机组的离相封闭母线在进入主变压器室之前均通过局部开挖的母线竖井垂直升高至 629.64 m 高程,水平穿过防火防爆隔墙后进入主变压器室,以便与主变压器低压侧端子连接和进行三个单相变压器的三角形连接。

所有封闭母线与励磁变压器、电制动短路开关柜、GCB、厂用负荷开关柜等设备连接处均设置伸缩节。

母线洞一侧为运行维护通道,宽度为 3.175 m,局部宽度为 1.9 m。为方便安装及维护检修,在 GCB 上方设置单轨起重机,可进行设备起吊和移动。其余励磁变压器、电制动短路开关柜等设备上方均布置有吊钩,可通过挂装手动起重机进行设备起吊和移动。

#### 3.1.6.2 主变压器室布置

主变压器室位于母线洞的下游侧,平行于主厂房方向布置。分为 2 层:一层主变压器室地板高程为 623.5 m,布置有 24 台 500 kV 单相主变压器和 1 台备用主变压器。主变压器室正上方为 GIS 室,地板高程为 636.50 m,布置有 500 kV SF6 全封闭 GIS 设备。

每个单相变压器布置在设置防火隔墙的封闭的变压器室内,下游侧为主变压器运输通道。变压器室面积为 12 m×6.17 m,变压器的冷却器布置在主变压器室的上游侧,与冷却水管连接。每三台单相变压器构成一组变压器,三台单相变压器的低压侧通过离相封闭母线进行三角形连接,每三台变压器高压侧(A、B、C 相)通过 SF6 管道母线汇至 B 相变压器室再引接上至 GIS 室主变压器进线间隔。三台单相变压器室之间混凝土隔墙厚 200 mm,可起到防火作用。

每台单相变压器高压侧中性点均通过钢芯铝绞线与φ 100/90 铝锰合金管母线连接,管型母线使用 35 kV 支柱绝缘子利用角钢固定在变压器室左右侧墙上,三台单相变压器通过管型母线及 35 kV 穿墙套管进行星形连接后,经过单相电流互感器由铜绞线引至主接地网。每台主变压器均布置消防水喷雾环管。

每台主变压器的集油坑下面布置有事故排油沟,事故排油沟通向事故油池。当主变压器发生火灾等事故时,设置在主变压器周围的水喷雾系统开始灭火,此时主变压器的油或消防水经集油坑→事故排油沟→事故油池,在事故油池上布置有油水分离装置,经处理的水达到排放标准后再排至主变压器洞内的排水沟,吸附油后被油罐车运走。

#### 3.1.6.3 GIS 布置

500 kV GIS 采用双母线接线,设备布置在主变压器洞 636.50 m 高程,主变压器室上方,GIS 室内面积 192 m(长)×17 m(宽),共设 10 个 GIS 进出线间隔、2 个 GIS 测保间隔(带母线接地检修开关)及 1 个母联间隔,各间隔汇控柜靠近上游侧墙布置,见图 3-6。

8 个变压器进线间隔采用油/SF6 气体套管与下部变压器连接,3 个出线间隔采用高压电缆沿 GIS 室下游侧下部的高压电缆廊道与出线场设备相接。

GIS 室中部设置吊物孔,为设备运输、起吊所用。吊物孔旁设置电缆孔,作为进出高压电缆廊道的主通道。吊物孔旁较大区域为设备组装、试验、检修场地。

在意大利 ELC 公司编写的可行性研究报告里,主变压器洞高度为 35 m(含一层主变压器室及二层 GIS 室),通过调研及精心布置,在满足设备布置、运行及试验的条件下,将

图 3-6　500 kV GIS 室俯视图

高度降为 30.8 m。原设计报告附图里洞室宽度为 15 m，按照这个尺寸将没有足够的检修通道，设备安装和后期检修很难进行，根据实际需求增加宽度 2 m。原设计方案中，GIS 与主变压器采用 500 kV 电缆连接，根据当时的生产技术水平，仅个别电缆厂家有 220 kV 及以上电缆与变压器直接连接的经验和业绩，对设备安全运行及总包方的设备采购不利，故在概念设计及之后的设计中修改为较为普遍采用的 GIB 连接。

设备采购阶段，在标书里就要求厂家提供试验方案，招标完成后及时敦促厂家调整了设备整体布置，预留了足够的空间，避免了国内许多同类型电站（地下洞室结构）由于层高原因，无法布置试验设备，只能在地面用设备带电缆对 GIS 设备进行现场试验（如耐压试验等）的缺陷，保障了设备安全运行。

#### 3.1.6.4　500 kV 高压电缆布置

500 kV 电缆从 630.5 m 高程的地下 GIS 室，沿 500 kV 出线电缆洞，引到地面出线场。500 kV 电缆在出线洞内靠侧墙敷设，由电缆支架固定，左侧敷设 2 回 6 相、右侧敷设 1 回 3 相，共敷设 3 回 9 相(9 根)单芯电缆，电缆出线洞高差约 8 m。500 kV 电缆的始末两端（地下主变压器洞主变压器运输通道上方电缆廊道和地面出线场电缆隧道）布置适当长度的预留段。500 kV 电缆在空气中布置，电缆三角形敷设，见图 3-7。

前期规划设计时，由于造价等原因，高压电缆洞侧壁并未全线喷混凝土，电缆支架在侧壁岩石面上固定困难，经与厂家协商采用在地面敷设。设备生产到货后，由于渗漏等问题土建又采用了电缆廊道全部混凝土衬砌，如果开始时采用这种方案，可将电缆在侧壁固定，一是美观，二是扩大了交通通道，沿线的地面电缆沟可以移到侧面，减少对交通（巡视通道）的影响。

#### 3.1.6.5　地面 500 kV 出线场设备布置

500 kV 出线场位于地面 640.00 m 高程，与地面控制楼相邻。出线场布置有 2 个间隔，每个间隔包括 500 kV 户外电缆终端、隔离开关、电容式电压互感器、避雷器等设备及设备支架、出线构架等。出线导线相间距 8 m，设备相间距 8 m，间隔宽度 28 m，布置见

(a)

(b)

图3-7 长距离高压电缆廊道

图3-8。

出线场设备经高压电缆廊道通过500 kV电缆与地下主变压器洞内全封闭组合电器相连。

## 3.1.7 防雷与接地

### 3.1.7.1 接地网设计

由于首部枢纽、调蓄水库、地下厂房区域3个建筑物相距较远，且每个地方均布置有机电设备，考虑在首部枢纽、调蓄水库、地下厂房区域分别设置接地网。每个区域的接地网均按接地电阻不小于1 Ω进行设计，主接地网接地导体采用185 $mm^2$的铜包钢绞线。

图 3-8　500 kV 出线场布置图

本电站厂房为地下厂房。厂房接地网由垂直接地体与水平接地体组成。为保证跨步电压和接触电压达到国际规范要求,考虑通过尾水洞将厂房接地网和尾水接地网可靠连接,通过 500 kV 高压电缆洞将厂房接地网和出线场接地网可靠连接,将出线场接地网与尾水接地网在地面通过接地导体可靠连接,形成一个大接地网(见图 3-9)。各部分接地

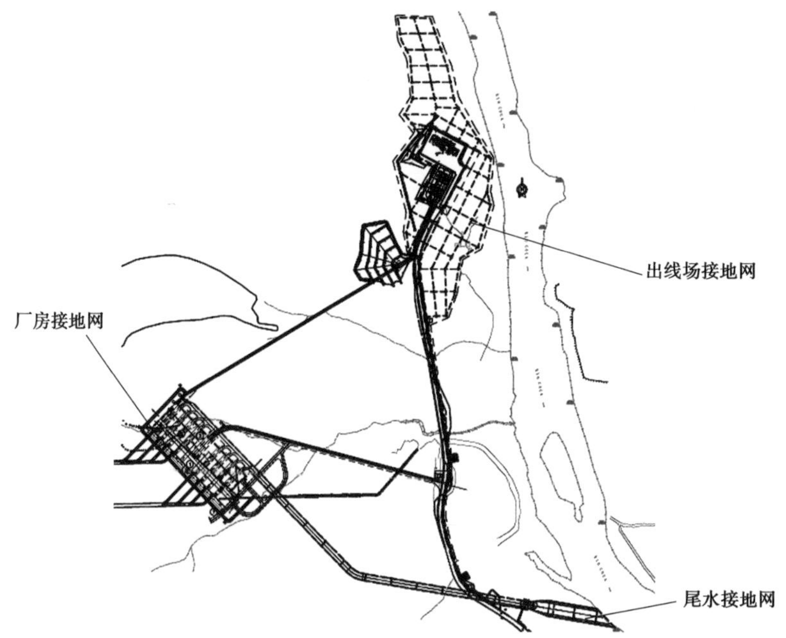


图 3-9　厂房区域接地网连接示意图

网之间以不少于2根的人工接地体连接成为一个整体，以保证接地网连接可靠。出线场接地网作为电站厂房的主接地网，在出线场内设置了间距为6 m的均压网，有效降低了跨步电压和接触电压。

首部枢纽区域，在取水口溢流堰上游侧库区设置主接地网，把Sedicon冲沙系统、冲沙闸、引水闸、沉沙池的各个闸门、启闭机、配电设备及控制设备均与此接地网可靠连接。接地网由垂直接地体与水平接地体组成，满足接触电压和跨步电压要求。

调蓄水库区域，在调蓄水库溢洪道和大坝的上游侧库区设置主接地网，把输水隧洞出口及电站引水口的各个闸门、启闭机、配电设备及控制设备均与此接地网可靠连接。接地网由垂直接地体与水平接地体组成，满足接触电压和跨步电压要求。

#### 3.1.7.2　入地短路电流计算

1.故障电流 $3I_0$

CCS水电站采用500 kV电压等级送电至INGA变电站，发电机出线电压为13.8 kV，发电机电压设备、主变压器及GIS均布置在地下厂房内，室外出线场与GIS之间通过约860 m长的500 kV高压电缆连接。

根据《IEEE Guide for Safety in AC Substation Grounding》(IEEE 80—2000)，结合本电站的接地设计需要，应用Powerfactory软件，设置3处接地故障短路点，分别计算单相接地故障和两相接地故障时通过出线场处的 $3I_0$，计算结果如表3-7所示。

表3-7　接地故障电流计算

| 故障类型 | 故障电流 $3I_0$(kA) | | |
|---|---|---|---|
| | 500 kV母线 | 出线场 | INGA变电站 |
| 单相接地故障 | 2.008 | 2.007 | 3.412 |
| 两相接地故障 | 2.492 | 2.490 | 3.806 |

根据仿真计算结果，INGA变电站发生两相接地故障时，出线场处的 $3I_0$ 达到3.806 kA，因此取3.806 kA为最大电网电流，即 $3I_0 = 3.806$ kA。

2.故障电流分流系数 $S_f$

故障电流分流系数主要考虑架空线路避雷线的分流作用，参照*Earthing of Power Installations Exceeding 1 kV a.c*(FprEN 50522) Annex I和*IEEE Recommended Practice for Determining the Electric Power Station Ground Potential Rise and Induced Voltage From a Power Fault*(IEEE Std 367—2012)，以及架空输电线路的档距、导线与接地线参数等，计算分流系数如下：

$$S_f = 1 - \frac{|\dot{Z}_{m0}|}{|\dot{Z}_{b0}|} = 1 - \frac{0.389}{1.387} = 0.72$$

3.计算对称接地网电流 $I_g$

根据IEEE Std 80—2000：

$$I_g = S_f \times 3I_0 = 0.72 \times 3.806 = 2.74(\text{kA})$$

4.计算最大接地网电流 $I_G$

根据 IEEE Std 80—2000,计算最大入地短路电流

$$I_G = D_f \times I_g = 2.74(\mathrm{kA})$$

#### 3.1.7.3 跨步电势及接触电势计算

在出线场处,除交通道路外,操作平台、检修平台、设备基础面上等均敷设厚度为 150 mm 的砾石,以增大变电所人员的脚与土壤的接触电阻,砾石的电阻率为 2 500 Ω · m。根据主合同,本电站电击电流持续时间 $t_s = 1$ s 。

跨步电势允许值:

$$\begin{aligned} E_{\mathrm{step70}} &= (1\,000 + 6C_s\rho_s) \times 0.157/\sqrt{t_s} \\ &= (1\,000 + 6 \times 0.82 \times 2\,500) \times 0.157/\sqrt{1} = 2\,088.1(\mathrm{V}) \end{aligned}$$

接触电势允许值:

$$\begin{aligned} E_{\mathrm{touch70}} &= (1\,000 + 1.5C_s\rho_s) \times 0.157/\sqrt{t_s} \\ &= (1\,000 + 1.5 \times 0.82 \times 2\,500) \times 0.157/\sqrt{1} = 639.78(\mathrm{V}) \end{aligned}$$

#### 3.1.7.4 接地电阻计算

1.厂房区域

根据物探专业提供的《厄瓜多尔 Coca Codo Sinclair(CCS)水电站土壤电阻率测量报告》,出线场土壤电阻率 $\rho = 500\ \Omega \cdot \mathrm{m}$ 。根据厂房及出线场接地布置图,出线场接地网面积 $A = 57\,000\ \mathrm{m}^2$,出线场埋设导体长度 $L_T = 9\,700$ m、埋深 $h = 0.8$ m。

参照 IEEES Std 80—2000,厂房区域接地电阻计算如下:

$$\begin{aligned} R_g &= \rho\left[\frac{1}{L_T} + \frac{1}{\sqrt{20A}}\left(1 + \frac{1}{1 + h\sqrt{20/A}}\right)\right] \\ &= 500 \times \left[\frac{1}{9\,700} + \frac{1}{\sqrt{20 \times 57\,000}} \times \left(1 + \frac{1}{1 + 0.8 \times \sqrt{20/57\,000}}\right)\right] \\ &= 0.981 \end{aligned}$$

由于 $I_G R_g = 2.74 \times 0.981 = 2.688(\mathrm{kV}) > E_{\mathrm{touch70}}$,对于出线场区域,进一步计算了最大跨步电压和最大网孔电压进行校验,经计算:

最大跨步电压 $E_s = 460.598\ \mathrm{V} < E_{\mathrm{step70}} = 2\,088.1\ \mathrm{V}$

最大网孔电压 $E_m = 556.37\ \mathrm{V} < E_{\mathrm{touch70}} = 639.78\ \mathrm{V}$

接地网设计满足接触电压和跨步电压的要求。

2.调蓄水库

经计算,调蓄水库接地电阻为 $R_g = 0.816\ \Omega \leqslant 1\ \Omega$,满足规范要求。

3.首部枢纽

经计算,首部枢纽接地电阻为 $R_g = 0.604\ \Omega \leqslant 1\ \Omega$,满足规范要求。

#### 3.1.7.5 防雷保护

1.直击雷保护

本电站主厂房和主变压器室为地下洞室布置,故机组、主变压器及洞内电气设备不设

置防直击雷保护装置。在架空线路引入处,GIS母线、主变压器高低压侧等处均设置避雷器,防止雷电侵入波对设备的侵害。同时对各电压等级进行了过电压保护及绝缘配合计算(包括快速瞬态过电压),结果均符合要求。

本工程处于热带雨林地区,根据收集的气象资料,工程区雷暴日为60 d,按照我国规范属于多雷区。500 kV出线场位于地面637.10 m高程,为敞开式中型布置,站内设备采用在500 kV出线门架上装设多根避雷针、避雷线进行联合保护。采用全站式避雷线保护是欧美国家较为常用的方式,在我国极少使用(特别是水电站的出线场),本次设计是一次有益的尝试,为今后国际工程设计提供了参考。

本电站防雷措施部分参考了IEC 62305的要求进行设计,通常我国变电站、发电厂出线场(开关站)采用避雷针方式进行保护,其保护范围是依据广泛采用的《建筑物防雷设计规范》(GB 50057)定义的防雷等级(一到三级)计算得到的,而根据《雷电保护》(IEC 62305中文等同版为GB/T 21714)需通过雷电风险评估来确定雷电防护等级,因有大量的因素需要考虑,计算复杂而应用较少。但因为其理念先进,分析精确,考虑因素周全,是今后防雷设计中采用规范的趋势。

由于液压启闭机油缸顶部有信号传感器等设备,在启闭机附近的路灯灯杆顶部设短避雷针或设置独立避雷针对启闭机进行直击雷保护,见图3-10。由于油缸高而且布置分散,如果按照常规设计需设置数十米高的避雷针几座,布置困难且造价高,我们通过研究,创新地采用就近灯杆加短避雷针方式很好地解决了这个难题。

图3-10　液压启闭机防雷图

在地面控制楼、各个闸门启闭机室、配电室、控制室及柴油机房的屋顶女儿墙设置铜质的避雷带,屋顶转角处设置1 m高的短避雷针与避雷带连接,作为对各个建筑物的直击雷保护。避雷带通过引下线与接地网可靠地连接在一起。避雷带接闪后,将通过接地引线和接地网将雷击电流引导并泄放到大地。

2.雷电侵入波及过电压保护

为保护设备免受由线路侵入的雷电波危害及预防操作过电压,在500 kV出线侧、500 kV母线上分别装设氧化锌避雷器,另外在厂用电各段母线上均装设氧化锌避雷器。

### 3.1.8 照明

CCS水电站工程照明设计校验选用国际知名照明软件DIALux,对各区域建筑精细建模,考虑建筑中各类影响照度分配的设施、设备,同时对照明灯具及其附件都制定了很高的规格要求。

水电站工程全场照明从功能上划分为建筑物正常照明、应急照明、疏散指示照明、户外照明四部分,从设计区域上划分为主厂房区域、首部枢纽区域及调蓄水库区域。以下主要从功能划分角度进行介绍。

#### 3.1.8.1 正常照明

正常照明设计的主要功能是满足三大设计区域的正常工作、生活、通行需求,范围包括所有照明设计区域。照明的电源由各区域220 V低压盘柜引出,引至照明点处正常照明配电箱。正常照明箱与跷板开关的安装高度应适于正常身高的人进行控制操作,中心安装高度为1.5 m。

由于工程区域覆盖面积大,各区域功能、环境不尽相同,故在灯具选择方面也选择了多种灯具以适应不同区域的需求。

主厂房区域各层洞室大部分位于地下,环境较为潮湿,需考虑防水防潮,并且对显色性要求较高,所以大部分灯具采用了防护等级达到IP65的防水防眩灯具,配置金卤光源,防眩灯依据层高的不同,选择70~400 W光源,层高达到10 m以上的场所(如发电机层)特别选择了深照型灯具,安装方式多为吊杆安装。防水防眩灯与国内同类型灯具除电压等级不同外,接线方式也有很大区别,采用相间接线的特殊形式。

三大区域均有配电中心、控制楼等建筑,其中的控制室、通信室、办公室、多媒体室等工作人员需要经常办公的重要场所,对照度及均匀度要求较高,但对防潮性能要求较低,并且层高较低,故选用T8型格栅荧光灯或双管荧光灯。

蓄电池室、柴油发电机室、油库等爆炸危险性场所,灯具、开关、插座均选用防爆型灯具。

交通洞、疏散廊道、排水廊道、高压电缆洞等长距离隧道,其层高很低,环境潮湿,选用了功率较小的35 W防水防眩灯配金卤光源。

#### 3.1.8.2 应急照明

三大照明设计区域中,只有主厂房各层洞室、廊道及控制楼区域配置有专用应急电源系统,由直流逆变供电。所有的应急照明回路均通过应急照明配电箱控制,正常照明失电时启动。

首部枢纽及调蓄水库区域无专用应急电源系统，各重要场所均配置一定数量的蓄电池，交叉安置于正常照明回路中，在正常照明回路失电时自动启动，提供 90 min 的应急照明。

主厂房内由于环境潮湿，其应急照明灯具仍然选用了防水防眩金卤灯。选用一种新型的快速点亮型防水防眩金卤灯具，其点亮时间为 1 min，并且启动初期也能提供一定的照度，配以自带蓄电池的 LED 双头应急灯具，可较好地保障故障时的人身及设备安全。

#### 3.1.8.3　疏散指示照明

疏散指示照明的设计范围包括所有照明设计区域。疏散指示照明的电源与正常照明使用同一配电箱，由正常照明箱为疏散指示灯具分配供电回路。疏散指示灯具安装高度不低于 2 m，安装在疏散走道及其转角处的墙面上，其间距不大于 20 m；对于袋形走道，不大于 10 m；在走道转角区，不大于 1 m。各场所的出口处正上方需安装出口指示标志，楼梯间转角处需安装指向逃生方向的向上或向下标志。

疏散指示灯具统一采用了带疏散指示模块的双头应急灯具。该灯具包含了应急灯具模块及疏散指示模块两部分，功率为 2×3 W，LED 光源，自带蓄电池，在充满电情况下可保证 90 min 的输出时间。

#### 3.1.8.4　户外照明

户外照明分为道路照明、出线场照明两部分。出线场照明夜景见图 3-11。户外照明电源由各区域 220 V 低压盘柜提供。所有的照明回路均通过单体光控开关控制。

**图 3 11　出线场照明夜景**

道路照明选用路灯作为主要灯具，选用了金卤光源和高压钠灯光源两种。由于首部枢纽及厂房区域户外设施居多，路灯需要为闸门等户外设备提供一定的工作照明，而高压钠灯相同功率下能够提供更多的照度，因此厂房及首部枢纽道路全部采用高压钠灯光源。调蓄水库区域户外设备相对较少，选用金卤灯作为主要光源。其中，临近闸门等设备的路段选用 400 W 路灯灯具，其余路段选用功率较低的 150 W 或 250 W 路灯灯具，以达到节能的目的。

路灯的控制方式相对于国内也有所不同，咨询工程师强烈要求采用光控的形式。光控开关的弊端很多，易受环境因素及汽车灯光的影响而误开启和关闭。但水电站所处区域雨水充足、空气洁净、车辆通行较少，最终确定了全部采用光控方案。

### 3.1.9 13.8 kV 线路

首部枢纽距离电站厂房直线距离约 28 km，为了给首部枢纽、索道、调蓄水库、业主营地等区域供电，需建设 2 条从电站厂房地面控制楼至首部枢纽的 13.8 kV 厂用环形供电线路。

第 1 条供电线路主要为架空线路（简称架空线路环），方案为：地面控制楼 13.8 kV 00BBC04#配电柜—索道—调蓄水库（1 回 T 接至清淤系统）—首部枢纽—San Rafael 营地—地面控制楼 13.8 kV 00BBD03#配电柜。架空线路环主要采用架空绝缘线路形式，户外架空线和 San Rafael 营地、首部枢纽、调蓄水库、清淤系统以及地面控制楼内的 13.8 kV 配电装置（输入或输出）之间的连接均采用 15 kV XLPE 电缆。架空绝缘线路导线选用 1350-H19 铝导线，标称截面不小于 336.4 kcmil，为紧凑同心绞线，符合 ASTM B400。电缆的敷设一般采用在电缆沟内敷设或直埋敷设方式。本环供电线路全长约 71.7 km，其中架空线路长约 68.5 km，电缆线路长约 3.2 km。沿线路架设 24 芯 ADSS 通信光缆，ADSS 长约 75 km。路径方案见图 3-12。

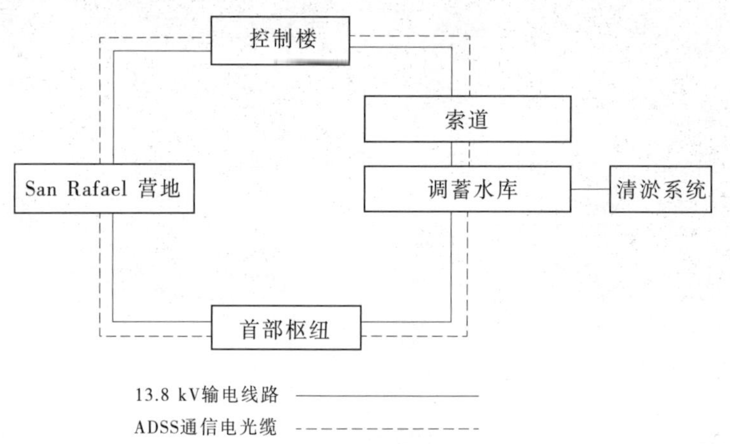


图 3-12　架空线路环路径示意图

第 2 条供电线路主要为电缆线路（简称电缆线路环），方案为：地面控制楼 13.8 kV 00BBC06#配电柜—水源井泵房（1 回 T 接至高位水池）—尾水—CCS 业主永久营地—地面控制楼 13.8 kV 00BBD07#配电柜。电缆线路环全部采用 15 kV XLPE 电缆。电缆的敷设一般采用在电缆沟内敷设或直埋敷设方式。电缆线路长约 9.5 km。沿全线敷设 1 条通信光缆，通信光缆长约 10 km。路径方案见图 3-13。

由于本工程位于热带雨林，架空线路所经区域树高林密，雨林中树木倾倒的现象时有

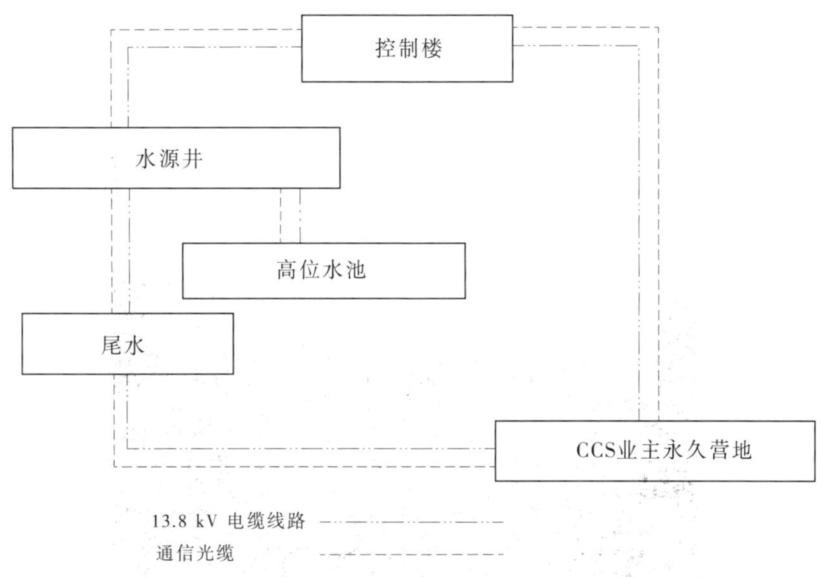


图 3-13　电缆线路环路径示意图

发生,若采用常规裸导线架空线路或者国内普通架空绝缘线路,线路与树木之间的净距必须为最高树种的高度时,才能防止线路被树木砸坏。经调查,区域内树木高度在 20~40 m,也就是需要将线路两侧 20~40 m 范围内的树木全部砍掉,再加上 2 条线路之间的 10 m 间距,总共需要将架空线路沿线 50~100 m 宽范围内的树木全部砍掉。厄瓜多尔异常重视对森林的保护,砍伐赔偿费用非常高昂,据了解为 5~10 美元/$m^2$,如此算来,砍伐树木的赔偿费用超过千万美元。

为降低线路成本,经对南美洲电力行业的调研发现,有一种应用于丛林的新型架空绝缘线路。这种架空绝缘线路是在电杆顶部架设 1 条铝包钢承力索,将架空绝缘导线通过特殊的金具悬挂在承力索下面,可保证在树木倾倒时砸在承力索上,避免砸中导线。另外,绝缘导线外层是较厚的耐候料高密度聚乙烯材料,挤压覆盖在导体的保护层上,外皮非常结实,能保证导线被树木砸中时,绝缘也不会被破坏,线路仍能带电运行。此种架空绝缘线在北美、南美的丛林中已运行多年,效果良好,见图 3-14。

采用此种架空绝缘线路后,业主同意将沿线树木砍伐宽度缩减至 16.6~18.6 m,从而降低了砍伐赔偿费用,为 EPC 项目缩减了千万美元的成本,也减轻了对环境的破坏。

2016 年 10 月,本线路已投入使用,运行情况良好。这种新型架空绝缘线路可在国内外森林中推广运用,可有效降低造价并减轻对环境的破坏。

详细设计时,业主要求任一电源故障时另一条线路能满足所有负荷点供电,这样线路供电距离将近 70 km,对于 13.8 kV 系统电压降很大,即使增加导线截面也很难满足要求,后依靠在首部枢纽附近线路上增加调压器解决此问题。此问题由于受制于合同(合同为 13.8 kV 线路),且开始没考虑业主的特殊要求(按照最初设计构想,在各处均设有柴油发电机作为备用电源,两条回路各供一半负荷点),按照这么长的供电距离,采用35 kV(66 kV)较为合理。

图 3-14　厂房至调蓄水库 13.8 kV 线路

# 3.2　电气二次

## 3.2.1　概述

### 3.2.1.1　电气二次设计内容

电气二次设计主要包括 CCS 水电站所有机电设备的运行控制、安全监视、继电保护、通信等内容。具体项目有电站计算机监控系统（含首部枢纽闸门控制系统）、发电机励磁系统、系统及元件继电保护、直流电源系统、通信系统、火灾自动报警系统、通风空调控制系统及工业电视和门禁系统等。

### 3.2.1.2　基本情况及设计依据

由于 CCS 水电站工程规模大、技术复杂，在对概念设计进行复核之后，又进行了基本设计和机电设备采购招标文件的编制，计算机监控系统、继电保护设备、直流电源、工业电视和门禁设备、通风空调控制设备等五项电气二次设备作为一个标段进行招标采购，通信系统和火灾报警及联动设备分别各自作为一个标段招标采购，微机调速器、微机励磁装置、机组自动化元件等随水轮发电机组进行招标采购。

电气二次设计的主要依据为《CCS水电站基本设计报告Ⅸ卷　水力机械和电气设备》《CCS水电站基本设计报告Ⅳ卷　首部枢纽》《CCS水电站基本设计报告Ⅵ卷　调蓄水库》,各项电气二次设备的招标文件,有关规程规范以及设计审查、评估、咨询意见等。

#### 3.2.1.3　设计主要特点

CCS水电站位于南美洲的厄瓜多尔,其采用的设计标准和运行习惯与国内有较大差别,存在一些与国内水电项目不同的特点。

(1)设计采用IEC、IEEE、ITU、ISO、ANSI、NEC、NFPA、GB等国际国内标准和规范(当没有适用的国际标准时可使用中国标准)。

(2)招标文件和施工图纸必须经业主聘请的咨询方审查批准后才能进行设备采购和安装施工。

(3)继电保护不采用国内常用的分相或三相操作机构箱,而是用继电器搭建相应的逻辑回路。

(4)厄瓜多尔的低压电源与国内不同,有两个等级,分别为480 V(三相)/277 V(单相)、220 V(三相)/127 V(单相),频率为60 Hz,国内供货的控制保护设备的电源需适应此类供电电源。

(5)直流电源为125 V,且要求的事故后供电持续时间较长,为4 h,因此对蓄电池容量要求较高。

### 3.2.2　电站计算机监控系统

#### 3.2.2.1　系统结构及配置

CCS水电站计算机监控系统采用以计算机为主的监控方式,系统采用开放式分层分布结构。电站由厄瓜多尔国家电网负荷控制中心(LDC)调度,执行来自国家电网负荷控制中心的调度命令。

电站计算机监控系统功能采用分布配置,主要设备采用冗余配置。设电站级和现地控制单元级。电站计算机监控系统的网络结构为:采用双环型以太网结构,在地面控制楼通信机房和各套LCU内分别设置2台工业以太网交换机,工业以太网交换机采用双光纤环网进行连接,电站控制中心设备和现地控制单元设备均连接在双光纤工业以太环网上。网络传输速率为100 Mbps/1 000 Mbps自适应,通信协议采用TCP/IP协议,整个网络发生链路故障时能自动切换到备用链路。

电站控制中心设于地面控制楼,控制中心设备包括2套实时数据服务器、1套历史数据服务器、2套电站操作员工作站、1套500 kV SF6 GIS操作员工作站、1套工程师工作站、1套培训工作站、2套远动网关、1套站内通信服务器、1套ON-CALL及语音报警服务器、GPS时钟、打印机和UPS电源等。

现地控制单元级设置机组LCU、1 200 kW事故备用机组LCU、500 kV GIS LCU、公用LCU、地面控制楼LCU等现地控制单元。调节水库闸门、尾水闸门等相对独立的被控设备采用远程I/O方式接入电站计算机监控系统。

CCS水电站计算机监控系统结构图参见图3-15。

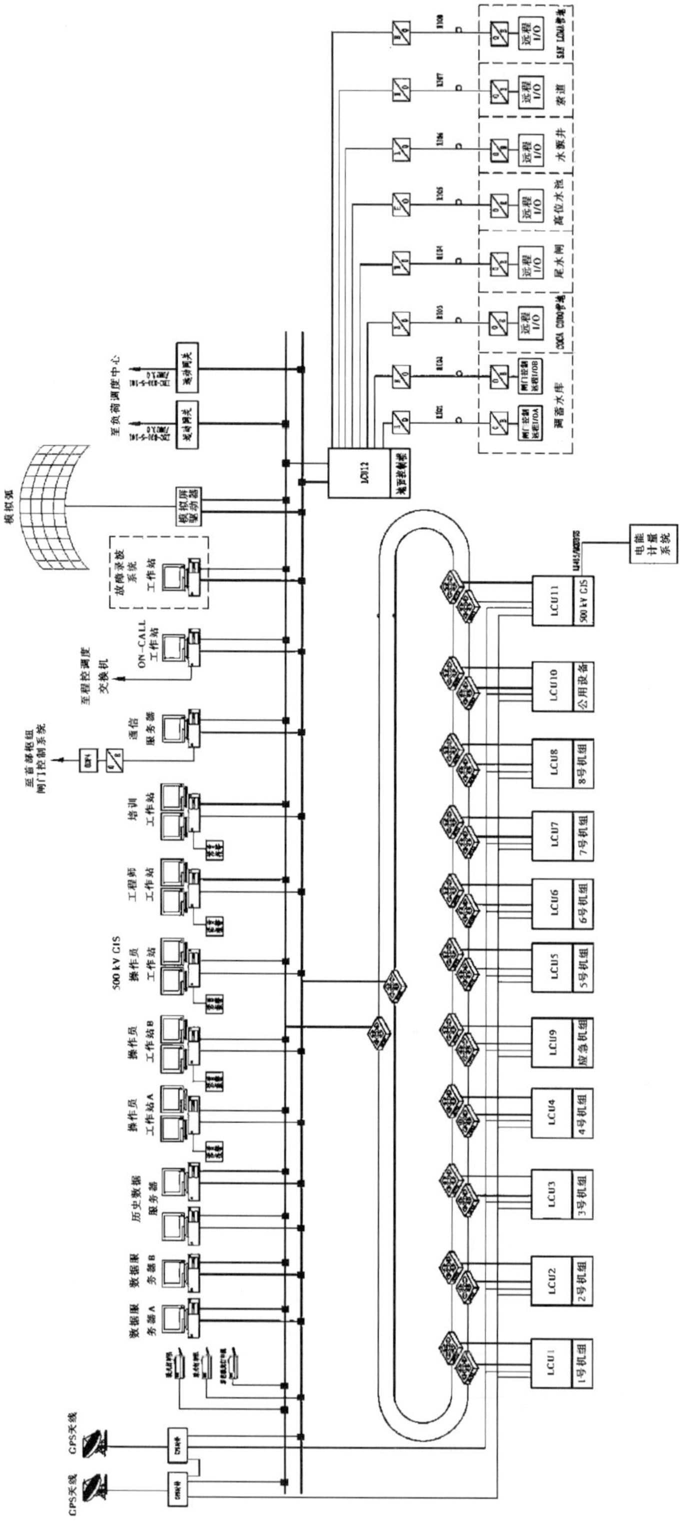

图 3-15　CCS 水电站计算机监控系统结构图

首部枢纽闸门数量较多且距电站厂房较远，在首部枢纽单独设置1套闸门计算机监控系统，该计算机监控系统由控制中心设备和现地控制单元(现地控制单元设备由闸门启闭机供货商提供)构成，网络结构为星型以太网结构，设置5台工业以太网交换机，网络传输速率100 Mbps/10 Mbps自适应，通信协议采用TCP/IP，首部枢纽闸门计算机监控系统通过厂内通信系统架设的ADSS光纤与电站计算机监控系统相连。

首部枢纽计算机监控系统结构图参见图3-16。

### 3.2.2.2　监控对象

CCS水电站计算机监控系统的监控对象包括下列内容。

(1)8台水轮发电机组、8套主变压器(24台单相变压器)及辅助设备，主要包括：

①机组进水球阀；

②水轮机及辅助设备；

③发电机及辅助设备；

④发电机出口断路器；

⑤主变压器及辅助设备；

⑥发变组500 kV断路器、500 kV隔离开关和500 kV接地刀闸；

⑦机端高压厂用变压器及其辅助设备；

⑧机组直流电源系统；

⑨机组技术供水控制系统；

⑩变压器冷却水控制系统等。

(2)事故备用机组，包括：

①水轮机及辅助设备；

②发电机及辅助设备；

③发电机出口开关。

(3)全厂公用设备，主要包括：

①地下厂房直流电源；

②高/低压空压机；

③厂内渗漏排水；

④厂内检修排水；

⑤消防水池供水控制系统；

⑥水位测量系统；

⑦13.8 kV厂用电系统；

⑧480 V厂用电系统等。

(4)SF6 GIS，主要包括：

①2回500 kV出线(含500 kV电缆)；

②2段500 kV母线及母线联络断路器；

③500 kV隔离开关及接地刀闸等。

(5)地面控制楼，主要包括：

①地面控制楼直流电源系统；

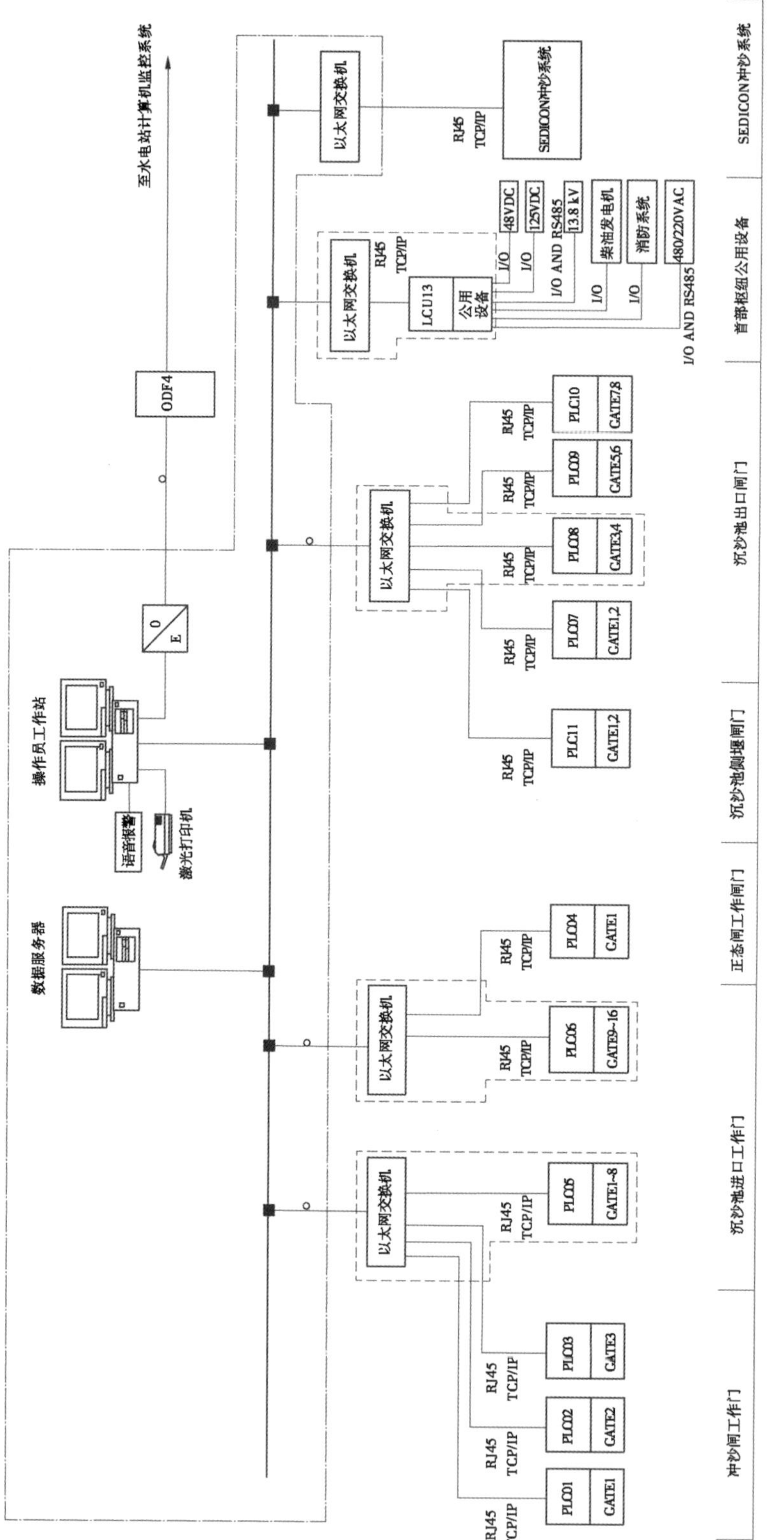


图 3-16 首部枢纽计算机监控系统结构图

②13.8 kV 厂用电系统及备投；

③480 V 厂用电系统及备投；

④柴油发电机系统等。

(6)首部枢纽闸门，主要包括：

①冲沙系统。

a.生态闸1套(液压启闭机)；

b.弧形冲沙闸工作门1套(液压启闭机)；

c.平门冲沙闸工作门2套(液压启闭机)。

②沉沙池。

a.沉沙池进水口工作门16套(液压启闭机)；

b.沉沙池出口闸门8套(液压启闭机)；

c.沉沙池出口侧堰闸门；

d.sedicon 冲沙设备8套。

(7)调蓄水库，其主要监控对象如下：

①放空洞弧形工作门1套(液压启闭机)；

②放空洞事故门1套(液压启闭机)；

③电站进水口事故门2套(液压启闭机)；

④输水隧洞出口工作门1套(液压启闭机)。

(8)尾水：尾水洞出口闸门1套(液压启闭机)。

(9)水源井和高位水池。

(10)CCS 业主营地、cableway 及 san loma 营地的供电系统。

#### 3.2.2.3　电站控制方式

(1)电站控制方式设置为四级：

①电网调度控制方式；

②电站计算机监控系统集中控制方式；

③电站现地 LCU 控制方式；

④设备现地控制方式。

设备现地控制方式优先级别最高，其他依次是电站现地 LCU 控制方式、电站计算机监控系统集中控制方式、电网调度控制方式。正常情况下，对电站的操作控制权在电站计算机监控系统控制中心。

(2)计算机监控系统除能满足远程指令进行断路器、隔离开关、接地开关的切、合，机组开、停机和工况的转换以及功率调节等外，亦能根据预先设定的要求，自动进行机组的控制和调节以及 AGC 闭环方式下自动开、停机功能。

(3)正常停机时，停机流程由计算机监控系统实现；为保证机组现地单元故障(包括冗余系统全部故障、操作电源全部失去等)时机组能可靠停机，机组 LCU 配置一套独立的控制装置执行完整的停机过程控制，使机组安全地停下来。

(4)现地 LCU 设有“现地/远方”切换开关。在现地控制方式下，LCU 只接受通过现地级人机界面、现地操作开关、按钮等发布的控制及调节命令。厂站级及调度级只能采集、监视来自电站的运行信息和数据,而不能直接对电厂的控制对象进行远方控制与操作。

厂站级设有“电站控制/电网控制”及“电站调节/电网调节”软切换开关。

3.2.2.4 **系统功能**

计算机监控系统能够实时、准确、有效地完成对本电站所有被控对象的安全监视和控制。满足《基于计算机控制的水力发电厂自动化指南》(IEEE Std 1249)的要求。

电站控制系统主要包括下列功能:

1)数据采集

(1)自动采集各现地控制单元的各类实时数据,存入数据库,用于显示器画面更新、控制调节、记录检索、操作指导、事故记录和分析。

(2)采样周期满足系统性能要求。事故报警信号优先传递,并记录事故发生的时间(年、月、日、时、分、秒、毫秒)及简要描述,在显示器上显示和发出报警及语音告警信号,并自动打印。

(3)数据采集除自动进行外,也可根据操作员或应用程序的指令,采集任何一个信息。

2)数据处理

计算机监控系统具有下列功能:

(1)数据变码、校验传递误差、误码分析及数据传输差错控制。

(2)生成数据库,供显示、刷新、打印、检索等使用。

(3)对重要监视量进行变化趋势分析,及时发现故障征兆,提供运行指导,事故发生后进行事故追忆,提高机组运行的安全性。趋势分析主要包括如下内容:

①机组轴承温度变化率;

②主变压器顶层油温温度变化率。

此外,计算机监控系统还提供其他行之有效的趋势分析方法、事故预测、原因分析、处理指导。

(4)对数据进行越限比较,越限时发出报警信号,异常状态信号在显示器上显示或自动推出相关的报警画面,并打印记录。报警值为可调整的设定值或可以设定上上限(HH)、上限(H)、下限(L)、下下限(LL)、复位死区等。当测量值越上限或下限时,只发出报警信号;当测量值越上上限或下下限(如果存在这种限值的话)时,将转入与该测点相关设备的事故处理程序,并发出报警信号通知运行人员,重要的信号转入语音电话自动告警系统。电站控制中心完成以下各种参数的越限检查:

①调蓄水库的水位过高或过低;

②厂房水位报警系统的水位异常报警信号及水位过高事故跳闸信号;

③其他临界运行参数。

(5)电站控制级对采集到的如下数据进行计算及处理。

①电气量:

a.输电线路三相电流不平衡度;

b.机组有功功率(双向)、无功功率(双向)在机组容量坐标上的工作位置;

c.全厂各机组有功功率总加（双向）和无功功率总加（双向）以及全厂有功功率（双向）定时平衡计算。

②数字量：电站控制级自动从各现地控制单元采集各数字量，掌握主、辅设备动作情况，收集越限报警信息并及时显示、登录在报警区内。

③累加量：

a.全厂有功电能（双向）和无功电能（双向）的总加及定时平衡计算；

b.全厂发电电能的分时累计和总计（每日、月、年）及厂用电能（每日、月、年）累计和总计；

c.电站运行效率及经营效果计算，包括电站发电效率、厂用电率等。

④非电气量：电站控制级自动从各现地控制单元采集温度、压力、机组的振动和摆度、发电机空气间隙等量，供数据分析和定期制表打印。每隔一段时间计算上、下游水位差。

⑤生成全厂模拟量事件表、数字量事件表、操作记录表和系统事故表，以及全厂运行日志和各种统计文件、历史存档文件、数据库表等。

⑥全厂事件顺序记录（SOE）：记录对象为13.8 kV及以上的断路器，电气制动隔离开关，各主设备、公用设备和出线线路等的动作、事故和故障，厂用电系统的事故和故障。事件包括正常操作、故障和事故。记录包括每个事件发生的时间和事件性质等，事件记录分辨率不大于1 ms。

⑦事故追忆和相关量记录：当电站内重要设备发生事故时，监控系统记录事故前后有关测点数据的变化情况和相关量的数据。

a.事故追忆：根据不同设备和不同事故信号进行追忆，主设备事故时全厂追忆量记录不少于50点，记录事故前1 s、事故后10 s的值，采样周期为50 ms。具体记录量可设置，记录时间、采样周期能够调节。在500 kV线路或母线事故时，记录每条线路的有功功率、无功功率和三相电流，母线的电压及频率，并记录机组相间电压、三相电流和有功、无功功率。

b.相关量记录：机组各轴承、定子线圈和主变压器顶层油温任一点温度越上上限时，记录如下的对应数值：

- 机组三相电流不平衡度；
- 机组电流、电压和功率。

3）控制与调节

操作员通过操作员工作站主要进行下列控制与调节：

（1）机组启动、停机。

（2）同步并网。

（3）机组运行方式选择。

（4）机组有功功率、无功功率调整。

（5）AGC、AVC的投/切。

（6）13.8 kV及以上的隔离开关、断路器分/合操作及闭锁。

（7）闸门的开启/关闭操作。

（8）各种整定值和限值的设定。

(9)图形、表格、参数限值、报警信息、状态量变化等画面和表格、报表的选择与调用。

(10)打印记录。

(11)趋势分析。

(12)计算机系统设备投/切。

(13)报警复归:当电站设备发生事故或事件后,在显示器上自动发出报警信号,运行人员可对报警信号手动复归。

(14)数据库点投入和退出控制:确定数据库点是否参与或部分参与安全监控。

(15)在电站控制中心对监控对象进行操作控制时,在显示器上显示整个操作过程中的每一步骤和执行情况。

(16)提供设备安全标记系统,可手动或自动实现禁止对被选中设备的控制。

4)人机接口及操作要求

(1)人机接口原则。

①操作员只允许对电站设备进行监视、控制调节和参数设置等操作,不允许修改或测试各种应用软件。

②运行人员和系统管理人员按口令登录系统,并可给不同职责的运行和管理人员提供不同安全等级和操作权限。

③画面的调出有自动和召唤两种方式,自动用于事故、故障及过程监视等情况,召唤方式为运行人员随机调用。

④操作步骤有必要的可靠性校核及闭锁功能。

⑤人机联系请求无效时,显示出错信息。

⑥操作命令进行到某一步时,在执行以前如不进行下一步操作可自动删除或人工删除。

⑦被控对象的选择和控制中的连续过程只能在同一个操作员站上进行。

⑧运行人员可根据操作权限方便准确地设置或修改运行方式、负荷给定值及运行参数限值等。

(2)画面显示。

主要画面包括各类菜单画面,电站电气主接线图,机组及风、水、气、油系统等主要设备状态模拟图,机组运行状态转换顺序流程图,机组运行工况图($P—Q$ 图),各类棒图、曲线图,各类记录报告,操作及事故处理指导,计算机系统设备运行状态图等。

(3)报警。

①当出现故障或事故时,立即发出报警和显示信息,故障和事故报警可区分。音响可手动或自动解除。

②报警显示信息可在当前画面上显示报警语句(包括报警发生时间、对象名称、性质等),显示颜色随报警信息类别而改变。当前画面具有该报警对象时,则该对象标志或参数闪光和改变颜色。闪光信号在运行人员确认后解除。

③当出现故障和事故时,立即发出语音报警,报警内容简明扼要。

④具备事故自动寻呼功能(ON-CALL),当出现故障和事故时,自动通知维护人员,运行人员亦可通过电话查询电站设备当前的运行情况。

⑤对于任何确认的误报警,运行人员可以退出该报警点。

(4)记录和打印。

①各类操作记录(包括操作人员登录/退出、系统维护、设备操作等);

②各类事故和故障记录(包括模拟量越限及系统自身故障);

③各类异常报警和状变记录;

④趋势记录(图形及列表数据);

⑤事故追忆及相关量记录;

⑥报表记录;

⑦各种记录、报表及曲线打印;

⑧画面及屏幕拷贝。

上述记录报表中①、②、③三项能够按时间、设备范围、数据类型和报警级别等自动分类。

(5)维护和开发。

监控系统的交互式画面和交互式报表编辑工具操作方便灵活,用户能够增加自定义图块或图标,能直接输入中文和西班牙文,画面及报表中的动态数据项与数据库的连接能通过鼠标进行。操作人员能在线和离线编辑画面、报表及所有报警信息,包括用于显示的报警信息、语音报警信息、电话语音报警信息。

5)设备运行管理及指导

(1)历史数据库存储;

(2)自动统计机组工况转换次数及运行、停机、出线运行、停运时间累计;

(3)被控设备动作次数及事故动作次数累计;

(4)峰谷负荷时的发电量分时累计;

(5)事故处理指导;

(6)操作票自动生成;

(7)操作防误闭锁;

(8)操作指导。

6)系统诊断

监控系统的硬件及软件自诊断功能包括在线周期性诊断、请求诊断和离线诊断。诊断内容包括:

(1)计算机内存自检。

(2)硬件及其接口自检,当诊断出故障时,自动发出信号;对于冗余设备,自动切换到备用设备。

(3)自恢复功能(包括软件及硬件的监控定时器功能)。

(4)掉电保护。

(5)双机系统故障检测及自动无扰动切换。

7)系统通信

(1)与基多的负荷控制中心(LDC)之间的通信,电站在调度控制方式下,接受并执行调度发出的操作控制指令。通信协议采用IEC 60870-5-101,DNP3.0。

(2)监控系统厂站级计算机节点间的通信

(3)电站级与现地控制单元的通信。

(4)与时钟同步装置的通信。

8)培训功能

监控系统具有操作、维护、软件开发和管理等方面的培训功能,培训功能在培训工作站上完成。

#### 3.2.2.5 系统硬件配置

1.总则

(1)计算机监控系统设备符合工业应用标准,即具有较宽的电源范围、较高的电磁兼容性、较强的环境适应能力,同时能符合电站运行环境要求。

(2)计算机监控系统的主要硬件设备采用国际知名品牌设备,整个系统采用相同类型的硬件平台。

(3)结构:模块化设计,机内总线标准化,有较强的扩展能力,按工业应用标准设计。

(4)软硬件支持:计算机监控系统具有成熟的符合开放系统规范的实时多任务操作系统的支持,并能满足应用要求。计算机监控系统具有丰富的硬件、软件支持,便于系统开发。

(5)整个系统具有防病毒功能或措施。

(6)电站控制中心的服务器、UPS 电源等采用柜式安装。

2.电站控制中心设备

电站控制中心包括以下设备:

(1)2 台数据服务器。

(2)2 台历史数据服务器。

(3)1 台首部枢纽闸门控制数据服务器。

(4)操作员工作站、工程师工作站、培训工作站共 5 台。

(5)首部枢纽闸门控制操作员工作站 1 台。

(6)远动网关(2 套)。

(7)ON-CALL 服务器(1 套)。

(8)站内通信服务器(1 套)。

(9)GPS 时钟装置 2 套。

(10)便携机(10 套)。

(11)打印设备。

(12)UPS 电源。

电站控制中心设备由 2 台 UPS 电源供电,每台 UPS 的容量按全部设备最大负载总和的 150%考虑,正常工作时 2 台 UPS 分担全部设备负载,任一台事故时可由另一台负担全部设备负载。

首部枢纽闸门监控系统配置 1 套 3 kVA UPS 电源,自备电池供电时间不小于 4 h。

(13)网络。工业以太网交换机:

①控制中心。

电站计算机监控系统设置2台HIRSCMANN工业以太网交换机及2套完全相同的光纤网络连接设备作为电站的控制网络，交换机布置在地面控制楼通信机房的监控机柜内。

首部枢纽闸门监控系统控制中心设置1台HIRSCMANN工业以太网交换机，布置在首部枢纽闸门控制室内。

②现地控制层。

现地控制单元LCU1～LCU11内各设置2台HIRSCMANN工业以太网交换机，闸门监控系统LCU内共设置5台HIRSCMANN工业以太网交换机。

(14)模拟屏。

设置一套直立式的马赛克模拟屏，模拟屏屏高为2 200 mm，宽为6 400 mm(分8面屏，每面屏宽800 mm)。模拟屏屏体采用轻型金属框架，屏面的主体部分用标准拼块构成。整个屏面的元件排列合理、平整、美观、操作及监视方便。

3.现地控制单元设备

1)一般要求

(1)现地控制单元以PLC为基础，包括顺控、调节、过程输入/输出、数据处理和外部通信功能。

(2)现地控制单元具有自检功能，对硬件和软件进行经常监视。LCU采用双CPU冗余配置方案。

(3)现地控制单元采用双机热备系统。具备100 MB以太网通信接口模块，内置MODBUS等国际通用的总线通信协议。

(4)现地控制单元的外部供电电源来自电站的交、直流电源，交流电源为220 V(三相)/127 V(单相)±10%，60 Hz±3 Hz；直流电源为125 V(−20%～+15%)。现地控制单元内设交、直流电源同时供电的冗余电源系统，并带滤波器且具备抗干扰功能，确保现地控制单元供电的可靠性。现地控制单元的电源装置的交流输入端配置隔离变压器。当冗余的外供电源之一消失时，不影响监控系统正常工作。电源装置负荷率小于50%。由LCU供电的自动化元件，在LCU采取措施，当自动化元件发生故障或短路时，不影响LCU的正常工作。

(5)电源消失时，现地控制单元收集的信息或内部运行的数据不丢失，电站设备维持断电前的运行状态，并向电站控制中心发出故障信号，电源消失或重新恢复都不引起电站设备的误动作及对设备运行状态的扰动。

(6)机组LCU1～LCU9设有供控制调节所需的操作开关、按钮及其返回信号，屏上还设有相应的表计及机组事故、故障指示信号。

控制开关：控制权选择开关(现地/远方)、准同步装置转换开关(手动/自动/切除)、同步检查继电器转换开关(投入/切除)、发电机出口断路器控制开关、紧急停机按钮及复归按钮。

表计：有功功率表、无功功率表、频率表、电流表、电压表和功率因数表。

(7)LCU1～LCU9各配有1套多对象数字式自动准同步装置，在机组同步并网过程中，自动调节机组的频率和电压，满足同步条件时，自动发出合闸脉冲。LCU1～LCU9能实现机组自动准同步并网方式。

此外,在每套 LCU 上设有电压差、频率差、同步表、同步检查继电器,可实现机组手动准同步并网。

主变压器 500 kV 侧断路器和发电机出口断路器均为同步点。

(8)全厂公用设备现地控制单元 LCU10 对所属设备进行监视及控制,配有供现地控制方式时操作的控制按钮和开关,并有相应的返回信号。

(9)500 kV GIS 现地控制单元 LCU11 配有供现地控制方式时操作的控制按钮和开关,并有相应的简易模拟接线、返回信号和相应表计。表计包括 500 kV 线路有功功率表、无功功率表、单相电流表、500 kV 母线电压表、频率表。

设 1 套多对象数字自动准同步装置及 1 套手动准同步装置,所有 500 kV 断路器均为同步点。

(10)现地控制单元屏上配置 13.8 kV 及 500 kV 电压级的淡黄色及浅绿色模拟线。断路器的模拟器由双灯式构成,绿灯表示"合闸"、红灯表示"分闸",灯的供电电源为直流 125 V。

发电机运行的模拟器状态:绿色表示"发电"、红色表示"停机检修"、黄色表示"停机备用"。

(11)现地控制单元包括数字量输入(状态信息、故障和事件信息)、事件顺序(SOE)输入、数字量输出(操作命令及状态指示等)、模拟量输入、模拟量输出和 RTD 输入(测温电阻)等相应的过程信号接口。

(12)现地控制单元设有输出闭锁的功能。在维修、调试时,可将输出全部闭锁。当处于输出闭锁状态时,相应信息上送电站控制中心,以反映现地控制单元的工作状态。

(13)现地控制单元配置与冗余的环形以太网相连接的通信接口;留有与便携式工作站相连接的通信接口;除此之外,机组现地控制单元还配置与微机励磁调节器、微机调速器、机组微机保护装置之间的通信接口,GIS 现地控制单元还配置与线路微机保护装置之间的通信接口,公用设备现地控制单元还配置与直流系统微机监测装置、13.8 kV 开关柜微机测控装置之间的通信接口,地面控制楼现地控制单元还配置与直流系统微机监测装置之间的通信接口。

(14)现地控制单元均采用液晶触摸屏作为人机接口设备,液晶触摸屏嵌装在柜面,以便直接操作,适用于工业环境,具有高可靠性和良好的防尘、抗震、抗电磁干扰性能。

2)同步装置

共设置 9 套机组同步装置和 1 套 500 kV GIS 同步装置。

机组现地控制单元 LCU1~LCU9 和 500 kV GIS 现地控制单元 LCU11 分别设置 1 套微机自动同步装置和 1 套手动同步装置。微机自动同步装置作为正常同步并网时使用,手动同步装置用于人工实现同步并网。

3)测量、计量和报警

(1)测量。计算机监控系统测量的内容如下:

①发电机机端:有功功率、无功功率、频率、电流、电压和功率因数。

②主变压器高压侧:有功功率、无功功率、频率、电流、电压。

③500 kV 线路:有功功率、无功功率、频率、电流和电压。

发电机机端和主变压器高压侧的测量表计均安装在机组 LCU 上;500 kV 线路的测量表计安装在 500 kV GIS LCU 上;上述信息在操作员工作站上均有显示。

(2)计量。在地下厂房继电保护室设 2 面电度表屏,集中布置发电机出口、主变压器高压侧、500 kV 线路的有功、无功脉冲电能表以及厂用电的有功脉冲电能表,共 22 块表计。

有功、无功电能表同时具有脉冲输出和数据输出两种输出功能,其中发电机出口、主变压器高压侧、500 kV 线路的有功电能表的准确度为 0.2 s 级,无功电能表的准确度为 2.0 级;发电机出口、主变压器高压侧的有功电能表的准确度为 0.5 级,无功电能表的准确度为 2.0 级;其余有功电能表的准确度为 1.0 级,无功电能表的准确度为 2.0 级。

500 kV 线路、主变压器高压侧和发电机出口的电能表带有逆止机构。

(3)报警。电站控制中心各工作站设有语音报警功能;各 LCU 上装设有反映被控对象的事故、故障、越限等状态的不同音响的报警装置,并能在 LCD 触摸屏上显示故障报警信息。

主要报警信息内容如下:

①机组定子电流、电压和功率,转子电流、电压越限报警。

②机组上导、下导、水导、推力轴承(事故备用机组的前后轴承)的瓦温、油温、冷却水温,转子线圈、定子线圈和铁芯的温度,变压器油温等越限报警。

③机组振动、摆度和空气间隙越限报警。

④调蓄水库的水位过高或过低、拦污栅堵塞。

⑤厂房水位异常升高的报警信号及水位过高事故跳闸信号。

⑥机组启动顺序阻滞故障报警。

⑦500 kV 母线电压及频率越限。

⑧500 kV 线路电流越限。

4)交流采样装置

现地控制单元所需以下电气量要求通过电流、电压互感器二次侧输入交流采样采集后,由 LCU 装置内部自行变换处理后取得。

(1)机组 LCU1~LCU8:电流、电压、有功功率、无功功率、频率。

(2)事故备用机组 LCU9:电流、电压、有功功率、无功功率、频率。

(3)公用设备 LCU10:厂用电系统电流、电压、有功功率、无功功率、频率。

(4)500 kV GIS LCU11:线路有功功率、无功功率、三相电流、500 kV 母线电压、频率。

交流采样装置技术要求如下:

(1)耐压 2 000 V,1 min 不发生击穿、飞弧等现象。

(2)电量测量精度至少达到 0.2 级。

(3)额定电压输入 PT 为:AC 100 V。

(4)额定电流输入 CT 为:5 A。

(5)在外界电场、磁场干扰下输出值变化不得超过基本误差的绝对值。

(6)LCU 与交流采样装置的接口方式为现场总线,其辅助电源由各自 LCU 的电源装置供电。

(7)提供3路可定义的4~20 mA模拟量输出。

5)手动操作装置

机组LCU屏上设置1个远方/现地切换开关。

机组LCU上设置有紧急停机按钮及事故复归按钮,紧急停机按钮接点除输入现地LCU外,还直接作用于调速器紧急停机电磁阀、发电机断路器跳闸、灭磁开关跳闸及机组进水球阀关闭回路,紧急停机按钮带有保护罩。机组LCU屏上带有简化的紧急停机硬接线设备。

公用LCU、500 kV GIS LCU和地面控制楼LCU上均设置远方/现地切换开关。

6)LCU设备布置

(1)机组现地控制单元LCU1~LCU8分别布置在各机组段下游副厂房发电机层;备用机组LCU9布置在备用机组机旁。

(2)公用设备LCU10和500 kV GIS LCU11布置在地下厂房继电保护室内。

(3)地面控制楼LCU12布置在电站地面控制楼内。

(4)调蓄水库远程I/O单元布置在调蓄水库各闸门启闭机室;COCA COCD营地的远程I/O单元布置在营地配电室;尾水闸门远程I/O单元布置在尾水闸门启闭机房内;水源井、高位水池、cable way和san loma营地的远程I/O单元布置在相应的建筑物处。

7)输入/输出(I/O)接口设备

各现地控制单元的输入、输出过程接口设备的数量满足电站运行的需要,并留有20%备用裕量。I/O硬件分组制成标准单元插件式,同类插件具有互换性。所有I/O接口(包括备用)端均接到端子排上,接口的绝缘耐压和冲击耐压能力满足国标的要求。I/O模块按交流和直流分开,以防止电气干扰和混淆。

#### 3.2.2.6 软件配置

1.软件平台环境

计算机监控系统中各节点计算机均采用具有良好实时性、开放性、可扩充性和高可靠性等技术性能指标的符合开放系统互联标准的中文/西班牙语UNIX操作系统(少量节点采用中文/西班牙语Windows NT操作系统)。

2.软件开发工具

计算机监控系统中各节点计算机具有有效的编译软件以进行应用软件的开发。编译编辑软件包括:

(1)编程语言程序。

(2)交互式数据库编辑软件。

(3)交互式画面编辑软件工具。

(4)交互式报表编辑工具和电话语音报警及查询开发工具。

(5)现地控制单元中使用的编程工具。编程软件采用目前最流行的控制系统高级语言,软件编程界面和帮助支持中文和西班牙语的切换;软件自带离线仿真功能。

3.数据库软件

(1)概述。计算机监控系统数据库包括实时数据库和历史数据库。历史数据库为关系型数据库;实时数据库采用分布式数据库,实时数据库点对象化。各个工作站根据其用途,可通过网络访问分布在各个现地控制单元的实时数据。厂站层节点的应用软件基于实时数据对象。

数据库的数据结构定义包括电站计算机监控系统和管理所需要的全部数据项。主要包括以下数据记录点类型:

①数字量输入点。

②事件顺序记录点。

③模拟量输入点。

④数字量输出点。

⑤模拟量输出点。

⑥数字量计算点。

⑦模拟量计算点。

⑧其他数据点。

数据库结构定义灵活,可方便地增加数据库记录的数据域。数据库查询采用SQL数据库语言。数据库系统支持快速存取和实时处理(关键数据项部分常驻内存)以及数据库的复制功能,并保证数据库的完整性和一致性。

(2)配置CCS水电站计算机监控系统数据库管理软件,包括数据库生成程序、编辑程序、数据库在线修改程序。历史数据库的维护、管理、归档等软件。

具有用户访问数据库的一整套用户函数或其他有效手段。

配置有电站计算机监控系统数据库与其他外部系统相连接的接口软件及说明文件。

(3)在工程师工作站,可对系统中某个节点的数据库进行编辑,下载,重新装入等数据库维护操作,并有具体措施保证某个节点的数据库和整个系统的数据库的一致性。

4.通信软件

通信软件包括电站计算机监控系统内部各节点之间的通信、电站计算机监控系统与外部系统的通信、现地控制单元与现场总线上的设备通信,通信软件采用开放系统互联协议或适用于工业控制的标准协议。

5.应用软件

电站计算机监控系统应用软件主要包括以下几个部分:

(1)数据采集软件。

(2)数据处理软件。

(3)人机接口软件。

(4)报警、记录显示和打印软件。

(5)控制与调节软件。

(6)AGC和AVC应用软件。

(7)电话语音报警和查询软件。

(8)系统服务管理软件。

(9)现地控制单元接口软件。

(10)数据库系统接口软件。

(11)培训软件。

(12)时钟同步软件。

6.诊断软件

配置完备的诊断软件,以实现厂站层、现地层各节点的诊断功能。诊断范围包括网络设备、计算机设备和 I/O 模块,诊断结果能精确到模块和通道。配置计算机监控系统 CPU 运行负荷率(负荷率统计周期为 1 s)和内存使用情况的监视软件。

7.双机切换软件

计算机监控系统具备故障在线检测及双机自动切换功能,计算机监控系统正常情况下双机主备方式运行,在主用机发生故障时,备用机能不中断任务且无扰动地成为主用机运行。

#### 3.2.2.7 设计小结

基本设计阶段确定的计算机监控系统的总体网络结构在详细设计阶段基本没有改变。在基本设计阶段,调蓄水库和尾水闸门的远程 I/O 接入电站监控系统的公用设备 LCU10,详细设计时由于电站进场交通洞内未设置电缆通道,均改接入了地面控制楼的 LCU12。在详细设计阶段,水轮机专业增加了技术供水的水源井和高位水池(基本设计阶段未设),因此计算机监控系统增加了这两处被控对象的远程 I/O,接入了地面控制楼 LCU12。COCA CODO 业主营地、索道以及距离较远的 SAN LOMA 营地(原为 SAN RAFAEL 营地)的供电系统和电站的生产关系不大,在国内通常不会纳入电站监控系统的监控范围,由于 CCS 业主强烈要求,也采用远程 I/O 方式接入了地面控制楼的 LCU12。

各远程 I/O 与地面控制楼 LCU12 均采用光缆连接,但其实际连接方式不是通常意义的 PLC 内部远程 I/O 总线连接。由于计算机监控系统供货商 ABB 生产的 PLC 不具有远程 I/O 总线,其实际提供的配置方案是每套远程 I/O 均为一个独立的小型控制单元,配置有 PLC 的 CPU、I/O 模板及电源模块,每套远程 I/O 内设置有工业以太网交换机,与监控系统以网络方式连接。该种方案对于 CCS 电站设置有多个远程 I/O 接口,且个别远程 I/O距离很远的情况是适用的,但也增加了远程 I/O 的成本,不宜推广到采用其他品牌由内部远程 I/O 总线 PLC 构成的监控系统。

### 3.2.3 机组励磁系统

依据科卡科多辛克雷水电股份有限公司与中国水利水电集团签订的 EPC 合同,对励磁系统的明确要求有以下几点:

(1)励磁系统采用自并励。

(2)调节器采用冗余系统。

(3)强励电压倍数为 3。

(4)晶闸管整流装置设计成 3 个整流桥并联,1 主 2 备。

(5)功率柜采用强迫风冷方式。

(6)励磁变压器采用三相变,F 级绝缘,温升按 B 级考核。

EPC 合同中原来并没有要求对机组采取电气制动方案,但根据 2010 年 10 月 14~15 日厄瓜多尔 CCS 项目水轮发电机组及附属设备招标文件审查会议的纪要“第 6 条电制动问题:(1)会议明确设置电制动,取消反向喷管制动。(2)补充电制动技术要求,商务文件相应修改”，要求电气专业考虑机组设置电气制动。因此，励磁系统设置了与电气制动相关的设备与控制回路。

3.2.3.1　**励磁系统型式**

励磁系统采用自并励静止晶闸管整流励磁方式，主要由励磁变压器，制动变压器（4 台机共用 1 台），三相全控桥式整流装置，灭磁装置，电制动切换开关，转子过电压保护装置，起励装置，励磁调节器，励磁系统控制、保护、检测以及励磁系统的交、直流电缆等部分组成，除励磁变压器、制动变压器和励磁系统用的机端电流、电压互感器（由其他承包商供货）外的所有设备均装设于机旁励磁屏柜内。

励磁系统设备随主机标采购。额定励磁电压 204 V，额定励磁电流 1 951 A。采用的调节器型号为 EXC9000，通道组合为三通道调节，即数字/数字/模拟。采用 3 个三相全控整流桥，在 2 个整流桥退出只有 1 个整流桥运行时仍能满足包括强励在内的所有工况。灭磁开关采用的是 ABB 的 E3H/E。励磁变压器为环氧干式变压器，容量为 1 700 kVA，绝缘等级为 H。机旁柜体尺寸为 4 800 mm（宽）×1 000 mm（深）×2 260 mm（高）。

3.2.3.2　**励磁系统基本功能**

（1）励磁系统满足发电机运行、发电机电制动以及准同步并列等的要求。

（2）励磁系统容量满足发电机额定容量下的励磁电流和励磁电压的 1.1 倍时，能长期连续运行的要求。

（3）励磁系统能提供 3 倍的额定励磁电压，持续时间不小于 20 s。

（4）励磁系统的电压响应时间：上升至强励顶值的时间不大于 0.08 s；下降由顶值电压减小到零的时间不大于 0.15 s。

（5）在下述厂用电电源电压及频率偏差范围内，励磁系统能长期连续正常工作：交流 220 V（三相）/127 V（单相）系统，电压偏差范围额定值为 ±15%，频率偏差范围为 -3～+3 Hz。直流 125 V 系统，电压偏差范围为额定值的 -20%～+10%。

（6）励磁调节器交流工作电源电压在短时间（不大于强行励磁持续时间）波动范围为 55%～130%额定值的情况下，励磁调节器能维持正常工作。

（7）励磁系统能在机端频率为 54～99 Hz 范围内，维持正常工作。

（8）励磁系统能现场和远方调节。与电站计算机监控系统的接口采用并行硬接线和网络通信两种方式，网络通信接口为 RS485 口，规约为 MODBUS 规约。

3.2.3.3　**励磁变压器**

（1）励磁变压器采用带有铝合金保护罩的户内、防潮、节能型干式环氧树脂浇注的三相变压器。

（2）励磁变压器采用 Y，d11 接线，高压侧为 13.8 kV，低压侧为 512 V，容量为 1 700 kVA。

（3）励磁变压器采用 F 级绝缘，温升按 B 级考核。在励磁变压器内部装设 Pt100 铂电阻测温元件，各测温元件采用三导线法引至装设于励磁变压器外壳的温控器，动作整定值分别作用于报警和跳闸停机，并提供用于远方显示励磁变压器三相温度的 4～20 mA 的模拟量。

（4）励磁变压器高、低压线圈之间采取金属屏蔽措施，并设置接地连接端子。

(5)励磁变压器采用自冷式,温升满足额定容量长期不间断运行的要求。

(6)励磁变压器高压侧无载调压范围为-2×2.5%~+2×2.5%。

(7)每台励磁变压器高压侧每相装设1只13.8 kV电流互感器,共3只,供励磁变压器保护和测量使用。

#### 3.2.3.4 电气制动变压器

(1)制动变压器采用4台机组共用1台制动变压器的方式,全厂共2台。

(2)制动变压器采用带有铝合金保护罩的户内、防潮、节能型干式环氧树脂浇注的三相变压器。制动变压器的一次侧经电缆直接接至厂用电,二次侧安装4只电动断路器,分别引至4台发电机的励磁柜,制动变压器的容量为800 kVA。

(3)制动变压器采用Y,d11接线,一次侧电压为0.48 kV,二次侧电压为110 kV,制动变压器采用F级绝缘。

(4)制动变压器一次线圈和二次线圈之间采取金属屏蔽措施,并设置接地连接端子。

(5)制动变压器为自冷式,温升满足4台机组同时停机制动的要求。

#### 3.2.3.5 晶闸管整流装置

(1)晶闸管整流装置采用三相全控桥式整流回路,晶闸管采用英国DYNEX的DCR2480L28,额定参数为2 480 A/2 800 V。

(2)在发电机额定容量运行下,晶闸管元件能承受的反向峰值电压不小于2.75倍励磁变压器二次侧的最大峰值电压。

(3)晶闸管整流桥每一个支臂上配置1个晶闸管整流元件和1个限流熔断器,并设置熔断器熔断信号。每个熔断器引出1个独立的常开接点至端子排。

(4)晶闸管整流装置设计为3个整流桥并联,1主2备,3个整流桥有均流措施,均流系数不小于0.85。

(5)晶闸管整流装置的交、直流侧设置相应的过流、过压保护,并相互配合协调。每个晶闸管元件均并联RC回路以抑制晶闸管换相过电压。

(6)晶闸管整流装置的任意两条支路退出运行时,能保证在发电机额定容量下长期连续运行,包括强励在内。

(7)晶闸管整流装置采用强迫风冷。冷却风机采用低噪声风机,噪声不大于80 dB(A)。

(8)冷却风机采用双回路供电。两路电源互相闭锁,并能自动/手动进行切换。冷却装置满足双回路供电接线的要求。

#### 3.2.3.6 励磁调节器

(1)励磁调节器为双微机、双通道励磁调节器,并带有手动控制单元及辅助功能单元。正常时一路工作,另一路热备用,发生故障时,能自动无扰动地切换至备用通道并闭锁故障通道。当双通道均发生故障时,可由运行人员自动无扰动地切换至手动通道。

(2)励磁调节器能满足发电机启动、电制动和并网等要求。自动电压调节器AVR能在发电机空载电压10%~110%额定值范围内进行稳定、平滑调节。手动励磁调节器FCR能在发电机空载电压10%~110%额定值范围内进行稳定、平滑调节。

(3)励磁调节器的AVR和FCR之间,设有双向自动平衡跟踪装置,能自动和手动进行切换,并设置脉冲监视信号及防止跟踪异常的措施,以保证在切换时机端电压和无功功率的平稳无波动。

(4)励磁调节器采用PID+PSS调节规律,具有在线显示运行参数和在线修改运行参数的功能。

(5)在发电机空载运行情况下,频率值每变化1%,自动励磁调节器保证发电机电压的变化值不大于额定值的±0.25%。

(6)励磁调节器保证发电机机端调压精度为0.2%。

(7)励磁调节器保证:

①发电机空载运行,转速在0.95~1.05额定转速范围内,突然投入励磁系统,使发电机端电压从零上升到额定值时,电压超调量不大于额定电压的10%,振荡次数不超过2次,调节时间不大于2 s。

②当发电机甩额定有功和无功负荷后,发电机电压的超调量不大于15%额定值;振荡次数不超过2次,调节时间不大于2 s。

(8)励磁调节器的每个通道均设置下列辅助功能单元:

①自动电压跟踪单元:在发电机同期并网之前使发电机电压迅速跟踪系统电压。

②无功电流补偿器:使发电机在AVR调节下按无功电流形成调差特性,调差率整定范围为-15%~+15%。

③最大励磁电流限制器:将励磁电流限制在励磁顶值电流以下,当冷却系统故障或部分晶闸管元件退出运行时,将励磁电流限制到相应的允许值。

④过励限制器:将励磁电流限制在长期允许的最大励磁电流以内。

⑤欠励限制器:将励磁电流限制在发电机稳定运行所必需的最小励磁电流值以内。

⑥V/F限制器:防止发电机和主变压器过激磁。

⑦恒功率因数控制器:使发电机能按恒功率因数运行。

⑧电力系统稳定器(PSS):通过向电压调节器输入辅助控制信号,使发电机对系统故障引起的电气-机械振荡产生阻尼,从而改善发电机对功率振荡的响应,其有效频率范围为0.2~2 Hz。稳定器所需要的稳定控制信息,取自发电机端的电压互感器和电流互感器,其输出分别为100 V和5 A。电力系统稳定器具有必要的保护、控制和限制电路。

⑨电压互感器断线保护:当PT断线时,励磁调节系统从AVR调节方式转换到FCR调节方式。

⑩故障自动检测装置:监视励磁调节系统各功能单元工作是否正常。当电路元件或设备异常时,立即发出故障信号,显示故障性质和部位,并使调节器系统工作于安全方式之下。

(9)励磁调节器的工作电源采用交、直流供电,当其中任一电源失电时,调节器正常工作。

(10)励磁调节器具有足够的I/O接口输入信号。模拟量输入信号为:

经互感器引来,电压100 V,电流5 A。

经变送器引来,4~20 mA。

#### 3.2.3.7 灭磁装置及转子过电压保护装置

(1)灭磁开关采用ABB的E3H/E MS-2500型灭磁开关。

(2)灭磁开关的额定电流、电压大于发电机转子额定电流和额定电压,并有一定裕度。保证在转子额定电流的1.1倍时能长期连续运行。

(3)灭磁电阻采用氧化锌非线性电阻。灭磁电阻能有效控制转子电压,使其电压的瞬时值不超过出厂试验时转子绕组对地试验电压幅值的50%,不低于30%。

(4)灭磁方式:正常停机采用逆变灭磁;事故停机采用灭磁开关和氧化锌非线性电阻灭磁,并设有逆变失败转灭磁开关与非线性电阻灭磁的措施。

#### 3.2.3.8 起励回路

(1)励磁系统设有成套、完整的起励回路。在发电机启动后,转速达90%~95%额定值时自动投入起励回路。起励回路设有起励后自动退出和起励不成功自动断开的功能,并发信号。

(2)励磁系统设有残压起励和直流起励2种起励方式。残压起励为正常起励方式;直流起励为备用起励方式,仅在电厂首次发电或残压起励不成功时使用。直流起励回路设备包括用于投、切起励回路的闸刀,起励接触器,可调式限流电阻,防止电流反向的闭锁元件及一些必要的控制设备。直流起励回路的电源电压为直流125 V。

#### 3.2.3.9 励磁系统控制

通过机旁励磁柜或电站计算机监控系统能对励磁系统进行控制,主要包括以下内容:

(1)起励、灭磁、PSS操作。

(2)励磁调节器增磁、减磁调节。

(3)灭磁开关跳、合闸。

(4)电制动操作。

#### 3.2.3.10 保护、检测及信号

1.保护

(1)功率整流元件的过流和过压保护。

(2)励磁变压器低压侧过压保护。

(3)转子过压保护。

(4)电压互感器断线保护。

2.检测

(1)励磁电流、励磁电压。

(2)励磁变温度。

3.信号

1)位置信号

(1)发电机灭磁开关分、合信号。

(2)现地、远方位置信号。

(3)PSS在“投入”“切除”位置。

(4)冷却风机运行/停止状态。

(5)制动变压器二次侧断路器分、合信号。

2)故障及事故信号

(1)功率整流元件的保护动作。

(2)PSS 动作。
(3)触发脉冲消失。
(4)过励限制器动作。
(5)强励限制器动作。
(6)欠励限制器动作。
(7)V/F 限制器动作。
(8)调节通道切换。
(9)励磁控制回路电源消失。
(10)励磁系统工作电源消失。
(11)励磁系统冷却风机故障。
(12)功率柜退出运行。
(13)PT 断线。
(14)起励失败。
(15)转子回路过压。
(16)励磁变压器低压侧过压。
(17)励磁变压器温度信号。
(18)电制动故障。

设计不足之处:励磁系统未设置与 LCU 对时功能。

### 3.2.4　调速系统

调速系统由调速电气部分、调速器机械部分及油压装置等部分组成,其中调速器机械部分见水力机械相关章节。

#### 3.2.4.1　调速系统电气部分

调速系统随主机标采购,每台机组配置 1 套独立的调速系统。调速器电气部分由 ANDRITZ 公司供货,型号为 TC1703XL。电气柜外形尺寸为 2 260 mm(高)×800 mm(宽)×600 mm(深),与其他机旁屏并列布置在发电机层下游侧。

调速器测速单元采用齿盘测速与残压测频双重冗余测速方式,齿盘测速由安装在发电机轴的齿盘和 2 个测速传感器组成。

调速器电气部分供电采用交流 127 V、直流 125 V 两路电源。控制系统有三种控制方式:远方自动、现地自动、现地手动。

在自动模式下,调速器接到机组开机命令,按照一定的速度将喷针开限开至第一开机度,调速器进入转速控制模式。开机时采用双喷针开机模式,采用对侧喷针开启方式开机。当转速升至 98%额定转速时,调速器自动跟踪电网频率,同时接同期装置的频率增、减命令,加快并网速度。机组并网后,将自动切换到功率模式, 此时调速器将自动使喷针开度略为向开方向打开,以防止机组发生逆功率。运行人员在现地可通过触摸屏选择调节模式,也可在远方通过开关量输入或通信选择调节模式。

调速器具有两种停机模式,正常停机和紧急停机。正常停机时,调速器接到停机令,首先将喷针开度限制减到当前喷针位置,然后以适当速率关闭至全关;紧急停机时,调速器迅速将喷针开度限制减为-5%,迅速关闭喷针至全关。

机组在并网运行时,如果断路器跳开,调速器将进入甩负荷工况,此时,调速器将迅速关闭折向器挡水,折向器脱离与喷针的协联,抑制机组转速上升率,同时调速器将以机械允许的最大速率关闭喷针,将进入转速调节模式,调整机组转速至额定转速以方便再次并网。当转速开始下降时,折向器将再次进入与喷针的协联关系。

调速系统能现场和远方调节。与电站计算机监控系统的接口采用并行硬接线和网络通信两种方式,网络通信接口为 RS485 口,规约为 MODBUS。

#### 3.2.4.2 调速器油压装置

调速器油压装置设现地 PLC 控制柜,布置在母线层下游侧。2 台交流油泵互为备用,由 PLC 依次轮换启动,其启动方式可根据油压自动启动,也可在现地控制柜上手动操作控制开关启动。压力油罐上装设 7 副压力开关,在自动运行状态,主用油泵的启动压力为 5.7 MPa,备用油泵的启动压力 5.2 MPa,停泵压力为 6.3 MPa。当压力油罐压力下降至 4.4 MPa 时,发出两路事故低油压报警信号,一路送至监控系统软件事故停机,一路送至常规继电器搭接的事故停机回路。

油压装置自动补气系统包括:液位信号器和电磁空气阀及压力开关,当油罐中油位过高、油压降到 6.1 MPa 时,电磁空气阀开启,自动向压力油罐补气,当补进一定的气量后,由下限油位信号或正常油压 6.3 MPa 来自动控制以停止补气。

### 3.2.5 机组自动化及辅助设备

#### 3.2.5.1 机组自动化系统

机组自动化系统的控制对象是由哈尔滨电机厂有限责任公司生产的 8 台立轴冲击式水轮发电机组,单机容量为 205 MW,频率为 60 Hz,额定转速为 300 r/min。机组的自动化设计是按照计算机监控系统"无人值班、少人值守"设计原则进行的,机组所有测量及自动化组件均由哈尔滨电机厂有限责任公司成套供货,所有测量参数均送计算机监控系统机组 LCU 现地控制单元。

机组自动化系统包括机组冷却水系统、机组润滑系统、机组非电量监测系统、机组过速保护系统、机组高压油减载系统、机组制动系统等。

1.机组冷却水系统

该系统主要由流量开关、压力开关、压力变送器、测温电阻等组成。在机组总冷却水的进口和出口均设置了电磁流量计、压力变送器、压力开关和测温电阻,时刻监视冷却水进出口水温、压力及流量,当水压和流量过低时发出报警信号,当机组冷却水进出口水温过高时发出报警信号。在各轴承冷却水及发电机空气冷却器出水管上设置了流量开关和测温电阻,当流量过低时,流量开关可输出开关量接点至监控系统。测温电阻接入监控系统温度模块,时刻监测各支路冷却水出口的温度。

2.机组润滑系统

该系统主要由轴承液位信号器和油混水信号器组成。当布置于油槽内的液位信号器液位过高或过低时可发出报警信号,并能够输出模拟量信号。当油槽的油中混水过多时发出油混水报警信号,并能够输出模拟量信号。信号均接入计算机监控系统。

3.机组非电量监测系统

该系统主要由温度、压力、流量、位置等测量元件组成。机组测温采用PT100铂电阻,监测部位包括机组各轴承瓦温、油槽油温、空冷器进出口冷热风温、定子铁芯温度、定子绕组温度、冷却水温等。所有温度量均通过RTD量送至监控系统进行监测。为保证机组安全、可靠运行及调试方便,在发电机层设机组测温仪表屏,以方便在机组调试及试运行时观察机组的一些重要参数。其中瓦温、油槽油温、空冷器进出口冷热风温除通过RTD量送至监控系统外,还送至机组测温仪表屏的温度控制仪,温度控制仪检测后提供温度高报警和温度过高的开关量接点接入监控系统,作为机组顺控流程使用。其中瓦温过高等一些重要参数作用于事故停机。

压力测量元件主要监测配水环管进口压力、机壳内压力、喷嘴压力等,并输出模拟量信号至监控系统。

4.机组过速保护系统

机组的过速保护系统装设电气和机械两种不同信号源且相互独立的两种转速信号器,因此该系统主要由纯机械液压过速保护装置和电气转速信号装置组成。纯机械液压过速保护装置在转速达到整定值时,可通过油路关闭折向器和进水阀,并能输出动作开关量信号用于机组紧急停机;电气转速信号装置采集齿盘和残压信号,经转换后送出开关量接点及4~20 mA模拟量,分别送至监控系统、励磁、水力机械保护等。其中电气过速整定值为127%额定转速,作用于紧急停机。

5.机组高压油减载系统

机组高压油减载系统包括1台交流油泵、1台直流油泵、控制柜及附属设备,整套装置均布置在母线层机墩外。控制系统有两种控制方式:现地手动控制和监控系统远方控制,交流油泵工作,直流油泵备用,当交流油泵故障及出口油压降低时直流油泵自动启动。正常运行方式下,监控系统远方控制,机组开机时,启动高压油减载交流油泵,同时监测压力信号,当机组转速达到90%额定转速时,延时退出高压油减载交流油泵;机组停机时,当机组转速降到90%额定转速时,启动高压油减载交流油泵,机组转速为零时,延时退出高压油减载交流油泵。

6.机组制动系统

机组停机设有电气制动、机械制动两种制动方式,电气制动与机组励磁共享1套装置。机械制动设有机械制动柜,布置在母线层下游测,制动压力0.7 MPa。机械制动的投入与退出由两组直流125 V双线圈电磁阀完成,在制动柜上可手动操作。当机械制动投入时,制动器下腔接通压力气、上腔通排气;当机械制动退出时,制动器上腔接通压力气、下腔通排气,以保证制动器可靠动作。为监视制动块正确动作,在每个制动块上均装有反映顶起位置与落下位置的行程开关,将其常开触点串联送至监控系统。机械制动柜装有制动器上、下腔电接点压力表,接点送监控系统,压力低于工作压力时报警。机组正常停机采用混合制动,当机组转速降到60%额定转速时,投入电气制动;转速降到10%额定转速时,投入机械制动;当电气制动失败,转速降到30%额定转速时,投入机械制动。

3.2.5.2　机组辅助系统

机组辅助系统主要包括顶盖排水系统、机坑加热除湿系统、碳粉吸尘装置、制动吸尘装置及吸油雾装置等组成。

1.顶盖排水系统

顶盖排水采用水泵排水方式。本系统设置 2 台水泵，根据水位自动启动水泵，2 台水泵采用 1 主 1 备运行方式。水泵的运行、故障信号送入监控系统。

2.机坑加热除湿系统

机组停机时，根据机坑内设置的温湿度控制器自动启动加热装置和除湿装置，运行信号送入监控系统。

3.碳粉吸尘装置

碳粉吸尘装置根据机组的开停机信号联锁控制，机组开机时自动投入，机组停机时自动退出，也可在控制箱上手动投入、退出。

4.制动吸尘装置

为了减少机械制动时机坑内的粉尘污染，故设有制动吸尘装置。当机组投入机械制动时，投入吸尘装置，以达到收集粉尘、减少污染的目的。在机械制动退出后自动退出，也可在控制箱上手动投入、退出。

5.吸油雾装置

吸油雾装置根据机组的开停机信号联锁控制，机组开机时自动投入，机组停机时自动退出，也可在控制箱上手动投入、退出。

3.2.5.3　机组冷却水泵控制系统

电站共配置 24 台冷却水泵(16 台离心泵 A 和 8 台离心泵 B)，分为 8 个独立的单元，每台机组对应 1 个单元，每个单元对应 2 台离心泵 A 和 1 台离心泵 B。其中，2 台离心泵 A 供机组及主变压器正常运行时循环冷却水用，2 台泵采用 1 主 1 备方式；1 台离心泵 B 供主变压器空载运行时循环冷却水用。每个单元设置 1 套控制系统。

当水泵控制系统接收到电站监控系统发出的投入水泵命令时，自动启动主用泵；若冷却水的供水总管上的流量计显示流量低于 70%，自动启动备用泵，同时发出主用泵故障、备用泵启动报警信号；若主用泵发生电气故障则自动切换至备用泵运行，同时发出主用泵故障、备用泵启动报警信号，并将报警信号送至电站监控系统。当水泵控制系统接收到电站监控系统发出的退出水泵命令时，自动停止主用泵。当水泵控制系统接收到电站监控系统发出的投入小流量离心泵 B 命令时，自动启动小流量离心泵 B，供主变压器空载运行时冷却水用。

冷却水泵控制系统采用 PLC 控制，PLC 能根据运行时间轮换确定主用泵，当主用泵故障时自动切换至备用泵运行。在控制柜上设“现地/远方”切换开关，并将切换开关“远方”位送至电站监控系统。当切换开关打到“远方”时，PLC 可以接收来自电站监控系统的命令。当切换开关打到“现地”时，在控制柜上可手动操作水泵。水泵的投入、退出、故障等信号在控制柜上显示并反馈至电站监控系统。

3.2.5.4　机组状态监测系统

机组状态监测系统由安装在现地的传感器、端子箱及机旁监测屏组成，由北京华科同安监控技术有限公司成套提供。振动测量元件主要监测发电机上、下机架和水导轴承,定子机座的水平、垂直振动;摆度测量元件主要监测发电机上、下导轴承及水轮机导轴承处的摆度;用于监测发电机定、转子之间的空气间隙的传感器由平板电容传感器和信号调理器组成。信号调理器输出模拟量信号至数据采集箱,由机组状态监测设备实现数据的采集、处理和分析。每台机组还配置了1台局部放电监测装置,用于监测发电机带负荷运行情况下定子绕组局部放电。局部放电监测装置集成于机组状态监测设备中,由机组状态监测设备统一进行数据管理和分析。局部放电监测装置由电容耦合器、传感器和数据采集处理器以及相应的分析软件组成。数据采集处理器布置于发电机附近,与机组状态监测数据采集单元进行通信,由机组状态监测进行系统集成。

机组状态监测设备可将监测成果用开关量或串口送至计算机监控系统,与计算机监控系统的通信规约为MODBUS规约。

#### 3.2.5.5　机组开停机流程

开停机流程设计时主要遵循 *Guide for Control of Hydroeletric Power Plants*(IEEE Std 1010—2006),并参考国内规范《水力发电厂自动化设计技术规范》(NB/T 35004—2013)及《水轮发电机组自动化元件(装置)及其系统基本技术条件》(GB/T 11805—2008)。

1.机组状态

根据机组自动控制的需要,计算机监控系统将机组状态分为机组停机状态、机组空转状态、机组空载状态、机组发电状态4种。

2.开机方式

自动开机方式包括现地(机组LCU)开机、中控室开机2种。

电站机组自动控制由机组LCU实现,停机—发电、发电—停机的工况转换可在机组LCU触摸屏及中控室操作员工作站上分步或自动完成。机组各种量测信号、位置反馈信号及机械保护监测信号均送至机组LCU,各种控制命令均由LCU发出至各执行机构。

为确保机组安全可靠,每台机组增设一套水力机械常规硬接线保护回路,布置于机组LCU屏,采集机组的主要保护信号,如瓦温、过速、油压等信号,作为后备保护,动作于调速器紧停阀、跳灭磁开关、关进水阀。

最终流程框图如图3-17~图3-19所示。

### 3.2.6　继电保护及安全自动装置

#### 3.2.6.1　发电机-变压器组继电保护

1.设计方案的确定

CCS水电站的发电机-变压器组继电保护的设计,主要遵循 *IEEE Guide for AC Generator Protection*(IEEE Std C37.102™—2006)、*IEEE Guide for Generator Ground Protection*(IEEE Std C37.101™—2006)、*IEEE Guide for Protecting Power Transformers*(IEEE Std C37.91™—2008)等规范的要求,在基本设计阶段,根据主接线最终确定的发电机-变压器组单元接线,发电机出口设置GCB和电制动开关的方案,进行发电机-变压器组的继电保护设计。

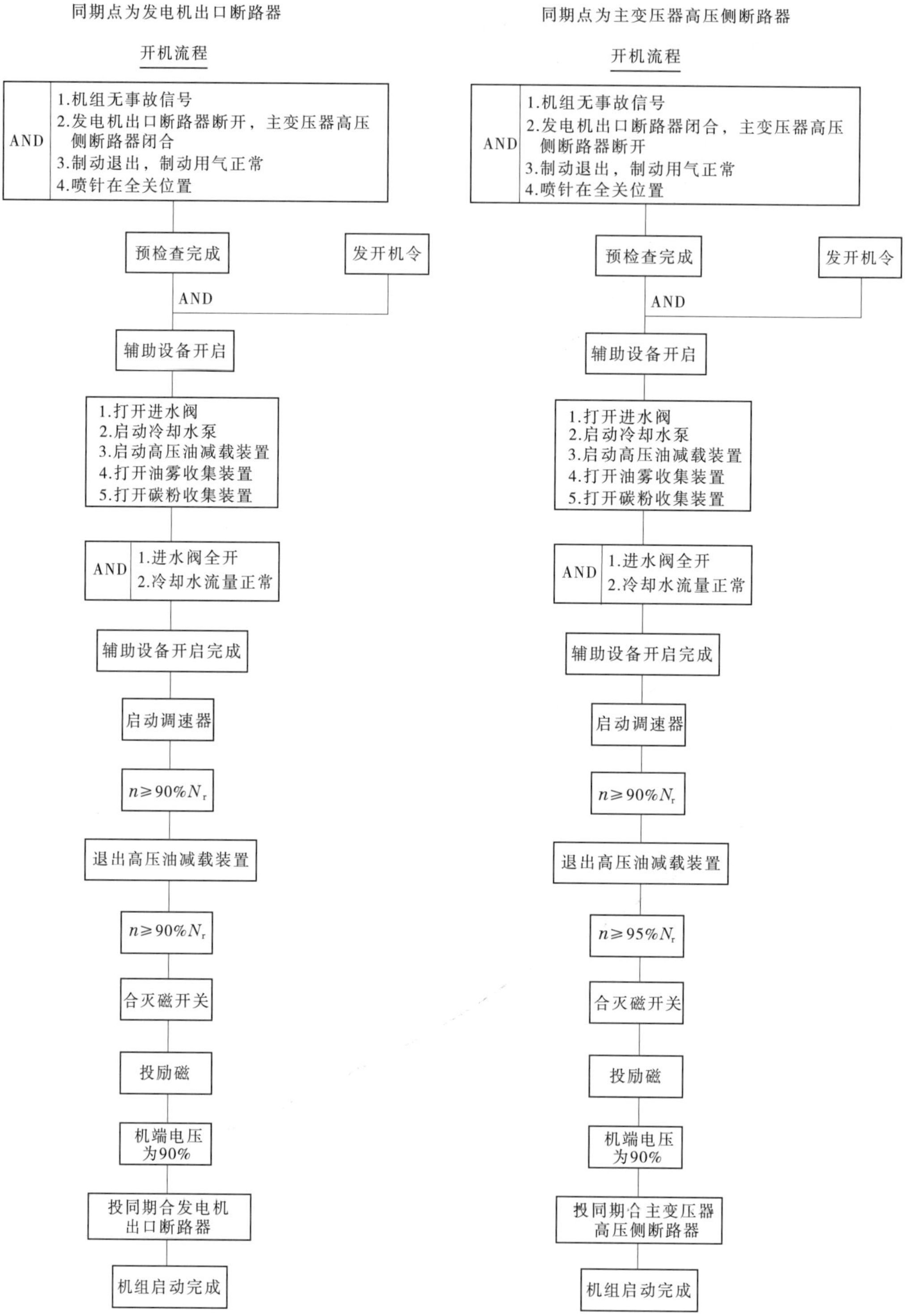

同期点为发电机出口断路器

开机流程

| AND | 1.机组无事故信号<br>2.发电机出口断路器断开，主变压器高压侧断路器闭合<br>3.制动退出，制动用气正常<br>4.喷针在全关位置 |
|---|---|

预检查完成 AND 发开机令 → 辅助设备开启

1.打开进水阀
2.启动冷却水泵
3.启动高压油减载装置
4.打开油雾收集装置
5.打开碳粉收集装置

| AND | 1.进水阀全开<br>2.冷却水流量正常 |
|---|---|

辅助设备开启完成 → 启动调速器 → $n \geqslant 90\% N_r$ → 退出高压油减载装置 → $n \geqslant 90\% N_r$ → 合灭磁开关 → 投励磁 → 机端电压为90% → 投同期合发电机出口断路器 → 机组启动完成

(a)

同期点为主变压器高压侧断路器

开机流程

| AND | 1.机组无事故信号<br>2.发电机出口断路器闭合，主变压器高压侧断路器断开<br>3.制动退出，制动用气正常<br>4.喷针在全关位置 |
|---|---|

预检查完成 AND 发开机令 → 辅助设备开启

1.打开进水阀
2.启动冷却水泵
3.启动高压油减载装置
4.打开油雾收集装置
5.打开碳粉收集装置

| AND | 1.进水阀全开<br>2.冷却水流量正常 |
|---|---|

辅助设备开启完成 → 启动调速器 → $n \geqslant 90\% N_r$ → 退出高压油减载装置 → $n \geqslant 95\% N_r$ → 合灭磁开关 → 投励磁 → 机端电压为90% → 投同期合主变压器高压侧断路器 → 机组启动完成

(b)

图 3-17 开机流程图

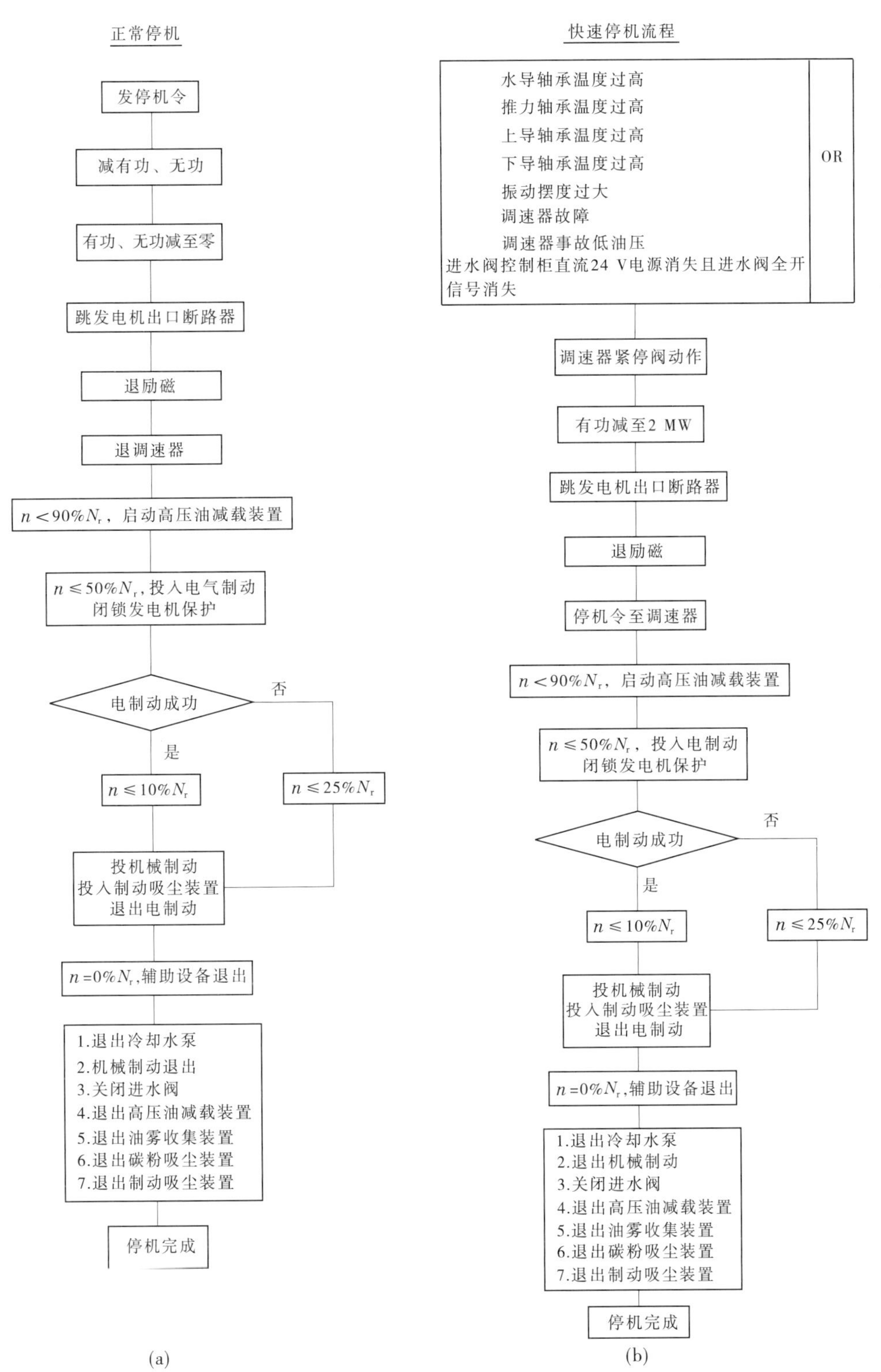


图 3-18　正常停机及快速停机流程图

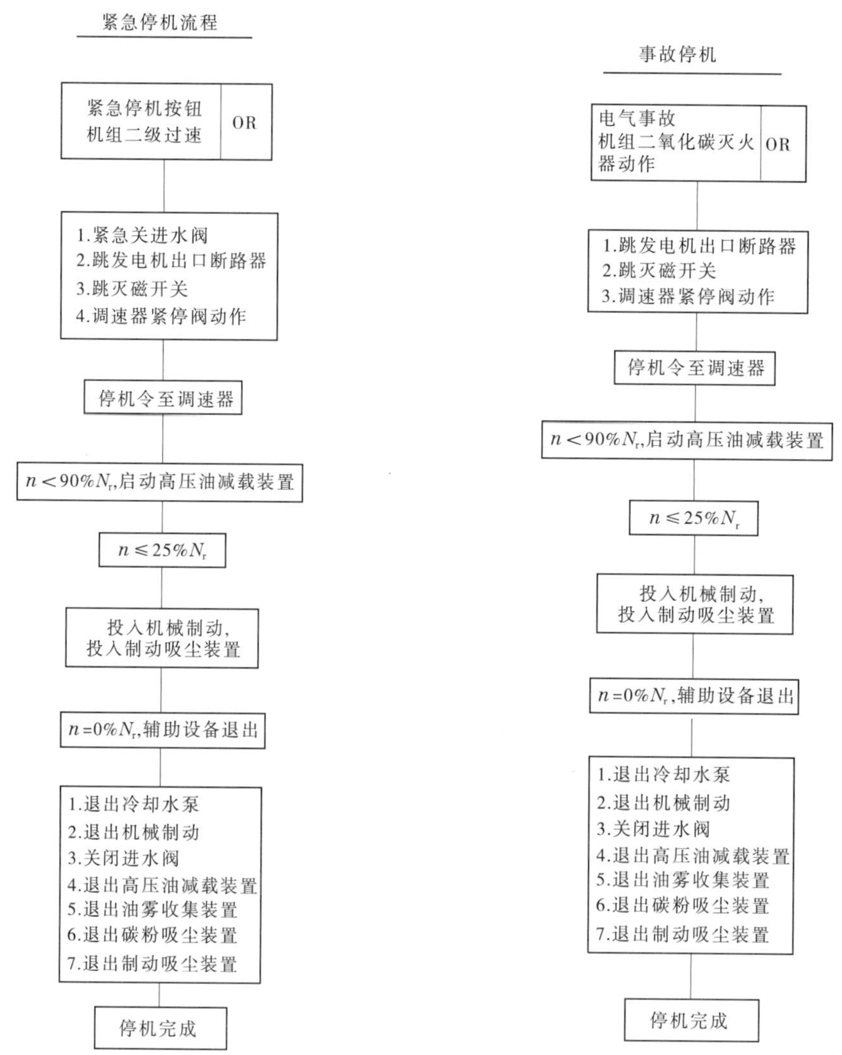


图 3-19　紧急停机及电机事故停机流程图

继电保护设备的设计必须满足下列基本要求:装置必须满足可靠性、选择性、灵敏性和速动性的要求;保护装置应技术先进、经济合理,并且有成熟的运行经验。发电机-变压器组、励磁变压器、厂用隔离变压器继电保护,除非电量保护外,均按双重化配置,采用ABB 公司的数字式继电保护装置。冗余的两套保护的电流回路接于电流互感器不同的两组副绕组上,电压回路接于不同的两组电压互感器上或同一电压互感器不同的二次绕组上,冗余的两套保护的出口跳闸接点分别接至断路器的两个跳闸线圈。

发电机-变压器组继电保护柜的组屏方式如下:

(1)A 柜:第一套发电机-变压器组、励磁变压器和厂用隔离变压器电气故障及异常保护,配置发电机保护 A 套(REG670)、转子接地保护注入单元(K1)、主变压器保护 A 套(RET670)、厂用变压器保护 A 套(RET615)。

(2)B 柜:第二套发电机-变压器组、励磁变压器和厂用隔离变压器电气故障及异常保护,配置发电机保护 B 套(REG670)、主变压器保护 B 套(RET670)、厂用变压器保护 B 套(RET615)。

(3)C 柜:主变压器非电量保护、断路器操作回路,配置 REC670 保护装置实现主变压器的非电量保护,在与外方业主和咨询多次沟通后,断路器的操作回路由快速跳闸继电器、双位置继电器、跳闸监视继电器等继电器来实现相应的功能,而不采用断路器三相操作箱。

发电机-变压器组继电保护配置图参见图 3-20。

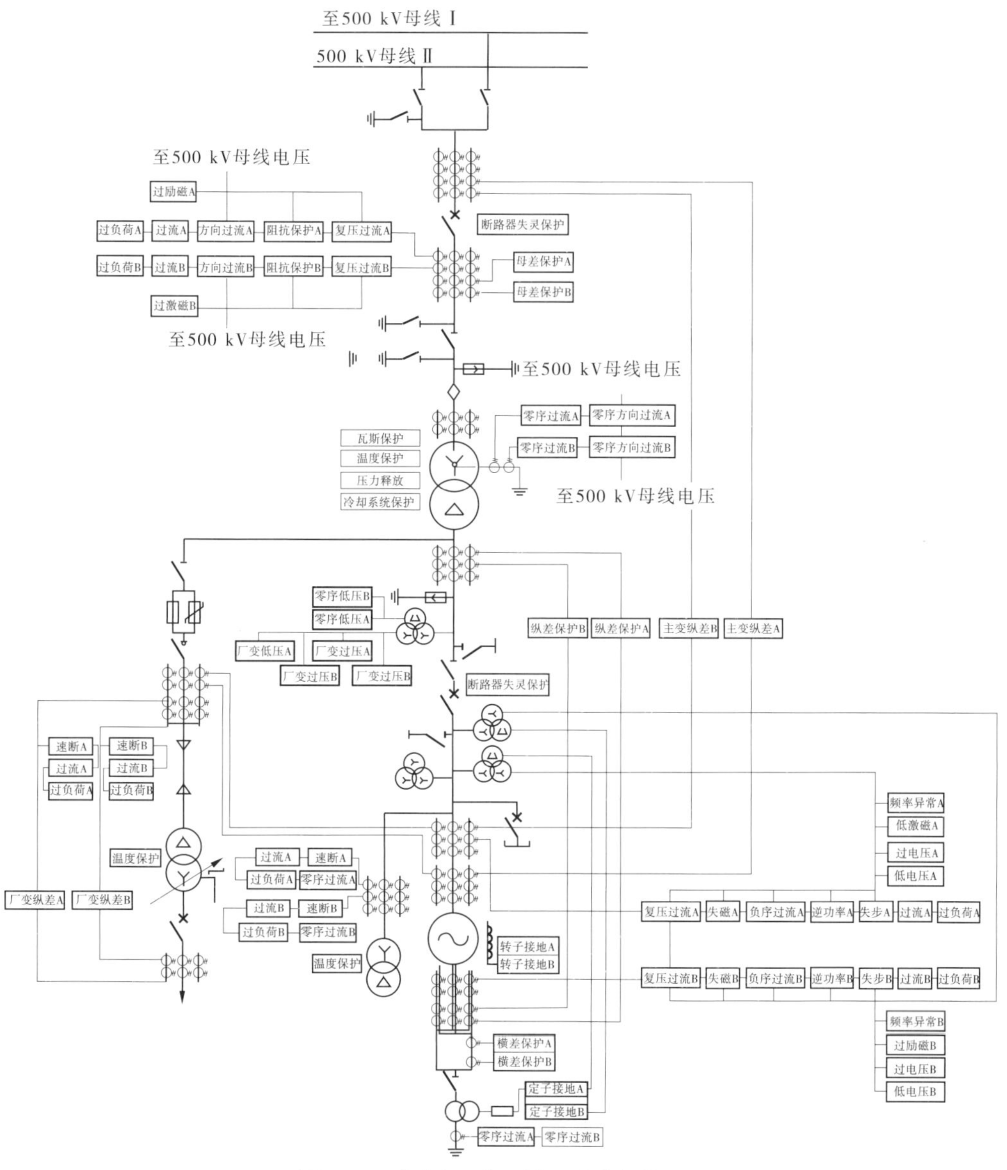

图 3-20　发电机-变压器组继电保护配置图

2.发电机保护配置方式

1)发电机纵差保护 87G

作为发电机定子绕组及其引出线相间短路故障的主保护。保护瞬时动作于停机。

2)发电机横差保护 87GUP

为保护发电机同相同分支和同相异分支的短路故障,装设匝间短路保护。本机组定子绕组为星形接线、每相有并联分支,且中性点侧有分支引出端子,故装设零序电流型横差保护。保护瞬时动作于停机。

3)定子绕组接地保护 64S

装设100%定子绕组接地保护。保护瞬时动作于停机。

4)复合电压过电流保护 51V

该保护作为发电机及相邻设备三相短路的后备保护。保护带两段时限,以较短时限动作于解列,较长时限动作于停机。

5)过电压保护 59G

作为发电机定子绕组异常过电压的保护。保护延时动作于解列灭磁。

6)延时过电流保护 51S

装设定子绕组过电流保护。保护延时动作于解列。

7)定子过负荷保护 49G

装设由定时限和反时限两部分组成的过负荷保护。定时限部分动作于信号,反时限部分动作于解列。

8)转子接地保护 64R

采用注入式转子接地保护,设置转子接地保护注入单元1套,安装在发变组保护A柜中,发电机励磁回路一点接地保护带时限动作于信号,可动作于程序跳闸。

9)失磁保护 40

作为发电机组励磁电流异常下降或完全消失的保护。保护延时动作于解列。

10)负序过电流保护 46G

对发电机不对称过负荷、非全相运行及外部不对称短路引起的负序电流,装设负序过电流保护。保护动作于停机。

11)逆功率保护 32R

设置发电机逆功率保护。保护带时限动作于停机。

12)失步保护 78G

装设失步保护。在短路故障、系统同步振荡、电压回路断线等情况下,保护不应误动。保护动作于解列。

13)过激磁 24

装设由低定值和高定值两部分组成的定时限过励磁保护。低定值部分动作于信号,高定值部分动作于解列灭磁。

14)轴电流保护 38

主机装设轴电流保护。保护动作于信号。

15)发电机低电压保护 27

保护动作于解列灭磁。

16)发电机速断过流保护 50S

保护动作于解列。

17)发电机零序过电流保护 51N,50N

保护装置接于发电机中性点接地联线的电流互感器上。保护动作于停机。

18)GCB 失灵保护 50BF

当发电机或机压设备故障而 GCB 拒动时,作为一种近后备保护方式,快速而有选择性地切除故障。

19)频率异常保护 81

作为防止带负载运行时频率偏离正常值的保护。保护动作于解列。

20)电压互感器断线监视 60FL

作为防止电压互感器断线时引起其他相关保护误动的保护。保护动作于发信号。

3.主变压器保护配置方式

1)纵差保护 87T

保护装置具有躲避励磁涌流和外部短路所产生的不平衡电流的能力,保护带有电流回路断线闭锁装置。保护瞬时动作于跳主变压器各侧断路器并停机。

2)高压侧零序过电流保护 50N

对外部单相接地引起的过电流,装设零序电流保护。零序电流保护动作于跳开变压器各侧断路器并停机。

3)高压侧复合电压过电流保护 51TV

作为主变压器及其低压侧连接设备和 500 kV 母线的后备保护。保护延时动作于跳主变压器各侧断路器并停机。

4)高压侧速断过电流保护 50

保护延时动作于跳主变压器各侧断路器并停机。

5)主变压器高压侧方向过电流保护 67

作为系统倒送厂用电时变压器外部短路故障的保护。保护在 GCB 合闸时退出。保护动作于跳主变压器高压侧断路器,并发信号。

6)主变压器高压侧零序方向过电流保护 67N

作为系统倒送厂用电时变压器外部单相接地故障的保护。保护在 GCB 合闸时退出。保护动作于跳主变压器高压侧断路器,并发信号。

7)主变压器低压侧零序过电压 64T

机组出口断路器断开时,为了保护主变压器低压线圈及其引线接地故障,装设接地故障保护,保护动作于信号。

8)过负荷保护 49

主变压器过负荷保护,动作于信号。

9）过励磁保护 24T

为防止由于频率降低和/或电压升高引起变压器磁密过高而损坏变压器，装设过励磁保护。保护具有定时限和反时限特性。定时限动作于信号，反时限动作于解列并停机。

10）高压侧阻抗保护 21

设置高压侧阻抗保护。保护第一时限动作于跳开母联断路器，第二时限动作于跳开主变压器高压侧断路器，第三时限动作于跳开各侧断路器并停机。

11）断路器失灵保护 50BF

设置断路器失灵保护出口。

12）变压器本体保护

主变压器瓦斯保护，分为重瓦斯跳闸、停机和轻瓦斯发信号。

主变压器温度保护，动作于跳闸、停机。

压力释放保护，油箱内压力释放阀动作时瞬时动作于跳闸、停机。

冷却系统保护，冷却器全停时发信号，允许带额定负载运行 20 min，如 20 min 后变压器顶层油温尚未达到 75 ℃，则允许上升到 75 ℃，但在这种状态下运行的最长时间不超过 1 h。

4.励磁变压器保护配置方式

发电机励磁变压器为干式变压器，容量为 1.7 MVA，励磁变压器的保护配置如下：

（1）电流速断保护 50ET。

（2）过电流保护 51ET。

（3）零序电流保护 51NET。

（4）过负荷保护 49R。

（5）励磁变温度高保护 49WT。

5.厂用隔离变压器电气保护配置方式

电站厂用电源分别引自 1#发电机机压母线和 8#发电机机压母线，厂用变压器为 2 台 13.8 kV/13.8 kV 隔离变压器，采用干式变压器，容量为 6 MVA。厂用隔离变压器由主变压器低压侧经高压限流熔断器 FUR 与负荷开关串联的方式引接。高压限流熔断器组合保护装置是采用限流熔断器 FU 和吸能元件高能氧化锌非线性电阻 FR 组合使用，当厂用电分支发生短路时，限流熔断器 FU 熔断并截流，同时熔断器产生弧压将电流迫入氧化锌非线性电阻 FR 中，使其快速衰减，从而有效地防止短路大电流对电气设备的危害。

厂用隔离变压器的继电保护配置如下：

（1）纵联差动保护 87AT。

（2）速断过电流保护 50。

（3）零序过电流保护 51N。

（4）过负荷保护 49AT。

（5）过电压保护 59。

（6）低电压保护 27。

(7)厂用隔离变压器绕组温度超高保护49WAT。

如果机端厂用变压器分支发生短路故障,高压限流熔断器组合保护装置的限流熔断器FU将在3 ms内截断短路电流并衰减到0。同时,厂用变压器继电保护装置检测到短路故障,而短路电流在3 ms内已截断,短路故障切除,厂用变压器继电保护装置启动元件即返回,没有出口动作。如果机端厂用变压器分支发生短路故障,高压限流熔断器组合保护装置的限流熔断器FU没有熔断,即短路故障未切除,此时,厂用变压器继电保护装置动作,根据故障类型按照跳闸矩阵的要求动作于各出口。

#### 3.2.6.2 500 kV 系统保护

1.设计方案的确定

CCS水电站装机容量为8×184.5 MW,采用500 kV一级电压接入电力系统, 500 kV出线2回接至San Rafael 500 kV变电站。500 kV配电装置地下采用GIS,经高压电缆引至地面出线场。CCS水电站500 kV系统接线方式合同签订时概念设计推荐双母线接线,在基本设计阶段经过方案比较,业主和咨询工程师正式批准采用双母线,未采用国内电力工程比较常见的3/2接线或者角形接线方式。

500 kV系统保护装置包括500 kV线路保护、500 kV母线保护、母联保护、500 kV系统故障录波等。基本设计和招标设计阶段原保护配置方案参照国内双母线接线的标准:500 kV线路保护和500 kV母线保护采用双重化配置;线路保护柜设置失灵启动回路;断路器失灵保护包含在母线保护柜内,与母线保护共用跳闸出口;断路器操作采用三相操作箱等。在与外方业主和咨询工程师多次沟通后,除操作箱外方因运行习惯和不熟悉其原理等原因,坚持改为由继电器实现其功能外,其他配置方案均得到最终批准。经过业主招标后,所有继电保护设备全部采用ABB公司的产品。

2.500 kV线路保护

电站至Sann Rafael 500 kV变电站有2条线路,线路长度约7 km,2条线路不采用同塔并架。每回线路配置2套线路保护装置,采用100%冗余配置。每条线路的2套线路保护装置组2面线路保护柜(A、B柜),采用ABB公司的RED670型线路保护装置,该装置以光纤纵联差动保护作为主保护,以三段式相间与接地距离及四段零序保护作后备。由于线路长度较短,保护通道采用专用光纤。

RED670线路保护装置具有过电压保护功能,在线路出现不正常工频电压时,跳开有关的500 kV断路器。保护动作后首先跳开本侧断路器,经一定延时发送远方跳闸信号至线路对侧,跳开对侧断路器。

RED670还具有远方跳闸功能,以有功功率、电流、零序电流变化为判据,当收到对侧跳闸信号且本地判据动作时才允许跳闸。远方跳闸回路通道不正常时,能闭锁跳闸回路,并发出报警信号至监控LCU。

另外,每条线路还配置1面断路器操作柜(C柜),配置线路重合闸、电压切换回路,采用REC670型断路器保护装置,该装置实现线路重合闸功能,基于双母线接线方式,柜内还设置电压切换继电器。由于ABB电压切换继电器的辅助接点数量不能满足切换3个星形绕组电压回路的要求,因此保护柜内只切换保护、测量用 2 个电压回路,计量用 0.2 级二次电压回路的切换继电器设置在监控 500 kV 系统 LCU 柜内。

每条线路保护组 2 面保护柜和 1 面断路器操作柜,2 条线路 6 面保护柜均布置在地下厂房继电保护室。

500 kV 线路保护 A、B 柜保护功能配置如下:

(1)光纤差动继电器(87L)。

(2)距离/阻抗继电器(相间)(21)。

(3)接地距离继电器(21N)。

(4)定时限过电流继电器(50/50N)。

(5)方向过电流继电器(67)。

(6)方向零序过电流继电器(67N)。

(7)低/过电压保护(27/59)。

(8)振荡闭锁继电器(68)。

(9)PT 断线监视(60FL)。

(10)启动断路器失灵保护(50BF)。

(11)远方跳闸(DTT1)。

500 kV 线路断路器保护 C 柜保护功能配置如下:

(1)同步检查继电器(25)。

(2)重合闸继电器(79)。

(3)电压切换继电器(83)。

(4)PT 断线监视(60FL)。

3.500 kV 母线保护

电站 500 kV 系统为双母线接线,配置 2 套 REB670 型母线保护装置,采用 100%冗余配置。为防止误动作,保护配有完善可靠的电压闭锁装置,在倒闸操作时快速切除母线上的故障,同时能保证外部故障时不误动。装置自动适应双母线连接元件运行位置的切换,切换过程中保护不误动。500 kV 系统的断路器失灵保护功能包含在 2 套母线保护柜中,500 kV 线路保护、主变压器保护、500 kV 母联保护的失灵启动接点启动断路器失灵保护。双母线的失灵保护能自动适应连接元件运行位置的切换。本工程失灵保护与母差保护共用跳闸出口回路,不再装设独立的闭锁元件,与母差保护的闭锁元件共用。2 套 500 kV 母线保护组 2 面保护柜(A、B 柜),500 kV 母联断路器设 1 面母联断路器保护柜(配置 REC670 型母联充电保护、过电流保护装置和操作回路继电器),母线及母联保护柜均布置在地下厂房继电保护室。

500 kV 母线保护(A、B 柜)保护功能配置如下:

(1)母线差动保护(87B)。

(2)复合电压闭锁(68-1)。

(3)断路器失灵保护(50BF)。

(4)TA 异常报警(60)。

(5)TA 断线闭锁及报警(68-2)。

(6)TV 断线监视(60FL)。

(7)手动复位(86)。

(8)低/过电压保护(27/59)。

500 kV 母联保护配置如下:

(1)母联速断过电流保护(50)。

(2)延时过电流继电器(51)。

(3)零序延时过电流继电器(51N)。

4.500 kV 母线电压并列柜

CCS 水电站 500 kV 系统为双母线接线,每段母线设 1 组母线电压互感器,当 500 kV 母联开关闭合,双母线并列运行或 1 组母线电压互感器检修退出时,为保证控制、保护设备电压回路不受影响,设置 1 面 500 kV 母线电压并列柜,实现两段母线电压互感器二次回路并列或解列操作。柜内装设 1 套 REC670 型母线电压并列装置。500 kV 母线电压并列柜布置在地下厂房继电保护室内。

5.继电保护试验电源柜

继电保护试验电源屏为现场继电保护试验工作提供交、直流试验电源。电站设置 1 面继电保护试验电源柜,采用双路电源供电,通过切换开关转换,保证供电的可靠性。交流电源采用隔离变压器,将系统电源与试验电源进行隔离,使试验电源免受电网暂态过程和其他谐波干扰。直流电源可以连续平滑地调节电压,以适应不同试验项目的需要。继电保护试验电源柜布置在地下厂房继电保护室内。

#### 3.2.6.3　故障录波系统

CCS 水电站设置 1 套 ABB 公司的故障录波系统,系统由故障录波系统管理工作站、光纤通信网络和现地故障录波装置构成。

1.故障录波系统管理工作站

电站设 1 套故障录波系统管理工作站,工作站通过光纤通信网络采集机组故障录波装置和 500 kV 系统故障录波装置的信息。工作站的主要功能是对采集的信息通过软件进行处理和分析,得出故障类型、参数、过程状况等成果。工作站通过双以太网接口直接与电站监控系统主网进行通信,所有故障录波的信息可传送至电站监控系统。工作站布置在地面控制楼的中控室内。

2.500 kV 系统故障录波装置

电站 500 kV 系统选用 1 套微机型故障录波装置,对电站 500 kV 系统进行故障录波,故障录波装置可测量工频电压、电流量、开关量。

500 kV 系统故障录波装置配置模拟量为 48 路交流量,开关量为 128 路。

故障录波装置带 LCD 液晶显示器和信号指示装置,测出的故障数据在显示器上显示。装置还具有故障测距功能,其测量误差小于线路全长的 3%,另外具有数据远传接口，能实现与电站故障录波管理工作站的通信。装置本身还具有事故分析功能，内部故障信号能引出，并配备录波专用打印机。

500 kV 故障录波组 1 面柜布置在地下厂房继电保护室。

3.机组故障录波装置

电站每个发电机-变压器组选用 1 套微机型故障录波装置，对发电机、主变压器进行故障录波，故障录波装置可测量工频电压、电流量、直流量和开关量。

机组故障录波装置配置模拟量为 32 路，交流量为 28 路，直流量为 4 路，开关量为 128 路。

故障录波装置带 LCD 液晶显示器和信号指示装置，测出的故障数据在显示器上显示。装置具有数据通信接口，能实现与电站故障录波系统管理工作站的通信。装置本身还具有事故分析功能，内部故障信号能引出，并配备录波专用打印机。

每套机组故障录波装置组 1 面柜，电站共设 8 面机组故障录波柜，布置在机旁发电机层。

## 3.2.7 直流电源

### 3.2.7.1 概述

CCS 水电站直流电源包括 125 V 直流电源和 48 V 直流电源，其中 125 V 直流电源为控制保护等设备供电，48 V 直流电源为通信设备供电。各直流电源分布如下：

(1)地下厂房 125 V 直流电源。

(2)地面控制楼 125 V 直流电源。

(3)首部枢纽、调蓄水库、尾水、CCS 业主营地 125 V 直流电源。

(4)地面控制楼、首部枢纽、调蓄水库、CCS 业主营地 48 V 直流电源。

### 3.2.7.2 设计标准

根据 EPC 合同，需采用国际标准：

(1)《发电站用直流辅助电力系统设计的推荐规程》(IEEE 946—2004)。

(2)《固定设施用铅酸蓄电池规格推荐规程》(IEEE 485—2010)。

(3)《固定设施用阀控式铅酸蓄电池的选择指南》(IEEE 1189—2007)。

(4)《发电站电力服务系统设计指南》(IEEE 666—2007)。

(5)《固定式铅酸蓄电池组　第 21 部分：阀控式—功能特性和试验方法》(IEC 60896-21—2004)。

### 3.2.7.3 直流负荷统计及蓄电池容量计算结果

1.直流负荷统计

地下厂房 125 V 直流负荷统计见表 3-8，地面控制楼 125 V 直流负荷统计见表 3-9，首部枢纽、调蓄水库、尾水、CCS 营地 125 V 直流负荷统计见表 3-10，地面控制楼 48 V 直流负荷统计见表 3-11，首部枢纽、调蓄水库及 CCS 业主营地 48 V 直流负荷统计见表 3-12。

表 3-8　地下厂房 125 V 直流负荷统计

| 序号 | 负荷名称 | 容量（W） | 数量（只） | 合计（W） | 电流（A） | 每组电池的负荷因数 | 每组电池的负荷电流（A） | 每组电池的放电时间和电流（A） | | | | 负荷类型 |
|---|---|---|---|---|---|---|---|---|---|---|---|---|
| | | | | | | | | 0~1 s | 1 s~60 min | 61~229 min | 230~240 min | |
| 1 | 机组 | | | | | | | | | | | |
| 1.1 | LCU 电源 | 820 | 8 | 6 560 | 52.48 | 1 | 52.48 | 52.48 | 52.48 | 52.48 | 52.48 | |
| 1.2 | 机组控制电源 | 900 | 8 | 7 200 | 57.6 | 0.25 | 14.4 | 14.4 | 14.4 | 14.4 | 14.4 | |
| 1.3 | 机组机械制动柜 | 200 | 8 | 1 600 | 12.8 | 1 | 12.8 | 12.8 | 12.8 | 1.3 | 1.3 | |
| 1.4 | 高压油顶起直流油泵 | 30 200 | 1 | 30 200 | 241.6 | 1 | 241.6 | 1.6 | 1.6 | 1.6 | 241.6 | |
| 1.5 | 调速器控制 | 600 | 8 | 4 800 | 38.4 | 0.5 | 19.2 | 19.2 | 19.2 | 3.8 | 3.8 | |
| 1.6 | 进水阀控制 | 240 | 8 | 1 920 | 15.4 | 0.5 | 7.7 | 7.7 | 7.7 | 1.5 | 1.5 | |
| 1.7 | 进水阀油压装置控制 | 200 | 8 | 1 600 | 12.8 | 0.5 | 6.4 | 6.4 | 6.4 | 6.4 | 6.4 | |
| 1.8 | 进水阀油泵操作 | 120 | 8 | 960 | 7.7 | 0.5 | 3.9 | 3.9 | 3.9 | 2.9 | 3.9 | |
| 1.9 | 励磁系统控制 | 900 | 8 | 7 200 | 57.6 | 0.5 | 28.8 | 28.8 | 28.8 | 5 | 5 | |
| 1.10 | 监控设备 | 600 | 8 | 4 800 | 38.4 | 0.5 | 19.2 | 19.2 | 19.2 | 19.2 | 19.2 | |
| 1.11 | 水轮机端子箱 | 300 | 8 | 2 400 | 19.2 | 0.5 | 9.6 | — | — | — | 9.6 | |
| 2 | 机组和变压器控制保护 | | | | | | | | | | | |
| 2.1 | 发电机-变压器保护 | 410 | 8 | 3 280 | 26.24 | 1 | 26.24 | 26.24 | 26.24 | 26.4 | 26.4 | |
| 2.2 | GCB 控制 | 300 | 8 | 2 400 | 19.2 | 1 | 19.2 | 19.2 | 19.2 | 3.8 | 3.8 | |
| 2.3 | GCB 储能电动机 | 660 | 1 | 660 | 5.3 | 1 | 5.3 | — | — | — | — | |
| 2.4 | 机组故障录波 | 80 | 8 | 640 | 5.1 | 0.5 | 2.6 | 2.6 | 2.6 | — | — | |

续表 3-8

| 序号 | 负荷名称 | 容量（W） | 数量（只） | 合计（W） | 电流（A） | 每组电池的负荷因数 | 每组电池的负荷电流（A） | 每组电池的放电时间和电流（A） | | | | 负荷类型 |
|---|---|---|---|---|---|---|---|---|---|---|---|---|
| | | | | | | | | 0~1 s | 1 s~60 min | 61~229 min | 230~240 min | |
| 2.5 | 变压器冷却水控制 | 30 | 24 | 720 | 5.8 | 0.5 | 2.9 | 2.9 | 2.9 | 2.9 | 2.9 | |
| 3 | 500 kV 保护 | | | | | | | | | | | |
| 3.1 | 500 kV 线路 1 | 270 | 1 | 270 | 2.16 | 1 | 2.16 | 2.16 | 2.16 | 2.16 | 2.16 | |
| 3.2 | 500 kV 线路 2 | 270 | 1 | 270 | 2.16 | 1 | 2.16 | 2.16 | 2.16 | 2.16 | 2.16 | |
| 3.3 | 500 kV 母线 | 420 | 1 | 420 | 3.36 | 1 | 3.36 | 3.36 | 3.36 | 3.36 | 3.36 | |
| 3.4 | 500 kV 母联 | 210 | 1 | 210 | 1.68 | 1 | 1.68 | 1.68 | 1.68 | 1.68 | 1.68 | |
| 3.5 | 500 kV 故障录波 | 150 | 1 | 150 | 1.2 | 1 | 1.2 | 1.2 | 1.2 | — | — | |
| 4 | 500 kV GIS | | | | | | | | | | | |
| 4.1 | SF6 GIS LCU | 720 | 1 | 720 | 5.76 | 1 | 5.76 | 5.76 | 5.76 | 5.76 | 5.76 | |
| 4.2 | 500 kV GIS 操作 | 150 | 11 | 1 650 | 13.2 | 1 | 13.2 | 13.2 | 13.2 | 13.2 | 13.2 | |
| 4.3 | 500 kV GIS 储能电机 | 2 700 | 1 | 2 700 | 21.6 | 1 | 21.6 | — | — | — | — | |
| 4.4 | 500 kV GIS ME 电机 | 1 200 | 1 | 1 200 | 9.6 | 1 | 9.6 | — | — | — | — | |
| 4.5 | 500 kV 断路器事故跳闸 | 2 700 | 10 | 27 000 | 216 | 1 | 216 | 216 | — | — | — | |
| 5 | 13.8 kV | | | | | | | | | | | |
| 5.1 | 13.8 kV 控制保护 | 34 | 10 | 340 | 2.7 | 1 | 2.7 | 2.7 | 2.7 | 2.7 | 2.7 | |
| 5.2 | 13.8 kV 断路器储能电机 | 100 | 1 | 100 | 0.8 | 1 | 0.8 | — | — | — | — | |
| 6 | 事故机组 | | | | | | | | | | | |
| 6.1 | 机组 LCU | 360 | 1 | 360 | 2.9 | 1 | 2.9 | 2.9 | 2.9 | 2.9 | 2.9 | |

续表 3-8

| 序号 | 负荷名称 | 容量（W） | 数量（只） | 合计（W） | 电流（A） | 每组电池的负荷因数 | 每组电池的负荷电流（A） | 每组电池的放电时间和电流（A） | | | | 负荷类型 |
|---|---|---|---|---|---|---|---|---|---|---|---|---|
| | | | | | | | | 0~1 s | 1 s~60 min | 61~229 min | 230~240 min | |
| 6.2 | 机组断路器保护 | 100 | 1 | 100 | 0.8 | 1 | 0.8 | 0.8 | 0.8 | 0.8 | 0.8 | |
| 6.3 | 励磁系统控制 | 500 | 1 | 500 | 4 | 1 | 4 | 4 | 4 | 4 | 4 | |
| 6.4 | 机组调速器电气控制 | 500 | 1 | 500 | 4 | 1 | 4 | 4 | 4 | 4 | 4 | |
| 6.5 | 机组调速器油泵控制 | 3 000 | 1 | 3 000 | 24 | 0.5 | 12 | 12 | 12 | 12 | 12 | |
| 6.6 | 机组温度柜 | 450 | 1 | 450 | 3.6 | 1 | 3.6 | 3.6 | 3.6 | 3.6 | 3.6 | |
| 6.7 | 机组球阀控制柜 | 240 | 1 | 240 | 2.0 | 1 | 2.0 | 2.0 | 2.0 | 2.0 | 2.0 | |
| 6.8 | 水轮发电机端子箱 | 200 | 1 | 200 | 1.6 | 1 | 1.6 | 1.6 | 1.6 | 1.6 | 1.6 | |
| 7 | 公用设备 LCU | | | | | | | | | | | |
| 8 | 应急照明 | 31 500 | 1 | 31 500 | 252 | 0.6 | 151.2 | 151.2 | 151.2 | — | — | |
| 9 | 480 V | | | | | | | | | | | |
| 9.1 | 480 V 控制 | 20 | 8 | 160 | 1.3 | 1 | 1.3 | 1.3 | 1.3 | 1.3 | 1.3 | |
| 9.2 | 480 V 断路器储能电机 | 180 | 1 | 180 | 1.4 | 1 | 1.4 | — | — | — | — | |
| 10 | 电力表柜 | 820 | 3 | 2 460 | 19.68 | 0.8 | 15.7 | 15.7 | 15.7 | — | — | |
| 11 | 通风 PLC 控制箱 | 300 | 10 | 3 000 | 24 | 0.5 | 12 | 12 | 12 | 12 | 12 | |
| 12 | 电流合计 | | | | | | | | | | | |
| 12.1 | A1 | | | | | | | 682.5 | | | | |
| 12.2 | A2 | | | | | | | | 466.5 | | | |
| 12.3 | A3 | | | | | | | | | 222.5 | | |
| 12.4 | A4 | | | | | | | | | | 473.1 | |

表 3-9　地面控制楼 125 V 直流负荷统计

| 序号 | 负荷名称 | 容量（W） | 数量（只） | 合计（W） | 电流（A） | 负荷因数 | 每组电池的负荷电流(A) | 每组电池的放电时间和电流(A) | | 负荷类型 |
|---|---|---|---|---|---|---|---|---|---|---|
| | | | | | | | | 0~60 s | 1~240 min | |
| 1 | SCADA UPS | 7 500 | 2 | 15 000 | 120 | 0.5 | 60 | 60 | 60 | |
| 2 | 13.8 kV 控制保护 | 34 | 8 | 272 | 2.2 | 1 | 2.2 | 2.2 | 2.2 | |
| 3 | 13.8 kV 储能电机 | 100 | 1 | 100 | 0.8 | 1 | 0.8 | — | — | 随机负荷 |
| 4 | 13.8 kV 跳闸 | 625 | 2 | 1 250 | 10 | 1 | 10 | 10 | — | |
| 5 | 480 V 控制 | 20 | 3 | 60 | 0.5 | 1 | 0.5 | 0.5 | 0.5 | |
| 6 | 480 V 断路器储能电机 | 180 | 1 | 180 | 1.4 | 1 | 1.4 | — | — | |
| 7 | 应急照明 | 8 050 | 1 | 8 050 | 64.4 | 0.6 | 38.64 | 38.64 | 38.64 | |
| 8 | CCTV | 3 000 | 1 | 3 000 | 24 | 1 | 24 | 24 | 24 | |
| 9 | 火灾报警和联动 | 3 000 | 1 | 3 000 | 24 | 1 | 24 | 24 | 24 | |
| 10 | LCU12 | 720 | 1 | 720 | 5.76 | 1 | 5.76 | 5.76 | 5.76 | |
| 11 | 通风 PLC 控制箱 | 300 | 1 | 300 | 2.4 | 1 | 2.4 | 2.4 | 2.4 | |
| 12 | 500 kV 隔离开关电机 | 1 650 | 1 | 1 650 | 13.2 | 1 | 13.2 | 13.2 | — | |
| 13 | 500 kV 隔离开关控制 | 200 | 2 | 400 | 3.2 | 1 | 3.2 | 3.2 | 3.2 | |
| 14 | 电流合计 | | | | | | | | | |
| 14.1 | A1 | | | | | | | 183.9 | | |
| 14.2 | A2 | | | | | | | | 160.7 | |

表 3-10 首部枢纽、调蓄水库、尾水、CCS 营地 125 V 直流负荷统计

| 序号 | 负荷名称 | 容量(W) | 数量(只) | 合计(W) | 电流(A) | 负荷因数 | 每组电池的放电时间和电流(A) | 负荷类型 |
|---|---|---|---|---|---|---|---|---|
| | | | | | | | 0~240 min | |
| 1 | 13.8 kV 控制保护 | 228 | 1 | 228 | 1.8 | 1 | 1.8 | |
| 2 | 13.8 kV 储能电机 | 100 | 1 | 100 | 0.8 | 1 | 0.8 | 随机负荷 |
| | 电流合计 | | | | | | 2.6 | |

表 3-11 地面控制楼 48 V 直流负荷统计

| 序号 | 负荷名称 | 容量(W) | 数量(只) | 合计(W) | 电流(A) | 负荷因数 | 每组电池的放电时间和电流(A) | 负荷类型 |
|---|---|---|---|---|---|---|---|---|
| | | | | | | | 0~240 min | |
| 1 | 光纤通信系统 | 1 700 | 1 | 1 700 | 35.4 | 1 | 35.4 | 连续 |
| 2 | 程控交换系统 | 3 800 | 1 | 3 800 | 79.2 | 1 | 79.2 | 连续 |
| 3 | 数字集群通信 | 1 150 | 1 | 1 150 | 24.0 | 1 | 24.0 | 连续 |
| | 电流合计 | | | | | | 138.6 | |

表 3-12 首部枢纽、调蓄水库及 CCS 业主营地 48 V 直流负荷统计

| 序号 | 负荷名称 | 容量(W) | 数量(只) | 合计(W) | 电流(A) | 负荷因数 | 每组电池的放电时间和电流(A) | 负荷类型 |
|---|---|---|---|---|---|---|---|---|
| | | | | | | | 0~240 min | |
| 1 | 光纤通信系统 | 300 | 1 | 300 | 6.3 | 1 | 6.3 | 连续 |
| 2 | 数字集群通信 | 750 | 1 | 750 | 15.6 | 1 | 15.6 | 连续 |
| | 电流合计 | | | | | | 21.9 | |

2.蓄电池容量计算结果

根据前述统计负荷、IEEE Std 485—2010 中有关蓄电池只数和容量的计算公式、蓄电池生产厂家的有关产品参数以及 EPC 合同对蓄电池供电时间的要求，由供货商对每组蓄电池的只数和容量进行计算，得到各处直流电源的蓄电池只数和容量如表 3-13 所示。

表 3-13　各处直流电源的蓄电池只数和容量

| 序号 | 直流电源分布地点 | 电压等级 | 蓄电池组数 | 每组蓄电池只数 | 每组蓄电池容量(A·h) |
|---|---|---|---|---|---|
| 1 | 地下厂房 | 125 V | 2 | 58 | 3 000 |
| 2 | 地面控制楼 | 125 V | 2 | 58 | 1 500 |
| 3 | 首部枢纽、调蓄水库和 CCS 业主营地 | 125 V | 2 | 58 | 100 |
| 4 | 地面控制楼 | 48 V | 2 | 24 | 1 250 |
| 5 | 首部枢纽、调蓄水库和 CCS 业主营地 | 48 V | 2 | 24 | 250 |

蓄电池只数的计算公式：

$$\text{单体数量}=\frac{\text{系统最大允许电压}}{\text{单体所要求的电压}}$$

$$\text{单体放电终止电压}=\frac{\text{允许的最小电池电压}}{\text{单体数量}}$$

蓄电池容量的计算公式：

$$F=\max_{S=1}^{S=N} F_S=\max_{S=1}^{S=N}\sum_{P=1}^{P=S}\frac{A_P-A_{P-1}}{R_t}$$

或者

$$F=\max_{S=1}^{S=N} F_S=\max_{S=1}^{S=N}\sum_{P=1}^{P=S}(A_P-A_{P-1})K_t$$

式中　$F$——单体容量(未进行温度修正、老化修正和设计裕量修正)；

$S$——正在分析的工作周期的一个“阶段”；

$N$——工作周期内的时段总数；

$P$——被分析的那一个时段；

$A_P$——$P$ 时段的工作电流,A；

$t$——从 $P$ 时段开始到 $S$ 时段结束的分钟数；

$R_t$——在 25 ℃下,每个正极板在 $t$(min)放电至截止电压的放电电流,A；

$K_t$——在 25 ℃下,电池额定容量与该电池 $t$(min)放电至截止电压所需放电电流的比值。

3.2.7.4　**直流电源设备的配置和技术要求**

1.充电装置

每套充电装置均由 $N$+1 个模块组成,充电特性根据单个模块的额定电流、蓄电池容量等参数确定。

1)125 V 直流系统

(1)型式:高频开关整流模块。

(2)输入电压:480 V(三相)/277 V(单相)±10%,(60±3) Hz,三相四线制,零线直接接地。

(3)输出电压:90~150 V。

(4)输出电流:地下厂房为600 A;地面控制楼为200 A。

(5)单个模块充电电流:40 A或50 A。

(6)充电装置数量:地下厂房为2套;地面控制楼为2套。

2)48 V直流系统

(1)型式:高频开关整流模块。

(2)输入电压:480 V(三相)/277 V(单相)±10%,(60±3) Hz,三相四线制,零线直接接地。

(3)输出电压:40~60 V。

(4)输出电流:地面控制楼为240 A;调蓄水库、首部枢纽和业主营地为50 A。

(5)单个模块充电电流:地面控制楼为40 A或50 A;调蓄水库、首部枢纽和业主营地为10 A或20 A。

(6)充电装置数量:地面控制楼为2套;调蓄水库、首部枢纽和业主营地各1套。

3)技术要求

(1)充电装置均采用高频开关整流模块,采用自冷或风冷方式。

整流模块具有过压、欠压、缺相、过流故障报警功能。整流模块效率不低于94%,功率因数不小于0.9。

整流模块采用$N$+1热备份,当任一模块发生故障时,系统产生报警,但不影响系统的正常运行。

(2)充电柜配置防雷装置,具备完善的防雷保护措施。

(3)充电装置具有充电(恒流、限流恒压充电)、浮充电及自动转换的功能,并具有软启动特性。

(4)精度。

①稳流精度:当交流输入电压在其额定值的±10%的范围内变化,直流输出电压在直流系统标称电压的80%~112%的范围内变化时,充电电流在其额定值的20%~100%范围内的任一数值上保持稳定,其稳流精度不超过±0. 5%。

②充电装置输出电压纹波系数小于±0.5%。

③稳压精度:在稳压状态下,当交流输入电压在其额定值的±10%范围内变化,输出电流在其额定值的0~100%范围内变化时,输出电压在额定值的80%~110%范围内任一点上保持稳定,其稳压精度不超过±0.5%。

④正常运行时,充电装置的噪声不超过50 dB。

(5)根据IEEE 946的要求,在蓄电池回路短路时,充电装置的输出电流限制在150%的额定输出以内。

(6)充电装置的输入、输出连接电缆能采用多根电缆并接的连接方式。

2.直流配电开关和馈线开关

地下厂房和地面控制楼125 V、地面控制楼48 V直流系统均为单母线分段接线,直流配电柜上安装充电装置和蓄电池出口开关、母线分段开关、放电回路开关等配电开关。每段直流母线馈线回路设1面直流馈线柜,安装本段母线馈线回路开关。

地下厂房每套机组配 1 面 125 V 直流馈线柜,GIS 配 1 面 125 V 直流馈线柜,均为单母线分段接线,带联络开关。每段母线从地下厂房继电保护室 125 V 直流馈线柜的不同母线引 1 路电源。

所有接在直流母线上的元件必须经过直流熔断器或直流断路器保护。所有主回路开关和馈线开关采用国际知名品牌的专用直流断路器。

(1)直流配电开关。

主回路开关采用直流断路器,额定值要求如下:

额定电压:≥600 V。

开关额定电流≤65 A 的分断能力:≥10 kA。

开关额定电流≥100 A 的分断能力:≥20 kA。

开关额定电流≥400 A 的分断能力:≥36 kA。

操作机构:地下厂房和地面控制楼 125 V、地面控制楼 48 V 直流系统母线分段开关以及充电装置出口开关配置电动操作机构,当 1 套充电装置故障时自动切断该充电装置出口开关、自动闭合母线分段开关,保证不间断供电。其他开关均为手动操作机构。

电动操作机构操作电压为 125 V, 48 V 直流系统可采用 48 V。

(2)馈线开关。

馈线开关采用 2 极直流断路器,每个馈线回路配置 1 只指示灯。

额定电压:≥ 600 V。

开关额定电流≤65 A 的分断能力:≥ 10 kA。

开关额定电流≥100 A 的分断能力:≥ 20 kA。

①地下厂房 125 V 直流系统馈线开关配置。

继电保护室直流馈线柜 1:400 A 5 回,160 A 8 回,250 A 1 回,32 A 26 回;

继电保护室直流馈线柜 2:400 A 5 回,160 A 8 回,250 A 1 回,32 A 26 回;

机旁直流馈线柜:进线和分段开关 100 A 3 回,馈线开关 32 A 40 回;

GIS 直流馈线柜:进线和分段开关 400 A 3 回,馈线开关 125 A 11 回,32 A 49 回。

②地面控制楼 125 V 直流系统馈线开关配置。

直流馈线柜 1:100 A 4 回,63 A 2 回,32 A 14 回;

直流馈线柜 2:100 A 4 回,63 A 2 回,32 A 14 回。

(3)地面控制楼 48 V 直流系统馈线开关配置:63 A 6 回,32 A 10 回。

(4)调蓄水库、首部枢纽和业主营地 48 V 直流系统馈线开关配置。

每套系统直流馈线开关:32 A 10 回。

3.逆变电源装置

(1)逆变电源装置数量:地下厂房为 2 套,地面控制楼为 2 套。

(2)每套额定容量:地下厂房为 30 kVA,地面控制楼为 10 kVA。

(3)功率因数:≥0.8。

(4)直流输入电压:125 V+10%、125 V−15%。

(5)交流输入电压:480 V(三相)±10%,(60±3) Hz。

(6)内置 480 V(三相)/220 V(三相)/127 V(单相)变压器:地下厂房 32 kVA 为 2

套,地面控制楼 10 kVA 为 2 套。

(7)交流输出电压:220 V(三相)/127 V(单相)+5%、127 V-10%(可调),(60±1) Hz,三相四线制。

(8)馈线开关:每个馈线回路配置 1 只指示灯,每套逆变电源装置馈线断路器的额定电流和回路数如下:

地下厂房:220 V 三相 3 极 63 A 6 回,127 V 单相 2 极 63 A 6 回、32 A 3 回。

地面控制楼:220 V 三相 3 极 32 A 3 回,127 V 单相 2 极 63 A 3 回、32 A 3 回。

逆变电源装置由 $N$+1 个正弦波逆变器构成,$N$ 个正弦波逆变器额定总容量满足总容量要求。

逆变电源装置均单独组屏安装。直流输入回路由 125 V 直流电源系统提供,交流输入电源由厂用电源供电,经过内置变压器旁路输出。输入和输出两侧均装设空气开关保护。

逆变电源装置满足如下性能要求:

①单个模块容量:2.5 kVA;

②过载能力:120%;

③逆变效率:≥90%(半载到满载);

④待机损耗:<100 W(空载);

⑤额定输出时功率因数满足任何负载;

⑥保护功能:输入欠压保护、输入过压保护、输出过载保护、输出短路保护;

⑦冷却方式:自冷或采用内置风扇设计,工作温度为 10~35 ℃,储存温度为 5~40 ℃,湿度为 0~90%无冷凝;

⑧噪声:<60 dB。

4.交流电源柜

地下厂房和地面控制楼交流电源柜配置双电源自动切换开关,两路交流输入分别从厂用 0.22 kV 不同母线各引 1 路电源,经过双电源自动切换后输出,单母线接线。两路交流输入互为备用、具备自动切换和手动切换功能,并可任选一路作为工作电源。双电源自动切换开关和馈线开关等采用国际知名品牌的产品。

交流电源柜配置防雷模块抑制电网中的浪涌冲击和雷击。

交流电源柜主要参数如下:

(1)交流输入电压:220 V(三相)/127 V(单相)±10%,(60±3) Hz,三相四线制,零线直接接地。

(2)双电源自动切换开关:额定电流为 100 A,分段能力为≥20 kA。

(3)信号:具有常用电源、备用电源接通和故障信号灯,以及相应的输出信号接点。

(4)馈线开关。每个馈线回路配置 1 只指示灯,出线开关额定电流和回路数如下:

地下厂房交流电源柜:220 V 三相 3 极 20 A 6 回,127 V 单相 2 极 25 A 6 回、20 A 9 回、16 A 24 回。

地面控制楼交流电源柜:220 V 三相 3 极 20 A 3 回,127 V 单相 2 极 25 A 6 回、20 A 9 回、16 A 12 回。

5.保护、监测和监控

1)保护和测量

直流系统成套产品具有完善的保护、绝缘监测、直流接地巡检及事故报警功能。配置必要的电流、电压等测量仪表、变送器。

在地下厂房水轮发电机旁和GIS的125 V直流馈线柜上装设进线直流电流、电压表。

2)绝缘监测装置

125 V直流系统配置微机直流绝缘在线巡回监测装置,能实时监测正负直流母线的对地电压和绝缘电阻,并能准确定位与测量环路接地。125 V直流母线对地绝缘电阻低于20 kΩ时绝缘监测可靠动作。当监测异常时,能自动启动支路巡检并显示故障支路,能与所属的直流系统监控装置通信。

地下厂房和地面控制楼125 V直流系统各设置2套绝缘监察装置,监测范围包括各主回路和母线分段回路、蓄电池出口和每个馈线回路。

地下厂房每面机旁125 V直流馈线柜和GIS 125 V直流馈线柜各设置1套绝缘监测装置,监测范围包括进线回路、母线分段回路以及每个馈线回路。

3)蓄电池巡检装置

地下厂房和地面控制楼125 V直流系统各设置1套蓄电池自动巡检装置。蓄电池自动巡检装置采用微机型、防爆型装置,实现对每个单体电池电压的监控,其测量误差≤2‰。

4)微机监控装置

每套125 V直流系统分别配置2套微机监控装置,每套48 V直流系统分别配置1套微机监控装置。

微机监控装置采用大屏幕液晶触摸屏,用于显示各种参数、故障信息,以及必要的操作提示等,英文和西班牙文显示。微机监控装置具有自诊断和自恢复以及掉电保护的功能,具有存储及显示历史记录的功能。

根据IEEE946第7.4.1要求,充电装置输出电压过高时能自动断开交流侧电源。125 V直流系统和地面控制楼48 V直流系统以下信号能在现地显示或报警,并传送至电站计算机监控系统:

(1)蓄电池充放电电流(4~20 mA模拟量)。

(2)蓄电池充电装置输出电流(4~20 mA模拟量)。

(3)直流母线电压(4~20 mA模拟量)。

(4)蓄电池充电装置输出电压(4~20 mA模拟量)。

(5)125 V直流系统接地电压或电阻。

(6)直流系统电压过高、过低报警信号。

(7)直流系统接地报警信号。

(8)蓄电池出口熔断器熔断信号。

(9)充电装置输出断路器跳闸信号。

(10)充电装置直流输出故障信号。

(11)分断开关闭合信号。

(12)充电装置交流输入故障信号。

(13)充电装置直流输出电压低信号。

(14)蓄电池试验回路断路器闭合信号。

(15)充电装置直流输出电压高继电器动作信号,并能自动断开充电装置交流输入断路器。

以上信号既能在直流柜上显示,又能以硬接线形式接至端子排引出。

6.放电装置

放电装置满足如下技术要求:

额定电压:48~125 V(满足48 V、125 V电池组放电)。

额定电流:0~300 A,连续可调。

负载采用全电阻设计。

7.蓄电池

1)地下厂房125 V直流系统

(1)型式:阀控式密封铅酸蓄电池(胶体式)。

(2)容量:3 000 A·h。

(3)组数:2组。

(4)每组蓄电池单体数量:58只。

(5)蓄电池单体电压:额定电压为2 V;事故放电4 h末期电压:1.80 V。

(6)安装方式:采用支架安装。

2)地面控制楼125 V直流系统

(1)型式:阀控式密封铅酸蓄电池(胶体式)。

(2)容量:1 000 A·h。

(3)组数:2组。

(4)每组蓄电池单体数量:58只。

(5)蓄电池单体电压:额定电压为2 V;事故放电4 h末期电压为1.80 V。

(6)安装方式:采用支架安装。

3)地面控制楼48 V直流系统

(1)型式:阀控式密封铅酸蓄电池。

(2)容量:900 A·h。

(3)组数:2组。

(4)每组蓄电池单体数量:24只。

(5)蓄电池单体电压:额定电压为2 V;事故放电4 h末期电压为1.81 V。

(6)安装方式:采用支架安装。

4)调蓄水库、首部枢纽和业主营地48 V直流系统

(1)型号:阀控式密封铅酸蓄电池。

(2)容量:200 A·h。

(3)组数:各2组。

(4)每组蓄电池单体数量:24只。

(5)蓄电池单体电压:额定电压为 2 V;事故放电 4 h 末期电压为 1.81 V。

(6)安装方式:采用屏柜安装。

## 3.2.8 视频监视与门禁系统

### 3.2.8.1 视频监视系统

1.系统概述

CCS 水电站视频监视系统包括现场摄像设备、现场电源设备、信号传输设备、控制中心设备。现场摄像设备包括一体化快球摄像机及其配套的支架;现场电源设备包括视频电源箱;信号传输设备包括光端机、光缆、视频电缆、控制电缆、电源电缆等;控制中心主要设备包括矩阵主机、码转换分配器、数字硬盘录像机、控制键盘、液晶监视器、视频服务器、UPS 电源等。

系统共设置 30 台一体化快球摄像机,分别安装在以下位置:

(1)主厂房发电机层 1~4 号机组段和 5~8 号机组段上游侧墙各安装 1 台摄像机;

(2)主厂房母线层 1~4 号机组段和 5~8 号机组段上游侧墙各安装 1 台摄像机;

(3)主厂房水轮机层 1~4 号机组段和 5~8 号机组段上游侧墙各安装 1 台摄像机;

(4)主厂房球阀层 1~8 号机组每只球阀的上游侧墙各安装 1 台摄像机;

(5)主变压器运输廊道上 1~4 号机组主变压器段和 5~8 号机组的主变压器端下游侧墙各安装 1 台摄像机;

(6)GIS 室 1~4 号机组出线段和 5~8 号机组出线段上游侧墙各安装 1 台摄像机;

(7)高压电缆洞的入口和高压电缆洞的出口各安装 1 台摄像机;

(8)尾水出口平台安装 1 台摄像机;

(9)500 kV 出线场安装 2 台摄像机;

(10)控制楼柴油发电机房安装 1 台摄像机;

(11)首部枢纽沉沙池进水口安装 2 台摄像机;

(12)首部枢纽沉沙池出水口安装 1 台摄像机;

(13)调蓄水库电站进水口拦污栅平台安装 1 台摄像机;

(14)调蓄水库电站进水口门机平台安装 1 台摄像机;

(15)调蓄水库控制楼前安装 1 台摄像机。

2.设计总结

(1)系统设计有单独的码转换分配器,将摄像机控制功能进行独立设计,避免了一个串口传输多路控制信号的方式,方便接线和管理。

(2)受限于 EPC 合同,系统设计全部选择为快球,虽然快球移动速度快,可视角度大,但是对于只需要固定监视的部位如高压电缆洞进出口,快球的选择有点大材小用,应该根据不同应用场合选择不同的产品,需要固定监视的部分采用枪机即可。

(3)系统设计采用模拟系统的方案,成熟稳定,但是 1 台摄像机就需要敷设 3 根电缆,对于点位分散的项目来说,线缆敷设难度较大。如果采用网络摄像机,不仅可以将摄像机像素提高到百万以上,并且至少可以减少 1 根电缆;如果采用 POE 供电,可以减少 2 根电缆,大大降低了施工难度。

(4)系统设计室外摄像机均采用立杆安装,立杆安装需要跟土建配合基础和埋管,并且需要单独考虑设置接地系统。但是,在大部分场合,立杆安装和侧壁安装摄像机的视野基本一致,并且侧壁安装减少了独立基础和接地系统,更简便可行。

#### 3.2.8.2　门禁

1.系统概述

CCS 水电站可视化门禁系统包括可视化门禁室外单元、可视化门禁主控单元、可视化门禁电源单元和联网交换机等。

系统共设置 3 套可视化门禁室外单元,1 套可视化门禁主控单元。

控制楼主入口安装 1 套可视化门禁室外单元;

控制室主入口安装 1 套可视化门禁室外单元;

500 kV 出线场主入口安装 1 套可视化门禁室外单元;

控制楼控制室内安装 1 套可视化门禁主控单元。

2.主要设备参数

1)可视化门禁室外单元

品牌型号:博世 VDP-3450-R;

摄像机解析度:≥400 TVL;

最低光照:0.1 lx/F2.0;

通话方式:全双工;

电源:直流 15~16.5 V。

2)可视化门禁主控单元

品牌型号:博世 MA-300;

超强大的管理范围,可管理 9 台副机,方便社区分区管制;

可管理 9 999 台门口机及 9 999 999 台室内机;

可记录 255 条警报信息、99 条未接记录信息;

可外接摄像机、监视器,方便管理中心进行远程监控;

可直接呼叫门口机、室内机及管理员副机,并可进行通话;

能遥控开启任意门口机的电锁;

提供三种语言操作界面:简体中文、繁体中文、英文。

### 3.2.9　通信系统

#### 3.2.9.1　电力系统通信

CCS 水电站由位于基多的电力调度中心调度,根据电网安全运行的需要,应建设 CCS 水电站—调度中心的通信通道。根据本工程的实际情况,通信通道按架空地线复合光缆(OPGW)方式组织,本工程仅负责通信通道 CCS 水电站侧的建设。

在 CCS 水电站至 San Rafael 变电站的 500 kV 输电线路上架设 1 回 48 芯 OPGW 光缆作为传输通道,在地面控制楼设 1 套 SDH 622 Mbps 光通信设备、1 套 PCM 设备和 1 台综合配线架(包括光纤配线架、数字配线架和音频配线架)。

SDH 622 Mbps 光通信设备配置 L-4.2 光接口板通过站内敷设的无金属光缆在出线

场门架上通过 OPGW 终端盒与 500 kV 线路上架设的 OPGW 光缆连接，构成至电网调度中心的传输通道；光通信设备配置 2 Mbps 接口板，1 路 2 Mbps 与 PCM 设备连接，2 路 2 Mbps作为调度通信通道，2 路 10 M/100 M 以太网口作为远动网关通道，500 kV 线路继电保护通道采用专用光纤芯。

PCM 设备为电网调度提供 64 kbps 实时数据通道和电话通道。

#### 3.2.9.2 厂内通信

1.生产调度通信

在地下厂房母线层继电保护室内设 1 台 80 门数字程控调度交换机，该调度交换机配置如下。

1)调度主机

调度主机具备如下特点：调度交换机采用固态交换技术，运行方式为时分交换，控制方式为存储程序控制。重要控制设备为双备份，以主、备方式运行。中继路由方向不小于 64 个，能对接收号码进行处理，处理号码数可达到 24 位；异常情况下(如单方摘机、线路接地、短路等)能对中继线或用户分机自动闭锁与恢复；具备自诊断定位与测试功能，能对用户电路进行内线测试与外线测试；可配置数字中继、E&M 中继、二线环路中继；可与其他交换机联网，实现 DID、BID、DOD2、DOD1 接续；提供专用的调度信令，组成调度专用网。

2)96 键智能调度台 2 个

该调度台通过音频电缆与调度主机相连。调度台具备以下功能：具有液晶大屏幕可显示时间、日期、菜单选项、呼叫状态、链路状态等；选择应答直通用户；同时应答多方用户；转接；故障切换；强插、强拆；会议电话；显示主叫、被叫用户号码；轮呼等。

3)维护终端 1 台

维护终端具备如下管理、监测功能：可显示系统信息，包括系统数据、用户级别和数据、中继数据、告警信息及其他必要信息；可在线设置或修改数据；远端维护、呼叫记录、端口在线测试、告警信息显示、测试结果显示、自诊、自控、程序加载。

4)数字录音系统

数字录音系统配置 16 通道，每路录音时长不小于 1 500 h，该录音系统具备如下功能：录音/录时功能、录音/重放功能、监听功能、设置功能、备份功能、远端查询功能和远端维护功能。

程控调度交换机通过 OPGW 通信与调度侧的调度交换机相连，通过光缆通信以 2 Mbps中继方式与程控用户交换机相连，调度交换机内部呼叫及与程控用户交换机用户间相互呼叫均可采用 4 位等位拨号方式，调度交换机用户一般不进行出局呼叫。

2.行政管理通信

在地下厂房母线层继电保护室内设 1 台 400 端口数字程控用户交换机，该交换机作为电站的行政管理交换机，配置维护终端、计费系统和话务台。本交换机配置 2 Mbps 数字中继接口、4 线 E&M 接口等作为与电力系统、当地电话通信系统连接的接口。用户板通过音频配线架与站内光纤通信系统的 PCM 设备、分线箱等为用户配线。

3.光缆通信

在地面控制楼设1套STM-1 MSTP光通信设备和1套PCM设备,在营地、调蓄水库和首部枢纽各设1台STM-1 MSTP光通信设备和1套PCM设备,通过架设在供电线路上的ADSS光缆及敷设的GYFTZY光缆,构成地面控制楼至上述场所的通信系统。共形成2个光纤环网,其中ADSS光纤环网为:地面控制楼—San Loma营地—首部枢纽—电缆廊道—地面控制楼;GYFTZY光纤环网为:地面控制楼—水源井—高位水池—营地—地面控制楼。

地面控制楼的PCM设备通过音频配线架与程控用户交换机及程控调度机相连,通过2 Mbps接口与STM-1 MSTP光通信设备相连。STM-1 MSTP光通信设备通过S-1.1接口板经光纤配线架和ADSS光缆与调蓄水库及首部枢纽的光通信设备连接,通过S-1.1接口板经光纤配线架和GYFTZY光缆与营地的光通信设备连接。

调蓄水库和首部枢纽的光通信设备配置S-1.1光接口板经光配线架与ADSS光缆连接,配置2 Mbps接口板与本地PCM设备连接。营地的光通信设备配置S-1.1光接口板经光纤配线架与GYFTZY光缆连接,配置2 Mbps接口板与本地PCM设备连接。PCM设备经分线箱为用户电话机配线。地面控制楼和首部枢纽的光通信设备采用TM型设备,配置1个方向的光接口板,营地和调蓄水库的光通信设备采用ADM型设备,配置双方向的光接口板。

营地、调蓄水库和首部枢纽的用电从地面控制楼的配电中心采用架空线路方式供给,ADSS光缆在供电线路下方同杆架设,根据供电线路的气象条件和档距,ADSS光缆的型号选定为ADSS-AT-22(kN)-24-G.652,光缆芯数为24芯,GYFTZY光缆也采用24芯。其厂内通信光缆系统图如图3-21所示。

4.数字集群系统

在地面控制楼设1套集群移动交换中心(MSC)、1套数字集群网管中心及综合业务网关,通过RJ45端口与程控用户交换机连接,设置1台室内基站(BS),通过2个2 Mbps接口经光传输系统与营地和首部枢纽的室内基站连接,同时设置1套光纤直放站(FOR)近端机、2个调度台和1套室外天线。

在CCS水电站地下厂房设置4台远端机,并配置室内天线及泄漏同轴电缆,实现地下厂房及交通洞、高压电缆洞等位置的集群移动信号覆盖,见图3-22。在营地和首部枢纽各设置1套室内基站及1套室外天线,满足集群信号需求。

数字集群系统具有呼叫、数据、辅助及网络管理功能。

(1)调度台基于Windows操作系统,可以针对应急指挥对界面进行优化,为调度员提供一个用户友好的屏幕显示布局,使调度员能够方便地使用所有调度指挥功能。具体功能:处理组呼、发起选呼、对无线用户点对点的通信和用户状态监视、处理PABX/PSTN电话型呼叫、处理紧急呼叫、数据通信、无线用户管理、通话组管理、组织管理、工作站用户管理等。

(2)网管终端可以为维护管理人员提供统一的图形化人机操作界面,在该界面上维护管理人员可以完成对系统设备的用户参数配置、基站参数配置管理、故障管理、用户管理、性能管理、统计管理、状态管理及事件管理等全部操作。

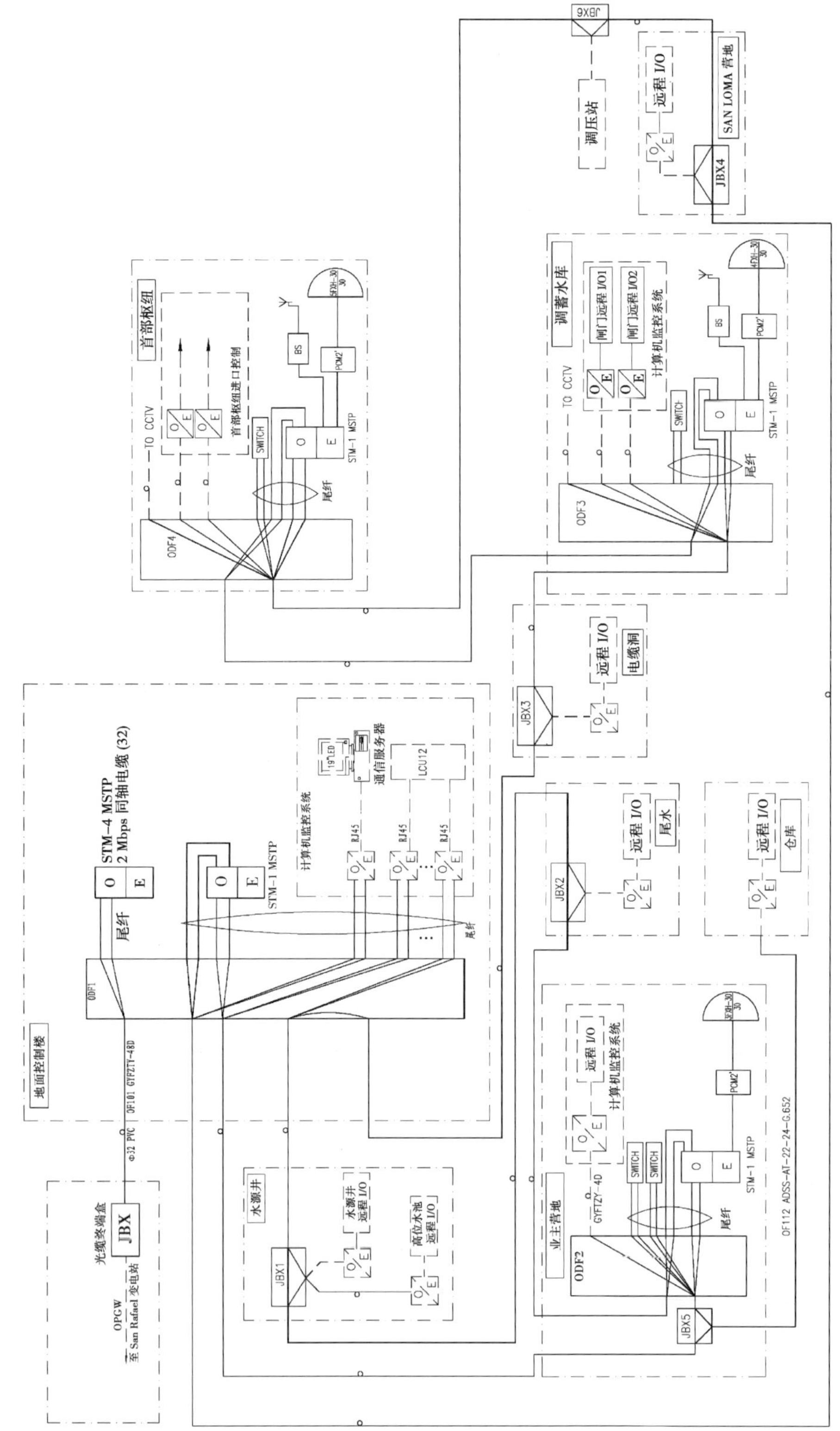

图 3-21　厂内通信光缆系统图

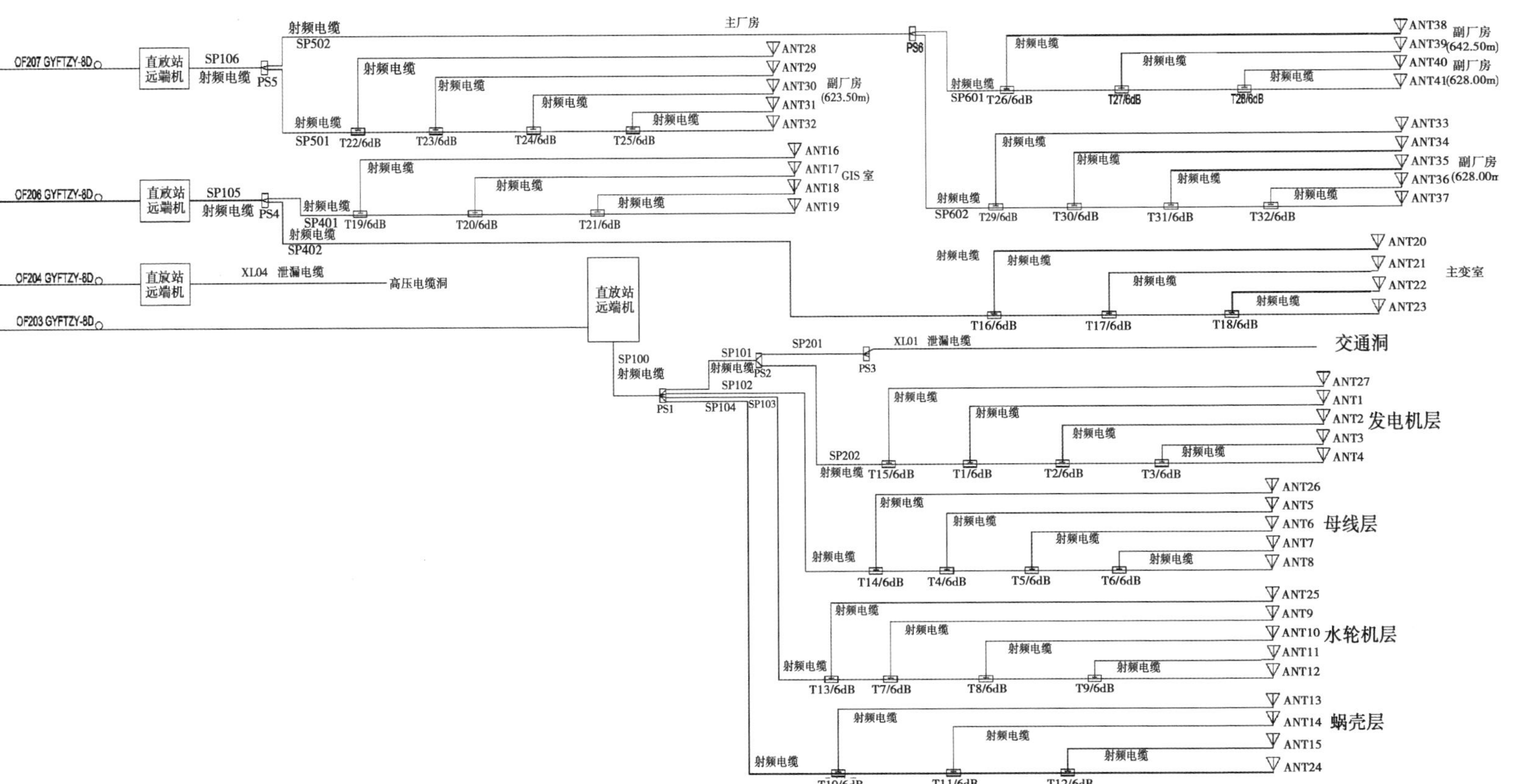


图 3-22　数字集群系统天线布置图

## 3.2.10 通风空调控制系统

### 3.2.10.1 通风空调系统和控制系统概述

1.通风空调系统概述

CCS 水电站主要建筑分为首部枢纽、调蓄水库和发电厂房三部分。首部枢纽和调蓄水库的配电中心等小型建筑，采用通风机和分体空调，共设有通风机 18 台。发电厂房位于地下，共设有通风机 121 台，消防排烟机 3 台，24 个电动风口；发电控制楼、尾水闸、高位水池等建筑位于地面，共设有风机 32 台。主厂房采用全空调加新风方式、主变压器洞采用全通风方式进行通风排热换气。新风自进厂交通洞引入，交通洞最里处设有 2 台调温新风除湿机。高压电缆出线洞和专用排风道(地质探洞)为对外排风排烟通道。高压电缆洞出口、主厂房和主变压器洞 8#机端头设有 3 个通风排烟机房，主要设备房间设有通风机，GIS 室、机墩等处设有电动风口。主厂房球阀层设有 3 台空调螺杆冷水空调机组，主厂房发电机层、母线层、水轮机层、母线洞、副厂房等设有 35 台空气处理机组(风机盘管)，风机盘管附近设有温湿度传感器。地面控制楼设有多联式空调系统。

2.通风空调控制系统概述

首部枢纽和调蓄水库的配电中心等小型建筑的通风机和分体空调，采用就地控制启停。地下厂房的所有通风机、排烟风机和电动风口能就地控制启停，同时设置了 1 套通风 PLC 控制系统，能远方控制地下厂房的所有通风排烟机。

地下厂房空调系统的冷水机组和风机盘管能就地控制启停。地面控制楼多联空调的各房间风机盘管设有控制面板，可调节温度和风量大小。

地下厂房和首部枢纽、尾水闸室、地面控制楼等处发生火灾时，通风空调和排烟系统设备受火灾自动报警系统(FAS)控制，联动通风空调控制箱柜断电，启动有关部位的排烟风机。另外，地下厂房火灾时，其通风和排烟系统设备也能受通风 PLC 控制启停。

### 3.2.10.2 通风、空调控制系统设计

1.通风控制系统设计

设计原则：根据方便电站运行人员就近集中操作控制和火灾时集中切除通风机电源的原则，风机控制箱设在运行人员巡视时便于操作的位置，能就地控制附近房间的 1 台或数台风机的启停。水电站主要工程分为首部枢纽、调蓄水库和地下发电厂房三部分，彼此距离较远，根据地下厂房平时通风系统运行工况调节和火灾时对通风排烟设备控制的需要，地下厂房的所有通风排烟设备除能就地控制启停外，也设计了 1 套通风 PLC 控制系统，能远方控制地下厂房的所有通风排烟设备，通风 PLC 的上位机设在地面控制楼的中控室内。首部枢纽和调蓄水库的配电中心、发电厂房的地面控制楼、透平油罐室、尾水配电中心、尾水柴油机房、高位水池等都是独立小型建筑，设置的通风机采用就地控制启停。

首部枢纽配电中心设 1 台风机控制箱。调蓄水库配电中心和调蓄水库清淤配电中心各设 1 台风机控制箱。控制楼、控制楼柴油机房、透平油罐室、尾水配电中心、尾水柴油机房、高位水池各设 1 台风机控制箱。地下厂房共设 44 台风机控制箱。

发电机坑内设置的发电机 $CO_2$ 灭火事故后排风机，平时不运行，$CO_2$ 灭火后现场手动开启排气，不受通风 PLC 控制。GIS 室墙上设置的 8 个电动排风口平时常闭，人员进入前可现场手动开启，GIS 气体泄漏探测器报警时，自动联动打开排风口排气，不受通风 PLC 控制，其布置见图 3-23。除此之外，根据地下厂房风机控制箱的布置，通风 PLC 控制

系统设置了 11 套现地控制单元(LCU)控制其他所有风机控制箱,系统设置 2 台上位机,1 台上位机设在地面控制楼中控室,1 台上位机设在进厂交通洞口处(交通洞口的上位机因外方咨询工程师原因取消)。网络通信光缆从地面控制楼通过高压电缆洞进入地下厂房。通风 PLC 控制系统 LCU 和上位机布置见图 3-24。

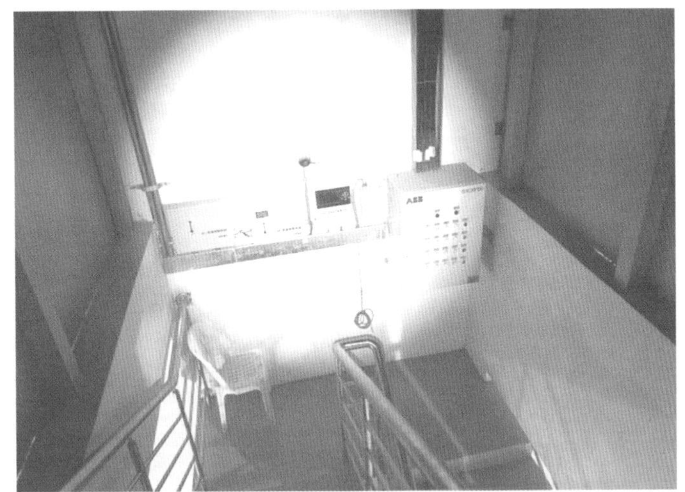

图 3-23　GIS 室墙上电动排风口控制箱和 GIS 气体泄漏控制报警装置布置

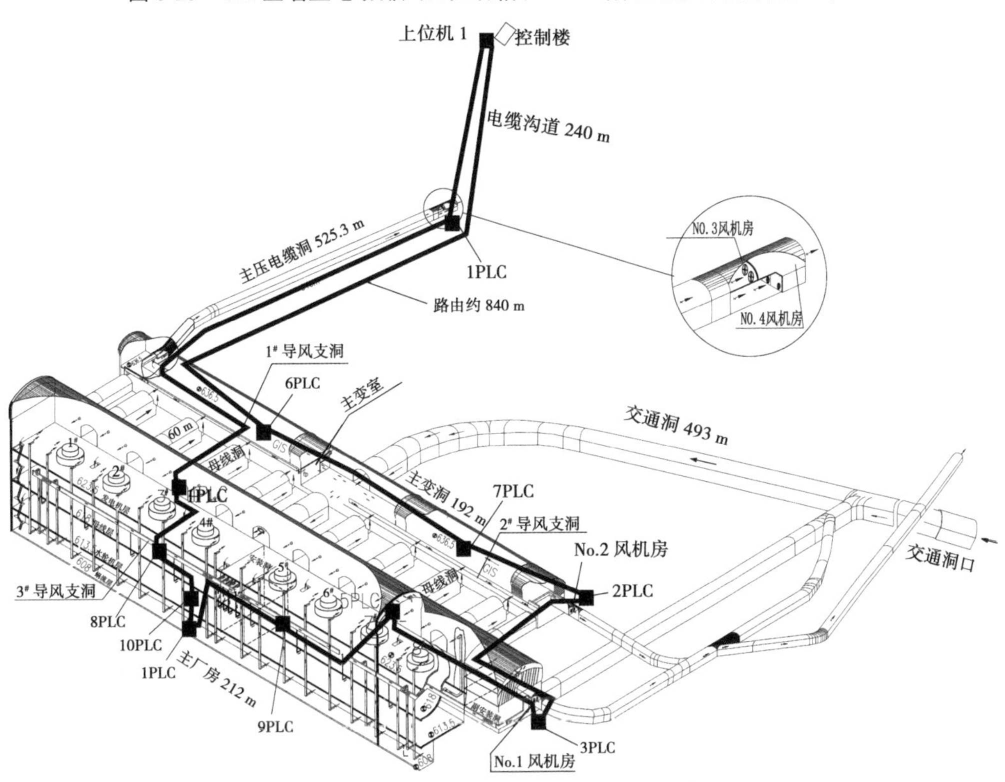


图 3-24　通风 PLC 控制系统 LCU 和上位机布置图

通风 PLC 控制系统网络结构采用工业级多模光纤冗余以太环网。网络结构见图 3-25。

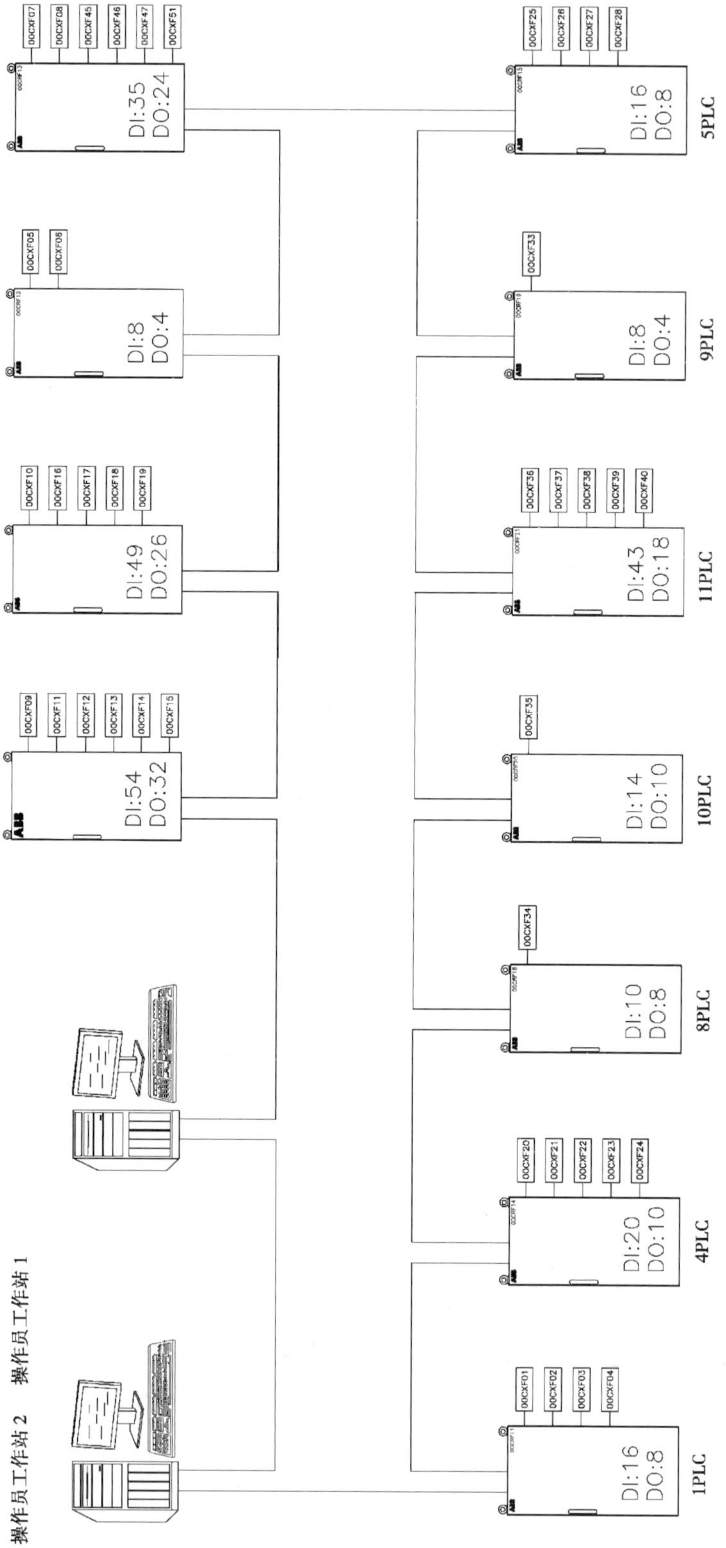

操作员工作站 2　操作员工作站 1

6PLC DI:54 DO:32 (00CXF09, 00CXF11, 00CXF12, 00CXF13, 00CXF14, 00CXF15)

7PLC DI:49 DO:26 (00CXF10, 00CXF16, 00CXF17, 00CXF18, 00CXF19)

2PLC DI:8 DO:4 (00CXF05, 00CXF06)

3PLC DI:35 DO:24 (00CXF07, 00CXF08, 00CXF45, 00CXF46, 00CXF47, 00CXF51)

1PLC DI:16 DO:8 (00CXF01, 00CXF02, 00CXF03, 00CXF04)

4PLC DI:20 DO:10 (00CXF20, 00CXF21, 00CXF22, 00CXF23, 00CXF24)

8PLC DI:10 DO:8 (00CXF34)

10PLC DI:14 DO:10 (00CXF35)

11PLC DI:43 DO:18 (00CXF36, 00CXF37, 00CXF38, 00CXF39, 00CXF40)

9PLC DI:8 DO:4 (00CXF33)

5PLC DI:16 DO:8 (00CXF25, 00CXF26, 00CXF27, 00CXF28)

图 3-25　通风 PLC 控制系统网络结构

2.地下厂房空调控制系统设计

地下厂房空调系统的冷水机组和风机盘管(见图3-26),设计有就地控制柜和控制箱,能就地控制启停。风机盘管附近设有温湿度传感器,设计有1套根据厂房温度能闭环控制的空调PLC控制系统。控制设备由通风空调厂家配套提供(空调PLC控制系统因总承包商原因取消)。

图3-26　风机盘管控制箱布置

### 3.2.10.3　通风控制设备设计

1.通风控制箱设备设计

(1)现场能手动控制风机启停。能接受通风PLC的远方控制启停。火灾时,能接收火警系统自动控制启停和通风PLC的远方控制启停。高压电缆电缆洞出口风机房风机控制箱和通风PLC箱布置见图3-27。

图3-27　高压电缆电缆洞出口风机房风机控制箱和通风PLC箱布置

(2)断路器。负荷在10 kW以上的回路断路器选用塑壳断路器,短路分断能力≥30 kA。其他断路器选用微型断路器,短路分断能力≥10 kA。

三相断路器能满足交流 480 V/60 Hz、单相断路器能满足交流 277 V/60 Hz 的要求。控制回路电压为单相交流 277 V。

(3)消防控制箱采用双电源引入。双电源自动转换开关 ATS 采用 PC 级一体式转换结构,转换时间<200 ms。控制器有自投自复/互为备用功能。缺相转换、失压转换、过/欠压转换。

(4)单台风机功率大于 10 kW 的回路中安装三相交流电流表。

2.通风 PLC 系统设备设计

1)上位计算机

主机采用工控机型。输入电压为 AC 127 V。显示器采用液晶显示器,尺寸等参数和电站计算机监控系统的上位计算机一致。

上位计算机的功能主要有:根据运行值班人员的指令或程序设定,手动或自动地对相应设备进行控制,存储并打印系统设备运行工况及故障、状态信息。故障时自动推出相应的文字信息和画面。具有辅助绘图软件,能调出、修改和增加平面、布置、流程等画面。有优先级别及口令系统。

2)现地控制单元(LCU)

(1)采用交、直流双路电压输入。输入电压:AC 127 V 和 DC 125 V。

(2)以太网交换机具有 2 个光口、4 个电口 100 M/10 M 接口,能满足多模光纤冗余以太环网的要求。能实现与上位计算机之间的联网通信,负责将有关数据上送给上位计算机,同时接受上位计算机的指令完成相应控制。能脱网后独立运行。

(3)各现地控制单元留有备用插槽,配备的 I/O 点有不小于 20%的备用量。

## 3.2.11 火灾自动报警系统

### 3.2.11.1 设计过程

CCS 水电站的设计过程分为基本设计和详细设计阶段。基本设计经业主审查批准后,业主要求编写消防设计准则,相当于 CCS 水电站消防设计的规范,准则批准后才能进行下一步的设计。由于外方咨询对规范和很多火警设备功能、性能不了解,以及我方一些回复解释咨询工程师不理解,因此准则经过了大量的问题回复解释和资料补充,提交了 5 版才获批准。

根据准则编写的火警设备招标文件,也历经曲折,经过了 4 版才获批准。火警设备由 EPC 总承包方在国内招标,最终选用德国美力马品牌火警设备,与电站主变压器水喷雾和气体灭火等消防设备为同一个品牌和供货商。

详细设计阶段主要是施工图的设计,需要咨询工程师的审查批准方可用于施工。施工图的设计主要是火警探测总线回路的规划、系统图的设计、设备的布置、管线的走向和连接、设备和材料的统计、安装说明等工作。火警设备特别是火灾探测器设计时探测范围都留有余量,施工时可根据现场情况局部调整位置,咨询工程师有时纠缠于一些细节,要求所有火警设备都在图纸上定位,标上距墙尺寸,与不同专业的设备位置需要精准配合,拉长了制图周期,很多施工图经过数版才能批准。

#### 3.2.11.2 火警系统设计

1.火灾探测及消防联动控制范围

CCS水电站主要建筑分为首部枢纽、调蓄水库和发电厂房三部分,彼此距离很远,因此首部枢纽和调蓄水库的小型独立建筑物的火警系统设计为独立系统。发电厂房区域有地面控制楼、地下发电厂房,小型的独立建筑物有尾水闸室和透平油库等,距离控制楼较远。尾水闸室和透平油库分别设独立的火警系统。地下发电厂房和地面控制楼作为水电站的重点消防保护区域,其火警系统监视和联动控制的范围包括地下的主厂房和主变压器洞、地面控制楼,火警集控设备设在地面控制楼中控室。

各建筑物的火警系统监视和联动控制的范围如下:

1)地下厂房

主厂房的发电机层、母线层、水轮机层、主要电缆通道、配电室、继电保护室和电缆夹层、蓄电池室及其他重要房间;主变压器室、主变压器运输廊道、高压电缆洞及地面廊道;500 kV GIS室。

联动控制设备包括声光报警器、主变压器自动水喷雾灭火系统、通风空调设备、排烟风机、电动防排烟阀、防火卷帘门等设备。

发电机的火灾自动报警装置和$CO_2$气体灭火系统由发电机厂家配套提供。火警和灭火动作信号送全厂火警系统。应急小机组发电机的火警装置由小机组厂家配套提供。

2)地面控制楼

中控室、通信中心、蓄电池室等所有房间,地面油库和柴油发电机房。

联动控制设备包括声光报警器、通风空调等。

中央控制室和通信中心设有IG541气体灭火系统,这两个房间的火灾探测器和火灾控制器等设备由气体灭火供货厂家配套提供。火警信号送全厂火警系统。

地下厂房和地面控制楼的火灾自动报警及消防联动系统图见图3-28。

3)首部枢纽、调蓄水库、尾水闸室、透平油库等独立建筑物

配电中心、柴油发电机房、所有液压启闭机房、油罐等。

联动控制设备包括声光报警器、通风空调。

2.设备布置

1)集中火警及消防联控设备

发电厂房火警系统由1套总线制火灾报警系统、1套光纤感温火灾探测报警系统和1套消防电话系统组成。

地面控制楼火警控制器、火警系统微机图文显示终端、光纤感温系统专用计算机和消防电话系统总机,组装在1套琴台式控制柜内(FACP01),安装在地面控制楼的中央控制室。

地下厂房的火警控制器、光纤控制器及附件组成1面火警控制柜(FACP02),安装在地下主厂房继电保护室。

火警系统的打印机、UPS、双电源切换装置、光纤控制器的输出接点所连接的火警模块等安装在FACP01。

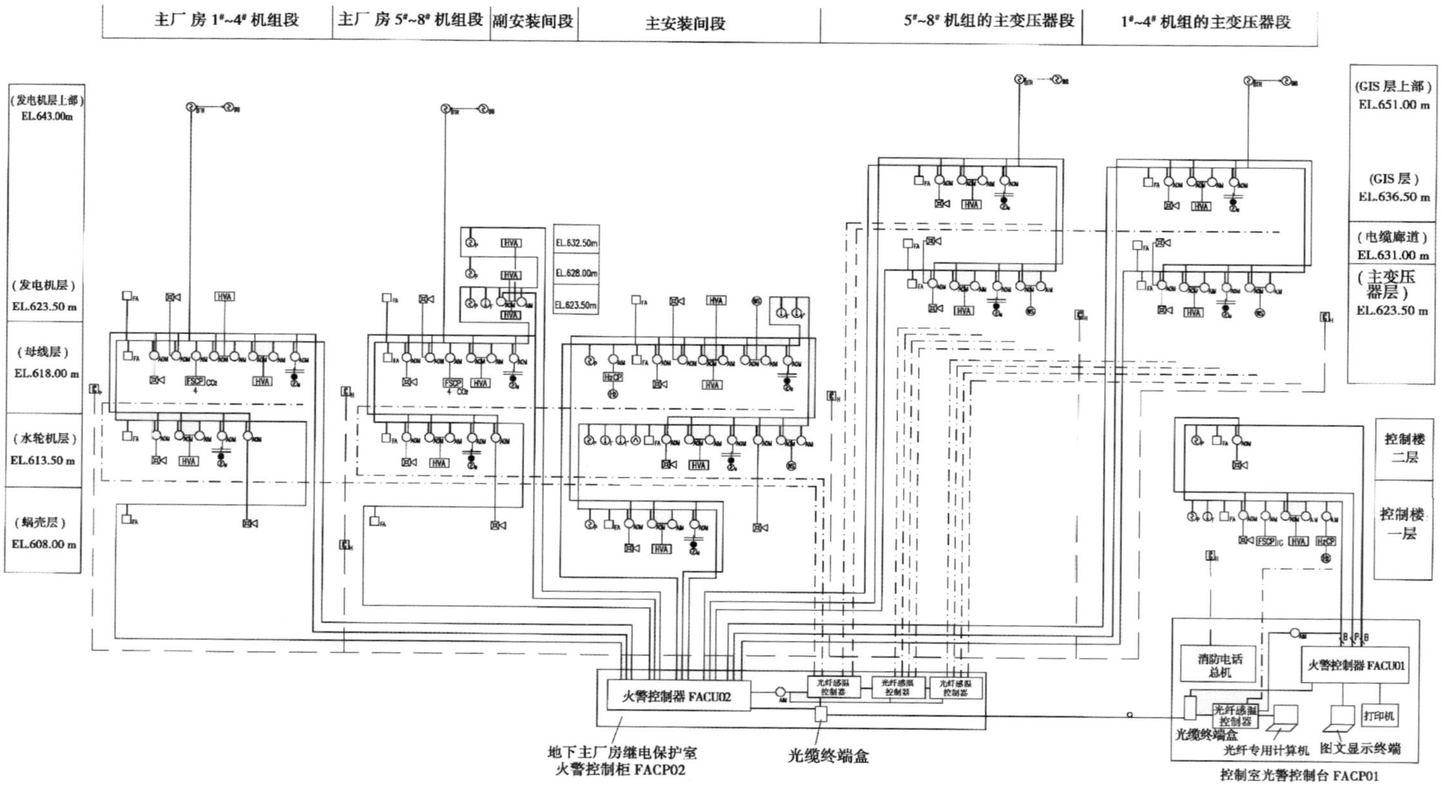

主厂房 1#~4# 机组段 | 主厂房 5#~8# 机组段 | 副安装间段 | 主安装间段 | 5#~8# 机组的主变压器段 | 1#~4# 机组的主变压器段

（发电机层上部）EL.643.00m

（发电机层）EL.623.50 m

（母线层）EL.618.00 m

（水轮机层）EL.613.50 m

（蜗壳层）EL.608.00 m

（GIS 层上部）EL.651.00 m

（GIS 层）EL.636.50 m

（电缆廊道）EL.631.00 m

（主变压器层）EL.623.50 m

控制楼二层

控制楼一层

火警控制器 FACU02

光纤感温控制器

地下主厂房继电保护室火警控制柜 FACP02

光缆终端盒

消防电话总机

火警控制器 FACU01

光纤感温控制器

打印机

光纤专用计算机

图文显示终端

控制室光警控制台 FACP01

| 图例 | 名称 | 图例 | 名称 | 图例 | 名称 |
|---|---|---|---|---|---|
| | 点式光电感探测器 | CM | 控制模块 | FSCP CO₂ | $CO_2$ 灭火控制盘 |
| | 点式定温感探测器 | SM | 信号模块 | | 主变压器水喷雾雨淋阀 |
| | 点式差温感探测器 | SP | 声光报警器 | HVA | 通风空调控制箱 |
| HFR | 红外光束反射式感烟探测器 | EL | 固定消防电话分机 | | 电动防火排烟阀 |
| | 红外光束反射板 | FACU | 火警控制器 | FACP | 火灾报警控制柜（台） |
| FA | 手动火灾报警按钮 | | 氢气探测器 | FSCP IG | IG541 气体灭火控制器 |
| | 火焰探测器 | $H_2CP$ | 氢气报警控制器 | | |

图例

| 图例 | 名称 |
|---|---|
| B | 火灾探测总线 |
| P | 火警电源电缆 |
| | 光纤感温探测器 |
| | 消防电话电缆 |
| | 光缆 |

图 3-28 火灾自动报警及消防联动系统图

2)地下主厂房

(1)主厂房发电机层高约20 m,长超过200 m,宽约26 m,且上下游侧墙4.5 m高处各有1排水平出风口,形成风幕,因此在厂房顶部纵向设计了6对红外光束反射式感烟探测器,侧墙3.5 m高处横向设计了14对红外光束反射式感烟探测器,对发电机层火灾探测形成了分层全覆盖。火警信号送火警控制器,火警时联动启动发电机层拱顶排烟阀分组打开、排烟机启动排烟,停止主厂房所有通风机。

地下厂房副安装间屋顶平台火警模块箱和排烟风阀控制箱布置见图3-29。

图3-29 地下主厂房副安装间屋顶平台火警模块箱和排烟风阀控制箱布置

(2)母线层和水轮机层的1#~4#机组段和安装间的电缆桥架上方,设置1根光纤感温火灾探测器;母线层和水轮机层的5#~8#机组段的电缆桥架上方,设置1根光纤感温火灾探测器。光纤感温火灾探测器共分成22段设置报警部位,报警的具体位置能通过光纤测温控制器上传显示在光纤专用计算机上。

(3)FACP02设1台4通道的分布式光纤测温控制器,负责母线层和水轮机层电缆桥架的电缆测温。火警信号通过光纤测温控制器上的输出接点接到火警模块上,传到火警系统参与联动控制。

(4)主厂房油处理室、事故油池净化室设点式定温感温探测器和点式差温感温探测器两种。

(5)油罐室设点式定温感温探测器、点式差温感温探测器和火焰探测器三种,火警信号送火警控制器。

3)电气设备室及电缆夹层

(1)地下厂房的配电室、继电保护室、应急机组房间和其他房间设点式感烟探测器。

(2)蓄电池室除设点式感烟探测器外,另外设氢气探测器,氢气报警控制器和专用声光报警器设在蓄电池室外,氢气报警控制器输出报警信号传到火警系统。

(3)继电保护室电缆夹层桥架上方设光纤感温火灾探测器。

4）主变压器室、GIS 室

（1）主变压器室采用光纤感温火灾探测器，绕变压器周围敷设。光纤感温火灾探测器可设定不同的报警温度和温升速率。火警信号通过模块传到火警联控系统并参与联动控制。可自动或手动联动水灭火装置灭火。

本工程共有 8 组主变压器，每组有 3 台单相变压器，每台单相变压器单独安装在 1 个变压器室内。每台变压器作为 1 个报警部位。每 4 组主变压器设 1 台 8 通道的分布式光纤测温控制器，1 根光纤感温火灾探测器占用 1 个通道。2 个通道负责 1 组 3 台单相变压器的测温。

每台机组的任何 1 台单相主变压器故障或发生火灾，3 台单相主变压器须同时跳闸，是联动一体化运行的。因此，采用 1 根光纤感温火灾探测器缠绕 3 台单相变压器进行探测。为了火灾探测可靠和考虑探测器冗余，再增加 1 根光纤感温火灾探测器，以同样的方式敷设，2 根光纤感温探测器同时测量，互为备用。

当某根光纤感温火灾探测器故障时，光纤控制器能检测出故障位置并报警。

主变压器光纤火灾探测器布置施工图见图 3-30、图 3-31。

（2）GIS 室高约 17 m，长接近 200 m，宽约 20 m，顶部设计 6 对红外光束反射式感烟探测器。

5）高压电缆洞

GIS 室下面的高压电缆夹层、高压电缆洞和地面高压电缆廊道的顶部，设有光纤感温探测器，接入地面控制楼电缆沟的光纤感温探测器。

高压电缆洞出口设有 2 个通风机房（见图 3-32），距地面控制楼较近，设有声光报警器和火警模块箱，火警设备通过电缆沟连接到地面控制楼的火警控制器上。

6）地面控制楼

（1）变压器室、配电室、直流室、蓄电池室、办公室及其他重要房间设点式感烟探测器。柴油发电机房设点式防爆感温探测器。火警信号传到地面控制楼火警控制器。

（2）蓄电池室除设点式感烟探测器外，另外设氢气探测器。氢气报警控制器和专用声光报警器设在蓄电池室外，氢气报警控制器输出报警信号传到火警系统。

（3）中控室和通信室及其吊顶与活动地板下，设点式感烟探测器和点式感温探测器。相邻两种探测器都报警时，联动气体灭火设备动作。

（4）配电室、直流室和蓄电池室的电缆沟设光纤感温探测器。FACP01 设 1 台单通道的分布式光纤测温控制器，负责以上部位的电缆测温。

7）首部枢纽、调蓄水库、尾水闸室、透平油库等独立建筑物

配电中心设点式感烟探测器，柴油发电机房设点式防爆感温探测器，所有液压启闭机房设点式感温探测器，油罐采用线型感温探测器缠绕在油罐外壳上。

独立建筑物各设 1 台小型火警控制器，火警信号送各自部位的计算机监控系统 SCADA，通过电站的光纤通信网络，送到地面控制楼中控室的计算机监控系统上位机。

8）手动火灾报警按钮和声光报警器

地下主厂房和主变压器洞的各层交通要道和出入口、控制楼各层走廊、独立建筑物设一定数量的手动火灾报警按钮和声光报警器。

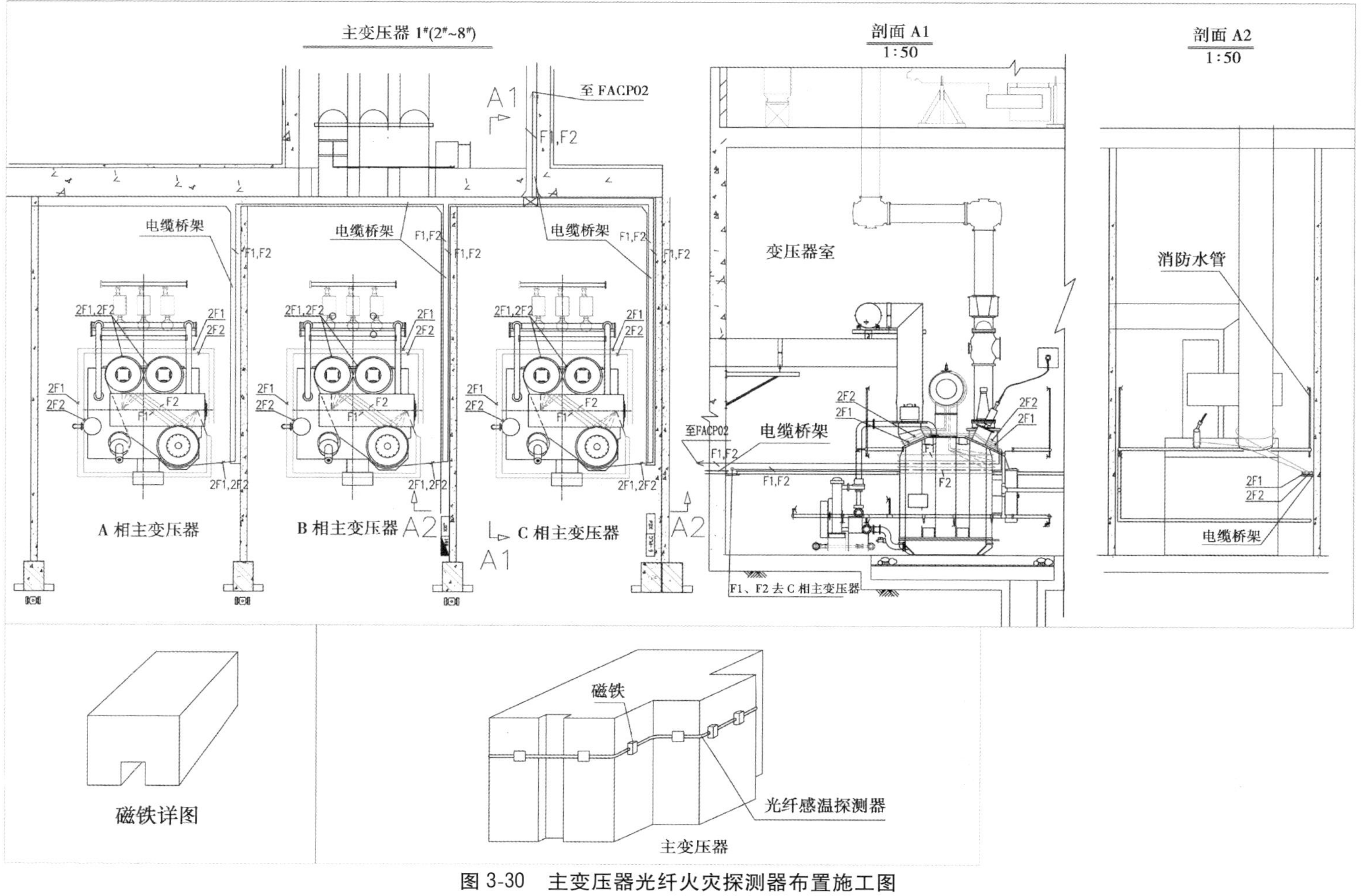


图 3-30　主变压器光纤火灾探测器布置施工图

图 3-31　主变压器光纤火灾探测器布置

图 3-32　高压电缆洞出口通风机房布置

9）火警系统模块

火警系统的控制模块和信号模块，全部就近安装在被控设备附近的火警模块箱内。

10）消防电话系统

全厂设 1 套消防电话系统。在地下厂房发电机和主变压器的自动灭火操作装置处、照明配电室、集中通风空调房设固定消防电话分机。

3.供电

从地面控制楼直流系统逆变装置和低压配电盘上，各引1路AC 127V电源接至控制室火警联控台（FACP01）的双电源自动转换开关，再接入柜内UPS，作为地面火警设备的电源。

地下火警设备从继电保护室AC 220 V/AC 127 V交流柜上，引1路AC 127 V电源接至地下火警控制盘（FACP02）内的双电源自动转换开关，再接入柜内UPS，作为地下火警设备的电源。FACP02的UPS自带电池。

独立建筑物的火警控制器电源，引自就近的低压配电柜。

4.电缆敷设

火灾探测总线和控制信号电缆采用阻燃铜芯屏蔽电缆。由于业主不强调厂房表面过分整洁，不像国内工程管线都要暗敷、遮盖，而是认为露在外边便于施工、检查、检修，因此火警电缆采用穿金属封闭线槽和钢管全程明敷，不用随土建施工预埋保护管，方便设计、施工和检修。

## 3.3 重大及关键技术问题解决方案

### 3.3.1 发电机断路器GCB的设置

总承包主合同附件A中发电机与变压器之间设置负荷开关，经调研，合同中电压等级为13.8 kV，电流为10 000 A的大电流负荷开关设备已没有制造厂家生产。从EPC工程节省成本的思路考虑，在概念设计时提出带厂用分支的1#、8#机组设置发电机断路器GCB装置，其他6台机组设置大电流隔离开关的替代方案。严格意义上讲，隔离开关方案并不满足合同要求，因为隔离开关既不能开断短路电流，也不能开断负荷电流，机组运行操作欠缺灵活性及可靠性。概念设计咨询ELC公司，不同意此种替代方案，根据设计方案的合理性，并结合咨询公司的建议，在基本设计中最终确定的方案为8台机组均设发电机断路器GCB成套装置。

### 3.3.2 电气制动开关的设置

总承包主合同中并没有要求对机组采取电气制动方案，但根据2010年10月14~15日厄瓜多尔CCS项目水轮发电机组及附属设备招标文件审查会议的纪要第6条"电制动问题（1）会议明确设置电气制动，相关发电机出口开关（2#~7#机组出口隔离开关改为GCB）满足电制动要求。取消反向喷管制动。（2）补充电制动技术要求，商务文件相应修改"，要求电气专业考虑机组设置电气制动，并选择合适的电气制动开关。

电气制动开关是电气制动系统中的主要设备，其功能为：用于发电机定子绕组三相对称短路，具有关合发电机残压电流、承受大容量工作电流、频繁操作、三相联动操作等技术性能。其价格也相对较高。

根据国内大型电站的经验,电气制动装置主要有两种方案:

方案1:设置独立的电气制动开关。国内绝大多数电站采用这种方式。独立的电气制动开关也主要有三种型式:

第一种是用大容量的断路器代替制动开关,这种开关一般采用进口设备,多数采用发电机断路器代替。应用于三峡水电站、隔河岩水电站等。用断路器代替制动开关的优点是技术性能稳定,承受大电流的能力强,动作时间短,与大电站离相封闭母线易于配合布置;缺点是价格昂贵。

第二种是采用隔离开关+灭弧触头代替,要求这种隔离开关有一定的灭弧能力,国内只有老沈阳高压开关厂生产的 GN23 型隔离开关有所采用。应用于白山水电站、莲花水电站、万家寨水电站等。这种隔离开关价格较断路器低,技术性能较差,主要是开关动作时间长;设备体积大,不宜布置;灭弧触头容量小,易发生事故,20 来年设备仍未改进,招标形不成竞争等,新建的大型水电站已逐步淘汰这种型式。国外法国 SDCEM 生产大电流隔离开关,目前在我国主要应用于抽水蓄能换相开关,在水电站中较少应用。

第三种是采用专用电气制动开关。这种专用电气制动开关额定电流较大,具有一定的灭弧能力,价格较为合适,应用于田湾河水电站以及大多数抽水蓄能电站。据调研,目前仅有 ABB 公司、阿尔斯通公司生产专用电制动开关。若配置独立的电气制动开关,则采用第三种型式专用电气制动开关,价格适中,且运行稳定,也是目前工程中使用较多的方式。

方案2:利用发电机断路器兼作电气制动开关。这种方式是在发电机断路器中加入短路开关,这个短路开关不具备关合残压电流能力,是利用主断路器的高分断能力,通过操作两次主断路器实现电气制动。如小浪底、棉花滩水电站等就是采用的这种方式。其优点是省去了独立的制动开关,节省投资;缺点是停一次机需要操作两次主断路器,减少了断路器的机械寿命。据了解,由于 ABB 公司产品升级,原来小浪底水电站所用的那种发电机断路器型式已停止生产。

经比较,采用方案 1 的第三种方案,即发电机出口离相封闭母线励磁变压器后至发电机断路器之间配置专用的电气制动开关设备,能够保证机组安全可靠停机。

### 3.3.3　500 kV 出线场高压电缆备用相方案研究

500 kV 出线场位于地面 640.00 m 高程,与地面控制楼相邻。出线场布置有 2 个间隔,每个间隔包括 500 kV 户外电缆终端、隔离开关、电容式电压互感器、避雷器等设备及设备支架、出线构架等。出线场设备经高压电缆廊道通过 500 kV 电缆与地下主变压器洞内全封闭组合电器相连。

根据厄瓜多尔 2010~2020 年电力规划,CCS 水电站装机容量占国内总装机容量的 1/3 左右。CCS 水电站在投运初期为系统内装机最大的电源,存在“孤立运行”工况。缩短主要设备检修或故障处理时间成了极为重要的课题,由于 500 kV 电缆为整个高压系统较为的薄弱环节,EPC 主合同就要求了多达三根的备用电缆(包括电缆终端)。

2011 年业主/咨询工程师召集 EPC 总承包商、厂家进行方案讨论,如果按照常规的备用方式,电缆故障时,需完成拆卸故障相、重新制作安装电缆终端等工作,同时由于电缆头密封件质保期原因,尚需从法国产地重新采购部分安装材料,这就使更换周期超过两个月,单回停电两个月对于厄瓜多尔是很大损失(根据业主介绍,最近几年该国从哥伦比亚购电花费平均每天约 85 万美元,同时该国正逐步实行减少对居民天然气、柴油使用的补贴等鼓励用电的措施)。

综合上述原因,业主/咨询工程师要求将备用户外电缆终端安装在出线场,通过优化设计,尽量减少停电时间。

由于讨论方案时,总承包方未意识到此方案的难度,以为仅仅更换电缆即可,所以没有要求设计参加,会议纪要里明确由电缆厂家完成方案研究,他们经过长达数月的研究,所提供的几个方案均无法满足要求,在此情况下,总承包方项目部恳请设计完成此项研究。我们出于对项目负责的态度,接下了这个国际上从未有过的超高压布置方案。黄河设计院会同各厂家进行了大量的研究,此问题主要分为两个部分。

#### 3.3.3.1 备用电缆的布置问题

根据灵活替代原则,原考虑单相替代,并将初步方案交与电缆厂研究,但是根据厂家研究报告,单相运行时感应电压超过了电缆保护层保护器的耐受值,故只能采用三相同时替代方案,该方案的主要难点在于需考虑替代两回路的方案,包括支架安装,电缆长度分割、布置等问题。此问题由电缆厂家为主、黄河设计院配合进行了研究,最终采用了如下方案解决了问题,见图 3-33。

#### 3.3.3.2 出线场高压电缆头的布置问题

由于这种布置方式在国内国外均无可以参考的工程实例,且 500 kV 属于超高压系统,采用非标准布置难度极大。经与咨询工程师/业主讨论,最终确定方案为在电缆头两侧设置独立的中转杆塔,三只备用电缆头分开安装在两回运行电缆头之间,通过跳线实现备用电缆头的替换,在不同回路故障时,采用不同的接线方式。同时委托专业软件开发公司做出了该方案的 3D 模型(见图 3-34)以校验各处带电安全距离。

由于当时出线场场地开挖已经完成,应尽量不增大出线场面积以减少工期延误,缩小出线门构增加的宽度(该门构单跨已超过标准值 1.5 m)以减小门构结构计算及加工难度也是非常重要的需求。黄河设计院根据订货情况,通过过电压保护和绝缘配合计算尽量减小备用相与正常相的间距,将出线场面积及门构宽度增加控制在较小的数值。在处理此项问题时,黄河设计院根据实际情况完成了《基于 IEC 标准的 CCS 出线场 500 kV 高压配电装置最小安全净距计算研究》报告,为其他国际工程非国内通用电压等级、非标准设备布置等提供了良好的参考依据。

本方案首次将备用超高压电缆完整回路与主回路电缆敷设在一个通道内,并可以按照需要快速替换故障回路 ,大大缩减了电缆故障维修时间,大幅降低高压系统故障造成的经济损失。这在全国水利及电力行业尚属首例。超高压系统的非标准布置,也为国内首创。通过高压电缆换接、设置中转塔、跨线、跳线、支柱绝缘子等完成了主、冗余回路切换,并通过三维模型校验了成果的可靠。其中,中转换的型式及应用在世界范围内尚属首次。

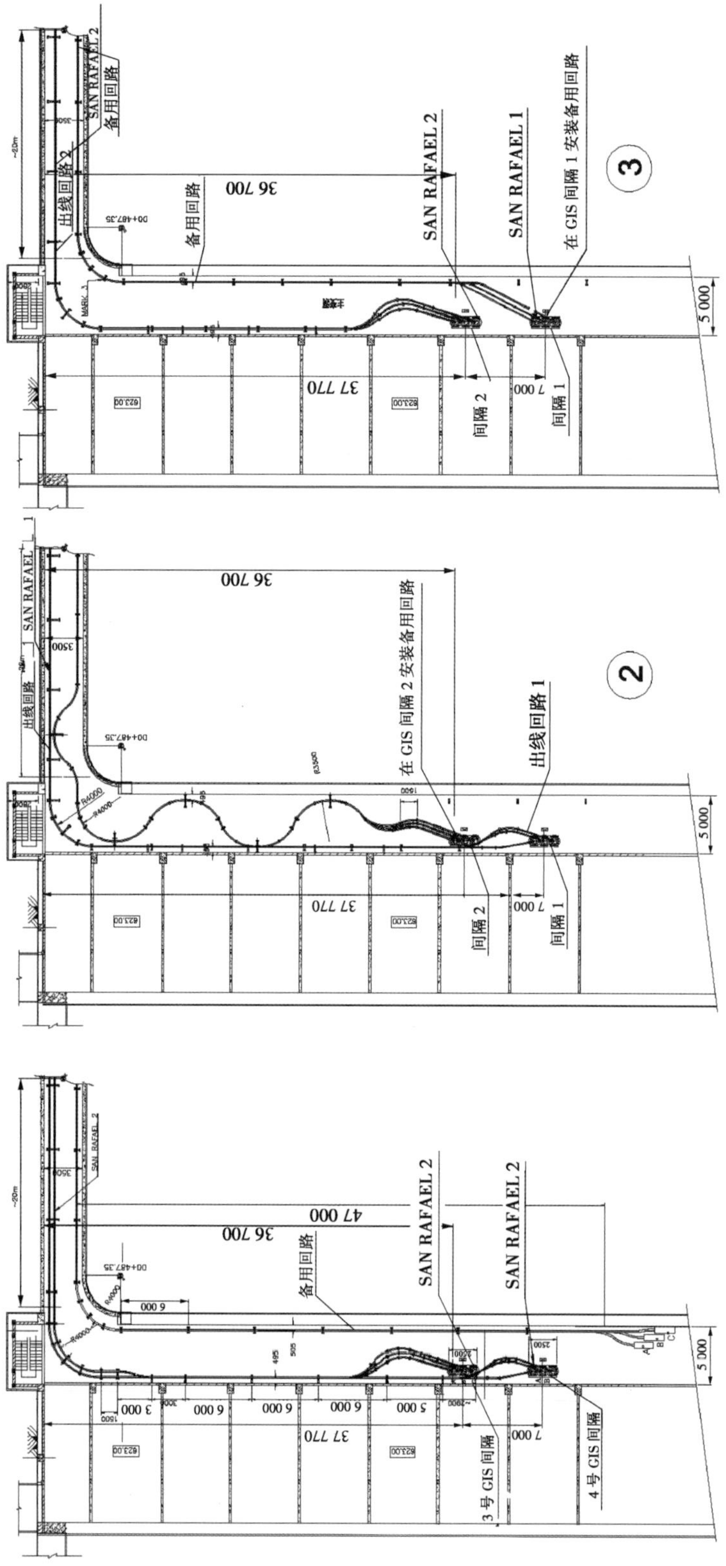

俯视图

图 3-33　500 kV 高压电缆换相示意图　（单位：mm）

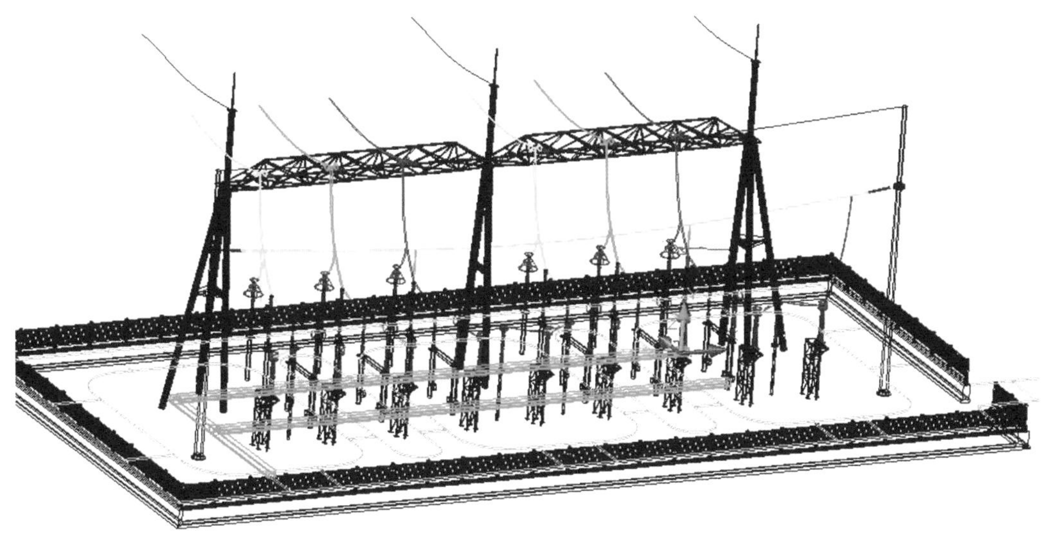

图 3-34　专业电力软件公司完成的 3D 模型

采用上述优化设计方案后，可减少检修更换时间约 40 d，仅从经济角度考虑（CCS 水电站多年平均发电量 86.29 亿kW · h），厄瓜多尔水电站上网电价按约 0.11 美元/(kW · h) 考虑，更换一次电缆就使业主减少损失超过 5 000 万美元，因此此方案经济效益明显。

### 3.3.4　500 kV 高压电缆设计优化

500 kV 高压电缆通常分为自容式充油电缆和挤包绝缘电缆两大类，挤包绝缘电缆（干式）又有交联聚乙烯电缆和低密度聚乙烯电缆。充油电缆在我国应用历史最长，积累的运行经验最多，但有火灾危险，敷设维护均比干式电缆复杂，安装高差也有限制，现已被逐渐淘汰。而干式电缆具有无油化的特点，防火性能好，安装敷设方便，维护工作量少，随着制造工艺的改进和实际工程运行的考验，其可靠性也逐步得到认可，应用也愈加广泛。根据上述分析，本工程选用交联聚乙烯电缆。

对于护套的选择，在亚洲（中国、日本、韩国等）通常采用皱纹铝套结构，其弯曲性能较好。我国的设计规范仅选择皱纹铝作为标准。但本工程所在地为热带雨林地区，即使敷设在廊道内，对电缆纵向阻水性也有较高的要求，结合厂家建议及与业主/咨询工程师沟通，最后选择了平滑铝护套。这种型式的护套可以在很大程度上减小成品电缆外径、总重量，并有效增加电缆的装盘量，同时可增加铝护套的机械寿命也有所增加。对于本工程而言，前期设计在 500 kV 高压电缆洞中部设置有中间接头室（在电缆通道中部有一个较大的扩径），采用平滑铝护套方案后，最终的设计中取消了该段洞室，减小了洞室开挖量，同时减小了现场安装工作量，提高了设备安全运行水平（少了中间接头，接头处通常是电缆的薄弱点，也是工艺要求最高的地方），并减少了投资。

### 3.3.5　厂用电设计重大改进

在厂用电的设计和施工过程中，由于按照美标设计及符合南美咨询工程师的习惯，厂用电的一些设计与国内常规水电站有较大差异,需对厂用电设计做较大改进。

#### 3.3.5.1 厂用电的接线方式

厂用电从1#机组和8#机组获取电源形成单母线分段接线,由于缺乏可靠的外来电源(施工电源为自备柴油发电站),该电站的厂用电电源数量较国内大型水电站为少,但增加了应急水轮机组和柴油发电机作为厂用电源的备用(黑启动)电源。厂用电系统中13.8 kV系统采用直接接地系统,以保持与当地的中压系统中性点接地方式一致;低压系统采用480 V和220 V两级电压供电,480 V电压等级主要为电机负荷,220 V为照明及小动力负荷;13.8 kV环网系统内全部采用断路器形式,在配置保护时根据环网的断开点仅在馈线处设置综合保护装置,避免保护装置复杂和误动作。

#### 3.3.5.2 电缆沟内支架安装方式

电缆沟内采用电缆桥架U形三侧布置。由于受限于土建尺寸,电缆沟内无法预留较大宽度检修通道,为了符合当地的习惯和以后业主运行检修的方便,多次和咨询工程师沟通后,共同确定的U形三边支架方案,可最大限度利用电缆沟内空间,同时预留出更多的检修和安装尺寸。

#### 3.3.5.3 主厂房内电缆桥架固定方式

主厂房内电缆桥架采用膨胀螺栓固定,由于主厂房各层楼板采用厚板结构,没有结构梁的影响,现场施工电缆桥架采用膨胀螺栓固定,便于后期调整桥架数量。

#### 3.3.5.4 厂用电设备固定方式

所有的变压器,中低压盘柜和控制盘柜采用槽钢立式布置,膨胀螺栓固定。便于后期检修盘柜,不破坏盘柜本身的基础,且如果盘柜定位不合适或者需要调整,现场调整很方便。

### 3.3.6 南美60 Hz电网与国内50 Hz电网设备参数差异处理

南美采用的是60 Hz系统,部分高压产品参数与我国采用50 Hz系统不同,如高压开关设备额定峰值耐受电流在60 Hz情况下等于2.6倍的短时耐受电流,而在50 Hz下是2.5倍。由于高压设备采购主要是国内厂商,其参数基本上按照50 Hz系统生产,在招标及谈判过程中,反复与厂商核对确认这些参数,保证了产品适用本工程。

### 3.3.7 接地设计的创新

通过CCS水电站防雷接地设计,在接地设计方案上有如下创新。

(1)接地导体选择:根据基本设计报告审查意见,本工程接地材料为铜包钢绞线。对于主合同要求的63 kA短路电流和1 s的持续时间,选择40%高导电率的铜包钢绞线,计算截面最小为185 $mm^2$。由于185 $mm^2$铜包钢绞线的截面面积大、质量重、硬度大,现场不容易折弯,运输也不方便,另外由于铜包钢绞线是每根钢芯外部镀一定厚度的铜层,现场切割后其端头的铜层特别容易损坏,从而导致腐蚀严重。

根据本工程各种参数,如果接地材料选择纯铜绞线,那么截面就会降至120 $mm^2$,可以方便运输、折弯,抗腐蚀性能也强。但鉴于意大利ELC公司审查纪要的约束,本工程按照约定采用铜包钢绞线。后续其他工程选择接地材料时可以根据以上分析的各个方面统筹考虑进行选择。

(2)防腐:由于本工程主接地导体采用铜包钢绞线,其与混凝土中的钢筋接触时对钢筋会产生腐蚀,咨询工程师对此也非常重视,咨询工程师曾一度提出所有在混凝土中敷设的接地导体要全部穿 PVC 管,但是施工起来可操作性较差。后来经过反复研究国际规范并与咨询工程师多次反复沟通,最终确定,在潮湿区域的混凝土中,接地导体采用穿 PVC 管保护的措施,接头处采用玻纤布和沥青进行处理,以减少对结构钢筋的腐蚀。

(3)防雷:本工程液压启闭机油缸均高出地面几米,最高的接近 12 m,在油缸顶部有传感器等设备。从设备运行安全角度考虑,同时参考 IEC62305 相关内容,不建议利用油缸壁作为接闪器,而是设置独立避雷针对油缸本身进行防雷保护。

(4)地下厂房与地面出线场之间原设计通过高压电缆洞内的 3 根明敷的接地线进行连接,后来根据咨询工程师的要求增加了几条暗敷的接地线,但未设置断开点,不方便两个接地网分开进行测试。后续其他工程可根据工程整体布置全面考虑在各个接地网之间设置方便断开的测试点。

(5)主要机电设备大部分布置在厂房区域,由于厂房采用地下式,厂房周边岩石电阻率很高,厂房接地系统因为经济、施工难度等原因未与调蓄水库接地网连接,厂房附近尾水接地部分面积较小,出线场作为主要的散流中心,如何降低该处的接地电阻需要重点考虑。出线场接地系统面积较小,虽然在河道附近,但由于河流湍急,无法敷设水下接地,采用降阻剂成为解决问题最好的办法(不但降低接地电阻,同时对保证人身安全的均压益处更大),但是由于厄瓜多尔国内工业落后,市场上买不到物理性降阻剂,从国内海运周期长、造价高。通过市场调研我们发现,该国部分地区火山爆发较为频繁(电站附近就有一座活火山),有大量廉价优质的火山灰可以利用,火山灰电阻率低、性质稳定、吸水性很强且没有腐蚀性,是一种优良的降阻材料,通过使用取得了良好的效果,为今后设计如何考虑就地取材提供了很好的思路。

(6)IEEE 国际规范的接触电压和跨步电压校验是本工程与国内标准的不同之处,我国标准中的公式是一种结合我国国情,在特定情况下 IEEE 标准公式的特例,即按人均体重 50 kg,人体电阻为 1 500 Ω,且土壤上未铺设表面保护材料层情况下的计算值。虽然在计算上较为方便,但准确率相对较低。采用国际规范能更加精确地计算出各种不同情况下的不同数值,为接地网设计影响人身安全提供更加可靠的理论数据。

### 3.3.8　机组开停机流程优化

关于机组开停机流程,设计单位与咨询工程师及业主存在一些争议,后经讨论达成共识。

(1)哈尔滨电机厂球阀系统的设计采用的是失电关阀的设计原则,即当球阀控制系统失去 24 V 电源时,SV102 单线圈电磁阀失电,自动通过液压回路关闭球阀。但是当球阀 24 V 电源消失上送监控时,只是作了报警处理,业主担心此时发电机会变成电动机工况。黄河设计院据此对业主进行了解释,球阀系统为防止电源意外失去,采用双电源供电方式,以保证电源的可靠性。其中 PS 电源是两个独立的冗余电源封装在一起的产品。其次黄河设计院接受业主建议,为更可靠起见,调整事故停机流程,把球阀失电意外关闭纳入机组事故停机矩阵中。为避免控制回路中 KA01 继电器损坏造成的误动作,采用由球阀控制柜中 24 V 电源消失信号与球阀全开信号消失这两个条件来判断,当两个条件均满足时,启动事故停机流程,确保机组的安全。

(2)调速器油压装置事故低油压信号在《水力发电厂自动化设计技术规范》(NB/T 35004—2013)中要求按事故停机信号处理,当发生事故低油压时进行事故停机流程;在《水轮发电机组自动化元件(装置)及其系统基本技术条件》(GB/T 11805—2008)中要求按紧急事故停机信号处理,当发生事故低油压时进行紧急事故停机流程。黄河设计院在设计时考虑到当发生调速器事故低油压时,调速器仍能确保操作折向器接力器和喷针接力器全行程关闭一次,并且当发生事故停机时动作于调速器紧停阀,直接动作于折向器,所需油量减少,因此把调速器油压装置事故低油压作为事故停机流程的判据。

(3)业主要求在事故停机流程中,不动作调速器紧停阀,通过电调卸负荷,卸负荷低至 30 MW 或时间至 30 s 时(两者中以先发生为准),跳开 GCB,以减少对电网的冲击。

*Guide for Control of Hydroeletric Power Plants*(IEEE Std 1010—2006)"6.1.4 unit shutdown"原文中提出停机流程分为 3 种,分别为紧急事故停机、机械事故快速停机和正常停机(IEEE Std 1010—2006 规范原文为:The control system can provide three types of unit shutdown: emergency, quick, and normal.),我方设计的紧急事故停机和电气事故停机对应 IEEE 规范中的紧急事故停机,在此基础上结合国内的规范根据事故的种类又做了细化。

IEEE Std 1010—2006 规范中的内容"The emergency shutdown is the most rapid means of disconnecting the unit"与我们的紧急事故停机流程和电气事故停机流程一致。"The quick shutdown is initiated generally by mechanical problems such as low governor oil pressure, vibration, and bearing high temperatures. The quick shutdown is similar to the emergency shutdown in that the gates are driven closed at maximum rate by de-energizing the governor's complete shutdown solenoid. However, the unit breaker is not tripped until the speed-no-load gate position or zero power output is reached, thus avoiding a load rejection trip."规范原文中机械事故快速关机流程中明确提出,调速器油压过低、振动过大、瓦温过高是作为机械事故停机流程的判据,并且机械事故快速停机在关机速度上和紧急事故停机流程相似,均以最快的速度关机,然后在空载时跳断路器。这与我们目前机械事故停机流程的做法一致。只是冲击式机组紧停阀直接动作于折向器,到空载关闭速度快(约 3 s),业主认为这个关闭速度过快。虽然我们理解 CCS 水电站的装机容量在厄瓜多尔电网中占比很大,并且冲击式机组紧急关机动作于折向器的关闭速度较常规机组要快得多,但是我方仍然认为咨询工程师提出的关于机械事故停机缓慢关机的要求是不符合规范要求的。

### 3.3.9 超高压系统保护用电流互感器的选择

保护装置采用的电流、电压量均取自相对应的互感器,其性能参数能否准确反映一次回路的电流电压量,对保护的可靠性至关重要。CCS 水电站采用发变组单元接线,经 500 kV 一级电压接入电力系统,系统的一次时间常数较大,使短路电流非周期分量的衰减时间长,短路电流的暂态持续时间长。为保证在实际短路工作循环中电流互感器不致暂态饱和,系统保护及主变压器差动保护电流互感器均采用 TPY 级电流互感器。TPY 级电流互感器准确限值规定为在指定的暂态工作循环中的峰值瞬时误差,剩磁不超过饱和磁通的10%,可满足本工程要求。

## 3.4 经验教训

### 3.4.1 主变压器消防设计的深入思考

主变压器标书和GIS标书分别经历了8个月和6个月的审批过程,主要原因是业主/咨询工程师要求增加主变压器及GIS在线监测和主变压器快速压力释放装置。主变压器快速压力释放装置是在NFPA850(851)—2010版新增的推荐采用的装置,根据国内规范,主变压器消防可采用水喷淋或者充氮灭火装置(我国引进改造的快速压力释放装置),国内没有工程同时使用这两套系统,但是厄瓜多尔国内有不少电站同时采用这种两套系统范例,双方经过长期的技术、合同讨论,最终达成一致意见,在主变压器本体上预留快速压力释放装置的接口,后期由业主按照需要自行增加该装置。

### 3.4.2 厂用电设计需考虑国内外工程及标准的差别

#### 3.4.2.1 南美两级低压供电问题

在项目两级低压供电情况下,设计时应提前规定好各级电压下的供电负荷分类情况,在CCS项目中,厂用电设计时虽考虑480 V电压等级为电机负荷,220 V为照明负荷。但由于涉及供货厂家较多,且没有标准约束各厂家,导致后期厂家供货设备中同样类似的负荷性质有的是采用480 V/277 V,有的是采用220 V/127 V。在类似的项目中,应在所有的机电设备技术协议中,明确要求各厂家采用的电压等级分类。

#### 3.4.2.2 美标与国标电缆芯线颜色差别

由于CCS水电站厂用电电压分为13.8 kV、408 V和220 V三级,电缆订货中涉及的电缆芯线颜色也比较复杂,参考美标的电缆芯线颜色与国标和IEC均不一致。同样为低压电缆,480 V和220 V两级电压的电缆颜色要求不一样,直流电缆要求采用另外一种单独的色系,导致后期订货的两芯电缆分为多种,有的是普通交流单相两芯电缆,有的是直流电缆,且交流两芯电缆中又分为277 V和127 V两种,而在现场施工中施工单位对于这些电缆无法做到详细的分区和识别。对于电缆颜色规格较多的设计,应提前规划好多级电压等级下的电缆芯线颜色体系,并充分考虑到订货和现场安装的方便。

#### 3.4.2.3 电缆桥架通道规划

电缆桥架通道规划有一定问题,主要表现在水轮机层动力电缆桥架规划不足,13.8 kV电缆外径较大,未考虑到弯曲半径及敷设间距,电缆桥架有效利用高度未考虑到防火隔板和部分大电缆的尺寸,主要的层间通道规划不足。今后应尽量优先采用单层垂直桥架,避免使用双层垂直桥架,避免再出现继电保护室的进出电缆通道紧张等情况。

#### 3.4.2.4 低压开关柜预留回路不足

低压开关柜后期预留回路紧张,由于480 V动力负荷和220 V小动力及照明负荷分开，后期增加的小动力回路（220 V/127 V）和照明回路不断增加，造成首部枢纽配电柜回路和地下厂房的220 V配电盘的馈线回路紧张。出现该问题主要是馈电回路数量统计时，各种小动力负荷和照明回路统计不足，预留回路较少。

#### 3.4.2.5 长距离电缆注意事项

在CCS项目中，调蓄水库输水隧洞出口距离供电电源点有1 km左右的距离，而且输水隧洞出口的负荷功率有63 kW，采用了低压供电方案，导致多根电缆并接，且涉及电缆订货时需要注意大截面电缆在工程中长距离敷设涉及的中间接头订货和分盘运输的问题。调蓄水库输水隧洞出口由于液压泵站电机采用一用一备方案，且房间内考虑到照明、检修、远程I/O等负荷电缆供电，实际使用的电缆造价远高于高压供电方案。

### 3.4.3 500 kV GIS合同参数与实际工程的差异处理

对于500 kV GIS，合同参数与实际工程有较大差异。咨询工程师在编制合同文件时，可能由于专业技术水平或其他原因，合同参数出现了一些问题，如500 kV GIS设备部分参数可能是按照敞开式设备选取，500 kV避雷器部分参数按照1 000 kV设备选取（冲击电流耐受值峰值要求150 kA），诸如此类问题较多。作为设计单位看出其问题后，不能盲目按照合同文件规定的参数选择设备，否则将来会出现很大问题，而应该与咨询工程师、业主反复沟通，确认其规定参数的不适应性，并形成书面文件或合同补充文件，从而使问题得以解决。

### 3.4.4 避免发电机主引出线（离相封闭母线）与通风管道布置冲突

发电机主引出线采用离相封闭母线，离相封闭母线引出风罩壁后，其安装吊杆与跨越的通风管道存在位置上的冲突，由于风管尺寸很大，现场采用了修改离相封闭母线吊杆的安装型式加以解决，见图3-35。这种办法虽然解决了问题，但存在一定安全隐患，特别是对于电站的主要送电回路来说以后应尽量避免。问题出现主要是前期规划和配合工作存在一定问题（如与通风专业），以后设计要加强专业配合，另外三维设计软件的应用及深入亦可尽量避免此类问题发生。

离相封闭母线厂家在与GCB厂家配合时，未考虑到连接段长度，设备到现场后连接不上，虽在现场通过增加过渡铜排解决了这个问题，但是影响了设备结构的整体性。

### 3.4.5 与常规水电站照明设计差异的思考

（1）由于CCS工程应急照明电源的特殊切换方式，给金卤灯的点亮时间带来了很大难题。金卤灯作为一种气体放电光源，其物理特性决定了它的启动时间长，在电源切换成功后，金卤灯需要经历5 min的启动过程才能达到正常照度水平。这一启动过程由于时间过长，违背了应急照明设置的初衷，无法保障故障初期的人身安全及设备安全。通过长时间对国内外各厂家照明灯具技术参数的调研及方案论证，最终确定了一种新型的快速点亮型防水防眩金卤灯具，其点亮时间为1 min，并且启动初期也能提供一定的照度，并配以自带蓄电池的LED双头应急灯具，可较好地保障故障时的人身及设备安全。发电机层照明实景及效果见图3-36、图3-37。

图 3-35　离相封闭母线吊杆与通风管道冲突后修改

图 3-36　发电机层照明实景

(2)在路灯照明设计过程中,由于咨询工程师对压降这一技术参数提出了很高的要求,馈线回路压降不得超过 3%,这给照明系统的设计带来了很大难题,设计从路灯的布置、灯具选择、电源配置等方面都进行了多方的考量,仍无法满足要求。最后又在压降计算公式上进行了优化:国内压降计算公式中通常是将同一回路的所有照明负荷都置于末端对压降进行计算,但实际运行中照明负荷是分段配置的,因此严格意义上来讲,回路压降也应分段计算,再进行求和,这样计算出的压降,不仅满足了要求,也更接近实际运行情况。

(3)CCS 工程在首部枢纽工区与厂房工区共设置了 3 个直升机停机坪,YREC 需要对这三个停机坪进行照明设计,停机坪配电及照明设计专业性较高,不同于常规的照明设计,且一般设计单位不进行类似的设计。鉴于工程特殊情况在对国内、国际各类停机坪设

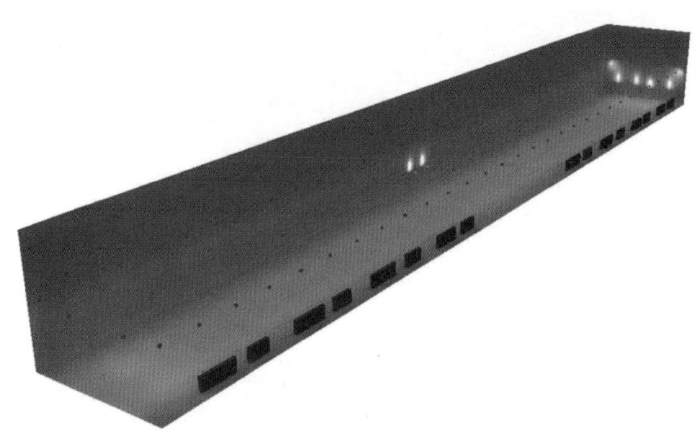

图 3-37　发电机层照明计算软件效果图

计规范(MH5013-2014,EB-87,150/5390-2C 等)进行详细调研的同时,与外籍工程师、咨询工程师进行多方的沟通,联系国内相关厂家进行了典型方案的学习,最终设计的停机坪照明方案获得了批准。

(4)控制楼一楼控制室的照明设计,灯具选择种类过多,同一个空间内选择了格栅灯、筒灯、单管荧光灯三种灯具,并且前期与水机、火警等专业配合,与咨询工程师沟通照度标准等问题时,让步过多,导致最终灯具的排列散乱,影响美观。

(5)厂房应急灯具的选择方面,虽然最终通过选用快速点亮型灯具配合双头应急灯的方式获得了咨询工程师的认可,但是在今后应急灯具的选择方面,在有条件的情况下,还是应当尽量避免用金卤灯作为应急光源,LED 光源、荧光灯光源都是无启动时间的光源,较金卤灯光源来说更适合作为应急光源。

(6)主变压器洞、出线场的照明设计照度过高,部分空间的照度水平甚至高于发电机层,喧宾夺主。根据主合同附件要求,室外照明(包括道路)照度值不低于 50 lx,这个数值远大于我国标准(5~10 lx),如果按照这个标准来设计,需要设置路灯数量比国内同样道路(大坝)多出 5 倍以上,不仅在经济上造成极大的浪费(增加路灯、加大照明变压器容量、增加供电电缆截面等),而且在技术上也存在较大问题(过高的亮度对车辆安全行驶不利)。据此,我们查阅了大量 CIE(国际照明委员会)规范及 IESNA(北美照明协会)的手册,从中找到有力证据说服咨询工程师/业主接受了降低照度的要求。

### 3.4.6　调速系统孤网运行与拒动功能设计

(1)由于 CCS 水电站装机容量占厄瓜多尔国内总装机容量的 1/3 左右,因此我们在方案设计时考虑孤网运行模式,调速器内部孤网检测功能监视着相对于额定值频率的偏移量。当超过上限值或低于下限值时,即使没有外部输入孤网命令,也会出现孤网信息。只要转速超出其设定范围或者有外部孤网运行输入时,这种孤网运行模式就一直工作。通常,在孤网模式下运行时,会转换到转速调节模式。根据现场运行反馈,调速器运行非常稳定。

(2)由于本电站水轮机采用冲击式机组,且为 6 喷针 6 折向器工作模式,在控制过程中喷针与折向器的调节规律更为复杂,无法像常规机组那样送出类似主配压阀拒动信号,设计院也就此问题与厂家进行了多次沟通,希望调速系统能送出一个可靠的反映调速器拒动的信号,以使机组能在115%转速同时又遇调速器拒动时动作于事故停机,以确保机组的安全,但由于各种原因,未达到设计目的。

### 3.4.7 机组同步点选择

CCS主接线采用单元接线方式,发电机出口及主变压器高压侧均设置了断路器。根据《水力发电厂自动化设计技术规范》(NB/T 35004—2013)第8章同步系统8.1.1条"所有发电机断路器及发电机-变压器组高压侧断路器(当发电机出口无断路器时)均应作为同步点"和8.1.2条"双绕组升压变压器一般有一侧作为同步点即可"的规定,在开机流程软件编程设计时只考虑了发电机出口断路器作为同步点,并且在调速器和励磁系统的设计中系统电压没有取主变压器高压侧500 kV母线电压,而是取自发电机GCB外侧电压互感器。后来业主表示他们习惯用主变压器高压侧断路器同步,以减少对主变压器的冲击。经过多次与业主沟通,表明发电机出口断路器作为同步点的优越性,业主仍坚持要用主变压器高压侧同步。因此,黄河勘测规划设计研究院有限公司拟调整开机流程,拟设置两种开机模式,分别以发电机出口断路器作为同期点和主变压器高压侧断路器作为同期点的开机模式,由运行人员在开机前自行选择。另外,需调整调速器和励磁系统的系统电压接线。

### 3.4.8 500 kV断路器二次回路设计

#### 3.4.8.1 500 kV断路器操作回路

国内项目220 kV及以上电压等级继电保护系统普遍采用分相或三相操作箱作为控制设备的配套产品,原设计方案中,500 kV断路器包括主变压器高压侧断路器、线路断路器等的出口回路,采用这种具有完整的断路器操作回路的三相操作箱方案。但经过业主和咨询审查,他们坚持国外运行人员普遍认可和采用的方式,即保护出口回路、切换回路和监视回路通过继电器的搭接完成逻辑功能并设置专用的复归继电器实现相应的功能。

本工程保护装置采用国外产品,与国内的保护加操作箱的模式不一样,保护出口采用专用继电器或继电器箱的模式,断路器操作回路主要依靠断路器本身操作机构的完整性来实现,与国内工程的设计理念不同。随着以后国际工程的增多,对国外品牌设备的研究和熟悉需要相应研究和重视。

#### 3.4.8.2 GIS气室气压低的处理措施

对于GIS气压报警问题,GIS气压报警属于设备故障,需要检修,气压报警信号发到监控系统,由运行人员根据故障情况通过监控系统远方跳开断路器,使故障间隔退出运行。此为国内工程一般做法。

业主和咨询工程师坚持要求每个间隔断路器气室的Ⅱ级压力过低信号应引至相应的保护柜启动跳闸回路跳开断路器,并发信号到监控系统,其他的气室和断路器气室的Ⅰ级压力低信号发到监控系统。咨询工程帅的意图是如果压力过低,信号未能被运行人员掌握,则故障时断路器可能出现拒动等严重问题,这样修改可以避免上述问题。

根据与保护和GIS厂家沟通后进行如下修改:

1.断路器间隔

$SF_6$气压低第一级→报警;

$SF_6$ 气压低第二级→跳闸,保护装置动作跳开本断路器;

$SF_6$ 气压低第三级→闭锁,禁止动作本断路器,并由监控系统自动跳开相邻的断路器。

2.其他气室间隔

$SF_6$ 气压低第一级→报警;

$SF_6$ 气压低第二级→跳闸,由监控系统自动跳开相邻的断路器。

#### 3.4.8.3 试验插拔开关装置的设置

国内项目对于保护柜的电流量和电压量输入,经过电流电压试验型端子排后接入保护装置的输入端,对于保护装置不同的保护配置均可设置功能压板来实现保护功能的投退,对于不同的保护出口均可设置硬压板来实现跳闸出口的投退。业主和咨询工程师坚持采用国外的试验插拔开关装置,而不采用国内成熟使用的电流电压试验型端子与硬压板结合的方式。

在业主和咨询工程师的坚持下,对于保护柜的电流和电压量输入、保护跳闸出口、失灵启动等回路先经过试验插拔开关装置后接入保护装置内,以便对回路进行试验和插拔,取消了国内工程常用的硬压板,这种方式符合当地电力系统的运行习惯。

### 3.4.9 电气二次设计经验总结

CCS 水电站项目根据业主和咨询工程师的要求,设计采用欧美标准,成果需要咨询工程师审查批准后才能实施。因此,500 kV 系统继电保护的施工设计与基本设计相比发生了不小的变化。通过本工程的设计,也为我们打开了不同的设计思路和方法,对于以后的国际工程设计有很好的借鉴作用。

#### 3.4.9.1 设计成果的形式

CCS 水电站工程是按照国际标准和规范完成的设计,设计成果的形式也要求满足业主、咨询工程师和将来运行人员的使用习惯,在与咨询工程师多次沟通后,最终形成了电缆表的成果模式。电气二次控制电缆表包含的内容有每根电缆的电缆编号、KKS 编码、型号、截面、耐压等级、信号回路电压、起点、终点、起终点设备布置的位置、电缆芯数及每芯的功能、敷设路径、长度和参考图号。这样电缆的所有基本信息都集中在一张图纸上,便于现场安装施工和电缆查找。此外,设备原理图与外部设备有关系的都标出交叉索引信息,与电缆相关的设备原理图、电缆桥架布置图以及外部相关的图纸均在交叉索引信息栏内标识,结合电缆端子表,施工技术人员掌握查找方法,能够很快清楚掌握设计原理,减少接线错误。这些成果对于将来电站运行人员遇到设备问题查根溯源也有很大的帮助。总之,CCS 水电站工程是完全按照国际标准和规范完成的设计,成果形式与国内工程有非常大的差别,比国内设计成果信息量要大很多。

虽然电气二次控制电缆表在使用功能上充分满足了咨询报批和施工、调试阶段的使用要求,但在最终竣工图的报批过程中发现了可优化的方面。施工图阶段控制电缆表均在 AutoCAD 软件上制作而成,而业主要求竣工图的报批需提供 Excel 电子表格版的成果。由于 Excel 电子表格能够方便地粘贴在 AutoCAD 软件中,并可按照规定的标准图框进行出图打印,如果前期充分沟通、了解咨询工程师的各项要求,策划分析 AutoCAD 软件和 Excel 电子表格两种应用软件的使用优势,在控制电缆表的设计之初即采用 Excel 电子表格软件进行施工图的设计,可以节省大量时间,提高生产效率。

#### 3.4.9.2　要求设计施工图包括三线图

业主和咨询工程师要求设计施工图包括三线图,内容是根据主接线图纸描绘出所有设备编号、CT 和 PT 的引出接线,具体到对应的两侧设备编号、端子号、电缆编号都要标注出来。类似于国内的测量及保护配置图,但内容更加完整详细,信息量更大,因此对于设计单位来说,增加了工程量,但对运行单位,使用更加方便。

#### 3.4.9.3　通信方式的选择

目前 IEC61850 标准已经被广泛应用于变电站自动化系统,IEC61850 标准第 2 版的名称已由"变电站内通信网络和系统(Communication Networks and Systemsin Substations)"改为"公用电力事业自动化的通信网络和系统(Communication Networks and Systems for Power Utility Automation)",明确将 IEC61850 标准的覆盖范围延伸至变电站以外的所有公用电力应用领域。本电站发电机-变压器组保护装置、500 kV 线路保护的所有事故信号和故障信号均通过硬接线方式传送到机组 LCU,除此之外,发电机—变压器组保护装置经通信口接入机组 LCU 柜内的交换机,通过双光纤网络接入电站监控系统,采用 IEC61850 通信规约,保护装置信号可通过通信方式传送到监控系统,类似于国内变电站的保护数据专网。

#### 3.4.9.4　计算书的要求

根据咨询工程师的要求,需对发电机-变压器组及 500 kV 系统的 CT、PT 回路所选用的控制电缆参数进行复核,由于 CT、PT 回路较多,仅选取 CT、PT 典型回路,即距离最远、设备负载最大的回路进行计算并出具计算书,提交咨询工程师审批。

#### 3.4.9.5　直流电源的设置

本电站每套机组配 1 面机旁直流馈线柜,为单母线分段接线,带联络开关。从继电保护室直流主屏的不同母线段各引 1 路电源,给机旁直流馈线柜以双回路馈线供电。每面发电机-变压器组保护柜由机旁直流馈线柜不同直流母线段引接 2 回独立的直流电源,保护柜内设置双电源自动切换装置,所有柜内直流负荷由切换后的直流回路供电,以确保直流电源供电可靠。根据国内相关规范和电力系统仅事故措施的要求,双重化配置的两套保护装置直流电源应取自不同蓄电池组供电的直流母线段。国内工程的通常做法是,每面保护柜由直流馈线柜分别供给 1 路装置电源。在设计过程中,为了提高保护装置供电电源的可靠性,增加了直流馈线柜的馈出回路数量,由于发电机-变压器组保护柜增加的电源由机旁直流馈线柜备用回路引接,没有引起相关设备的变更。在以后的工程设计中,需提前规划好直流馈线回路的数量和负载。

#### 3.4.9.6　控制接线的闭锁逻辑

为了防止因误操作给系统和设备带来严重破坏,对发电机机压设备和 500 kV GIS 的各主要设备如发电机出口断路器、电制动开关、主变压器高压侧断路器、隔离开关、检修接地开关、快速接地开关等的操作,实行严格的相互闭锁,即只有当闭锁条件满足安全运行的要求时,才允许对该设备进行操作和控制,否则操作失效。这种闭锁除在机械上采取措施外,各设备间的闭锁及联锁采用硬接线方式在 GCB 控制柜和汇控柜内完成,避免运行人员误操作给设备和系统带来重大破坏。

3.4.9.7 GCB 失灵保护

装设发电机断路器后，对发电机断路器配置失灵保护是非常必要的。断路器控制回路的故障、操作电源的消失、$SF_6$ 气体的泄漏，均会引起断路器的失灵。发电机内部发生故障，发电机断路器失灵，靠后备保护动作隔离故障，故障持续时间长，威胁了发电机的安全。发电机断路器装设了失灵保护，如果发电机内部故障时发电机断路器失灵，则失灵保护动作，断开主变压器高压侧断路器，可靠地隔离故障，更有利于机组的安全。

3.4.9.8 发电机频率保护

由于 CCS 水电站装机容量占厄瓜多尔国内总装机容量的 1/3 左右，因此在电网系统稳定性较差的环境中应加强对机组的频率保护的重视。为了保证系统频率维持在一个合理的范围内，当系统内发电侧与负荷侧有功供需失去平衡后，发电机组调速器会通过调整机组发电量，抑制频率的偏离。然而，当这种调节由于调节能力或调节速度的限制无法满足系统的需求时，发电机频率保护会确保在电网事故过程中可靠地将发电机组解列。

3.4.9.9 机端厂用分支故障的分析

如果机端厂用变压器分支发生短路故障，高压限流熔断器组合保护装置的限流熔断器 FU 将在 3 ms 内截断短路电流并衰减到 0，同时，厂用变压器继电保护装置检测到短路故障，而短路电流在 3 ms 内已截断，短路故障切除，厂用变压器继电保护装置启动元件即返回，没有出口动作。如果机端厂用变压器分支发生短路故障，高压限流熔断器组合保护装置的限流熔断器 FU 没有熔断，即短路故障未切除，此时，厂用变压器继电保护装置动作，根据故障类型按照跳闸矩阵的要求动作于各出口。

3.4.9.10 GIS LCU 布置方式优化

由于本工程设计还是采用国内的 GIS 设备 LCU 布置在继电保护室的常规布置方式，GIS 旁布置 GIS 汇控柜，通过控制电缆实现信号和控制命令的传输，此种方式需要敷设大量的控制电缆，造成继电保护室出口电缆通道布置的困难和电缆桥架容积率的超标，这在设计之初考虑的不够充分。在以后的项目设计时可考虑两种办法加以解决：

(1)将 GIS LCU 同样布置在 GIS 室内，LCU 与监控系统通信方式不变，减少大量 GIS 室到继电保护室之间的电缆，但布置 LCU 的位置有大量电缆进出，土建结构需要做专门设计。

(2)随着技术的发展，GIS 间隔汇控柜采用智能型汇控柜。汇控柜的智能测控装置通过光纤网络接口与 GIS LCU 进行通信，保留重要的设备位置、故障信号和控制命令硬接线；减少大量控制电缆，解决电缆通道布置和电缆桥架容积率的难题，或在 GIS 汇控柜旁设置 GIS LCU 远程 I/O 的方式也可解决此问题。

3.4.9.11 地面出线场二次电缆引出

由于本工程为地下厂房，到地面出线场需要经过高压电缆廊道。地面出线场的线路电压互感器二次回路需要引至地下保护、监控设备，设计时没有考虑到长距离敷设控制电缆的问题，控制电缆长度超过 1 km。为了能够满足电压回路压降的要求，需将控制电缆截面选到 $4\times10\ mm^2$ 规格。电缆消耗量大，敷设工作量大。随着设备技术的进步，可以考虑采用国内数字化输变电工程所使用的新型电压互感器，如光互感器或者电子式互感器。地下厂房到地面出线场敷设 1 根光缆，电压信号通过光缆传送到保护监控设备。这样电压信号抗干扰能力强，还可以节省投资和施工工程量。

第 4 章

# 金属结构

# 4.1 金属结构设计布置与选型

CCS水电站金属结构设备主要布置在首部枢纽、输水隧洞、调蓄水库、电站4个部位，承担发电引水和泄洪控制水流的任务。全部设备包括平面闸门43扇、翻板闸门2扇、拦污栅44扇、弧形闸门2扇、液压启闭机37套、门机(含清污)4台、单轨移动式启闭机5台。金属结构设备总工程量约3 670.7 t,详见金属结构特性及工程量表。

## 4.1.1 首部枢纽

首部枢纽的金属结构设备主要布置在溢洪道、冲沙闸、取水口、生态闸、沉沙池以及侧堰。

### 4.1.1.1 溢洪道

溢洪道共8孔,承担泄水的水流控制任务,进口和出口各设置一道叠梁检修闸门(见图4-1、图4-2)。进口检修门8孔共用2扇,孔口尺寸为20 m×3.63 m(宽×高,下同),设计水头为3.63 m,运用方式为静水启闭,采用进口门机操作,启闭容量2×200 kN,扬程36 m。出口检修门8孔共用2扇,孔口尺寸为20 m×6.53 m,设计水头为6.53 m,运用方式为静水启闭,提顶节门充水平压,采用出口门机操作,启闭容量2×250 kN,扬程20 m。

### 4.1.1.2 冲沙闸

溢洪道右侧排沙坝段设冲沙闸,冲沙闸堰顶高程1 260.00 m,设弧门冲沙闸1孔,平门冲沙闸2孔,冲沙闸出口3孔并为2孔。

弧门冲沙闸(见图4-3)顺水流向依次布置叠梁检修闸门和弧形工作闸门各1扇。叠梁闸门为平门滑动闸门,孔口尺寸8 m×9.038 m,设计水头24.25 m。闸门运用方式为静水启闭,提顶节门充水平压,共用进口门机操作。弧形工作门孔口尺寸8 m×8 m,设计水头28.3 m,泥沙淤积高度5 m。运用方式为动水启闭,采用液压启闭机操作,启闭容量2×1 600 kN(拉)/2×250 kN(压),扬程8 m。

平门冲沙闸(见图4-4)顺水流向依次布置1扇检修闸门和2扇工作闸门。检修闸门为平门滑动闸门,孔口尺寸4.5 m×5.42 m,设计水头24.25 m。闸门运用方式为静水启闭,节间充水平压,共用进口门机操作。工作闸门为平面定轮闸门,孔口尺寸4.5 m×4.5 m,设计水头28.3 m,泥沙淤积高度5 m。运用方式为动水启闭,采用液压启闭机操作,启闭容量1 600 kN,扬程5.5 m。

冲沙闸出口2孔布置1扇道梁检修闸门,孔口尺寸为11.5 m×6.53 m,设计水头为6. 53 m,运用方式为静水启闭,提顶节门充水平压,共用出口门机操作。

### 4.1.1.3 取水口

取水口(见图4-5)布置在冲沙闸右侧,共设16个进水孔,底坎高程1 270.00 m,顺水流向每孔设1道拦污栅、1道检修门和1道工作门。

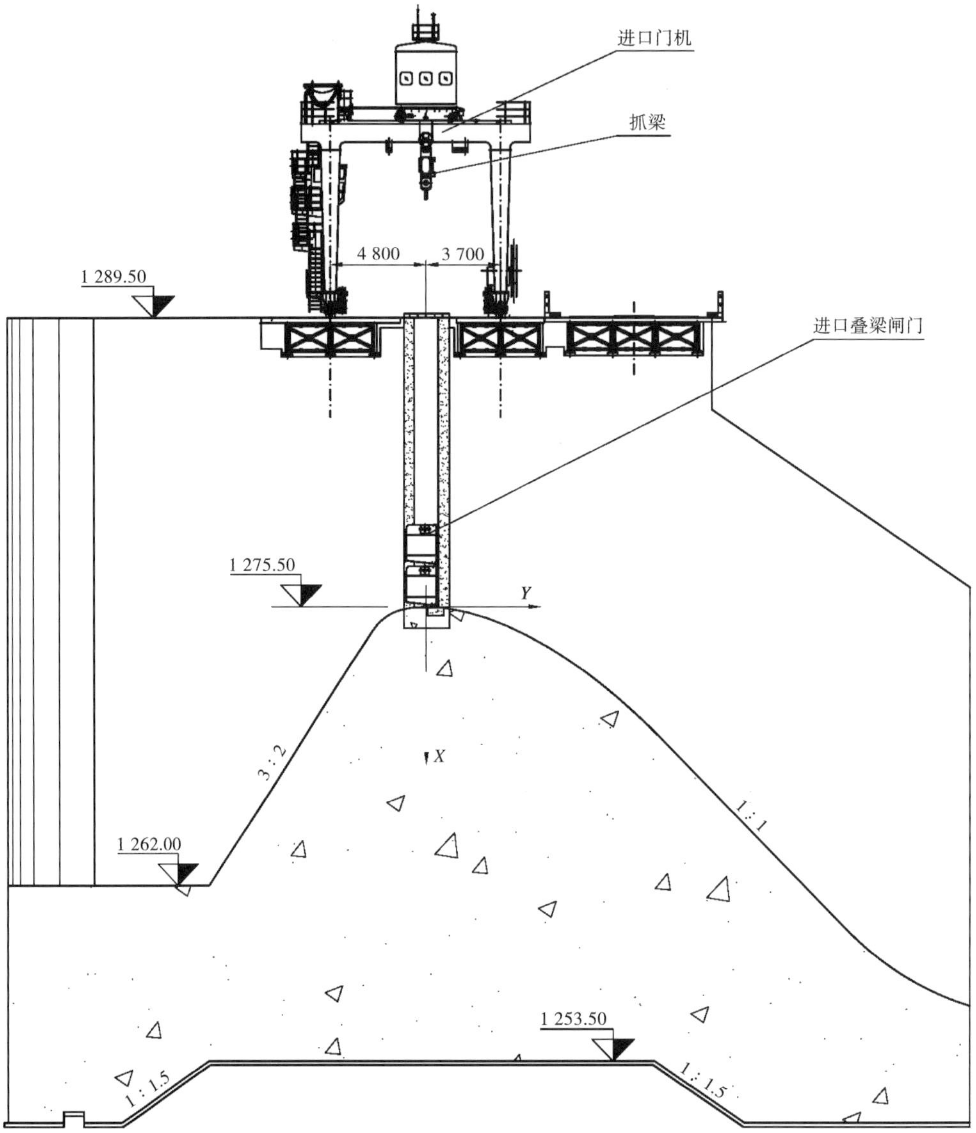

图 4-1　溢洪道进口　（单位:mm）

拦污栅采用滑动直栅,孔口尺寸 3.1 m×6 m,设计水头 3 m,采用清污门机清污。检修门为平面滑动闸门,16 孔共设 4 扇,孔口尺寸 3.1 m×3.3 m,设计水头 14.25 m,操作水头 5.5 m,运用方式为静水启闭,小开度提门充水,采用门机操作,启闭容量为 250 kN,扬程 24 m。工作门为平面定轮闸门,孔口尺寸 3.1 m×3.3 m,设计水头 18.3 m,运用方式为动水启闭,采用液压启闭机操作,启闭容量为 400 kN,扬程 4.8 m。

#### 4.1.1.4　生态闸

取水口右侧设置有 1 孔生态闸,顺水流向设 1 扇检修门和 1 扇工作门。

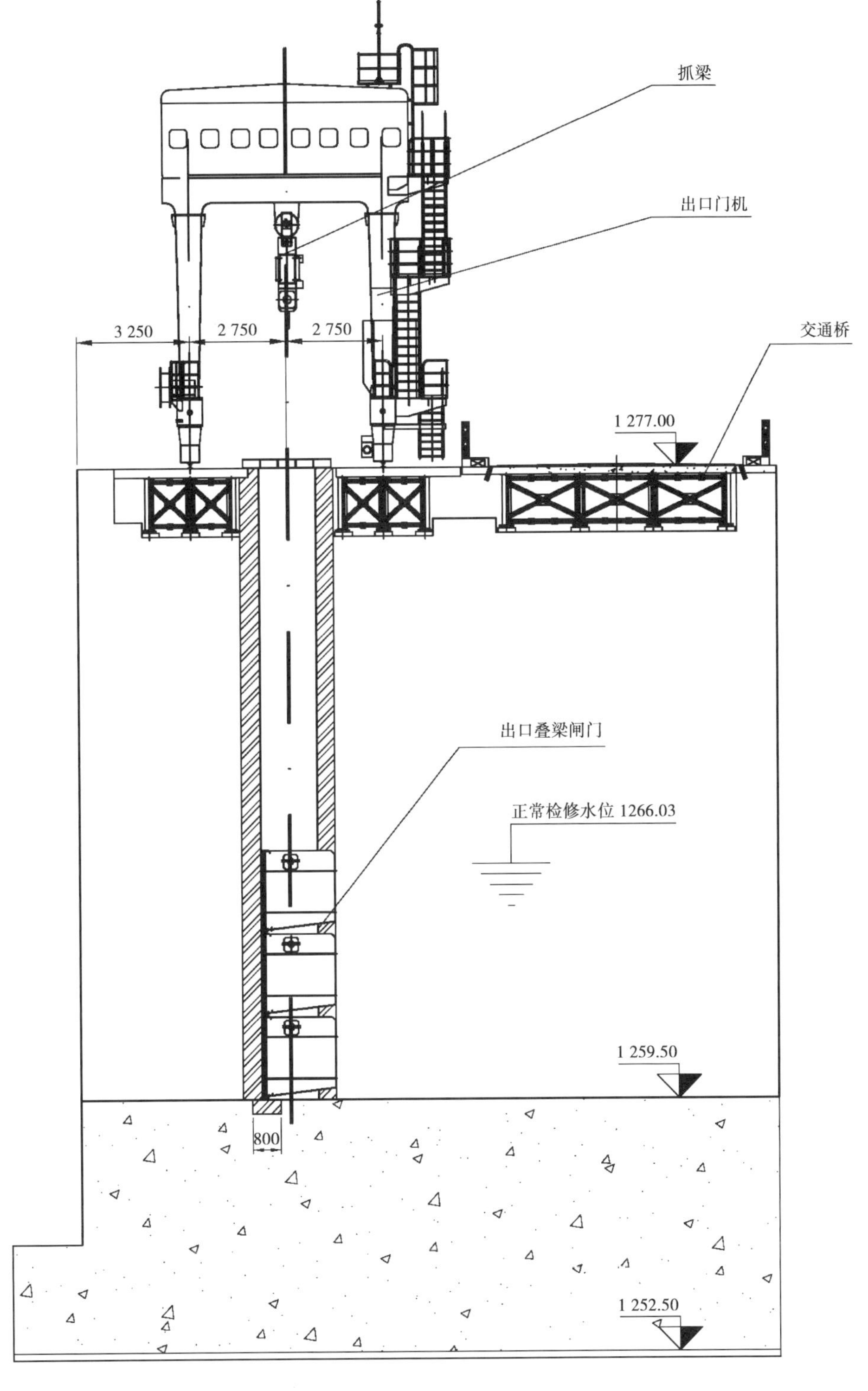


图 4-2　溢洪道出口　（单位:mm）

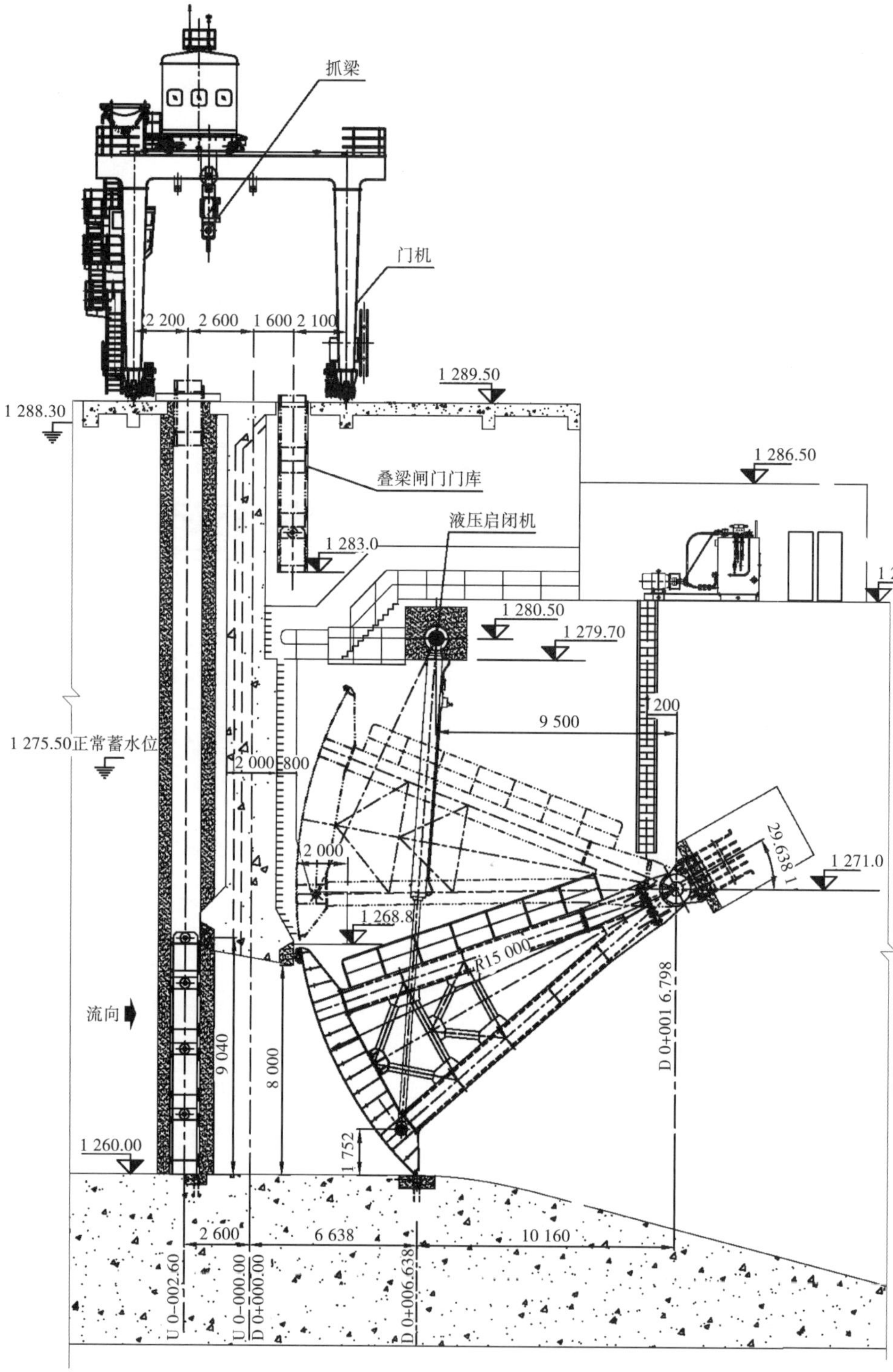

抓梁
门机
2 200 2 600 1 600 2 100
1 289.50
1 288.30
1 286.50
叠梁闸门门库
液压启闭机
1 283.0
1 282.00
1 280.50
1 279.70
200
9 500
1 275.50正常蓄水位
2 000 800
2 000
29.638 1
1 271.0
1 268.8
R15 000
流向
9 040
8 000
D 0+001 6.798
1 752
1 260.00
2 600 6 638 10 160
U 0−002.60
U 0−000.00
D 0+000.00
D 0+006.638

图 4-3 弧门冲沙闸 （单位：mm）

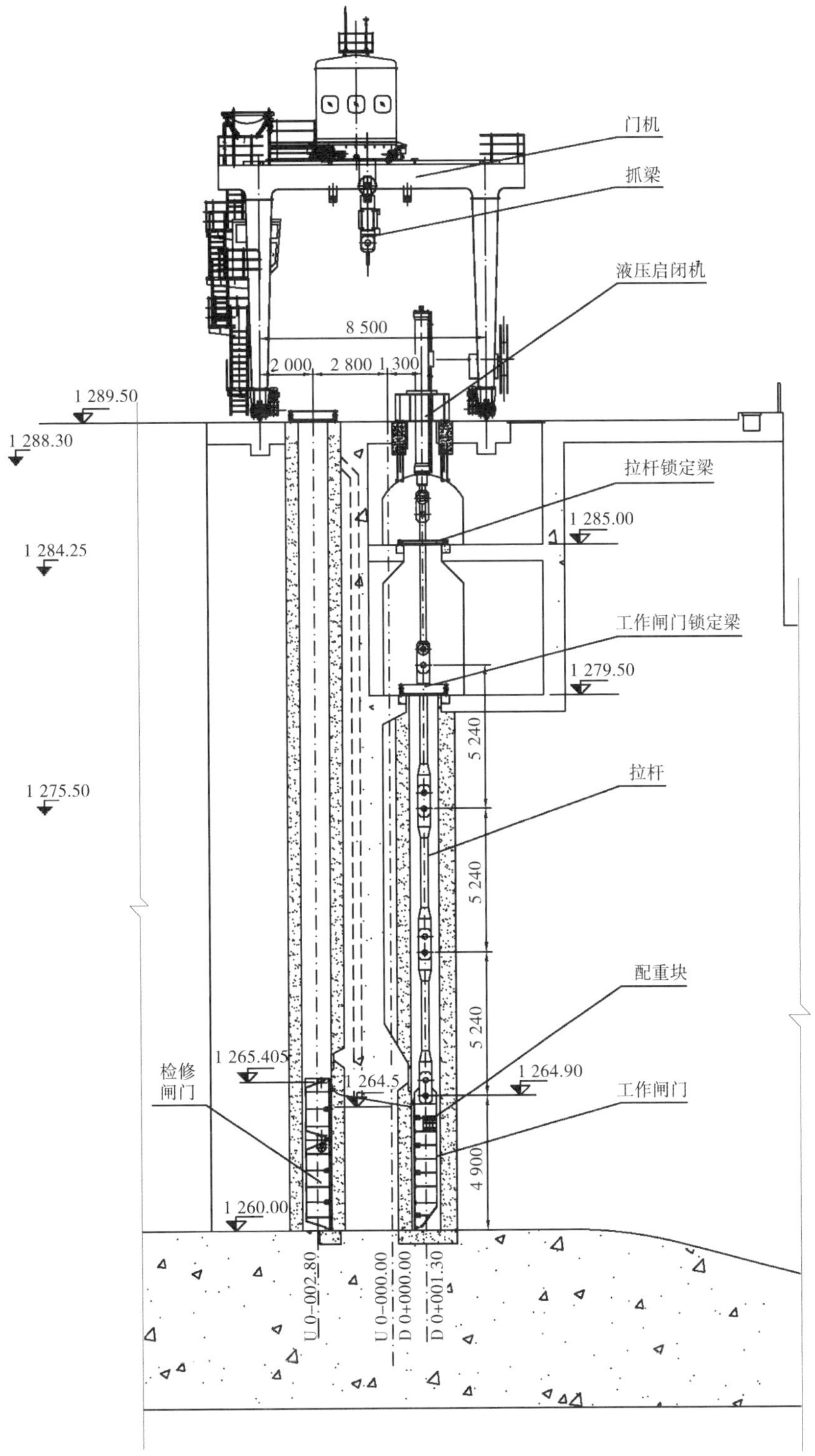


图 4-4 平门冲沙闸 （单位：mm）

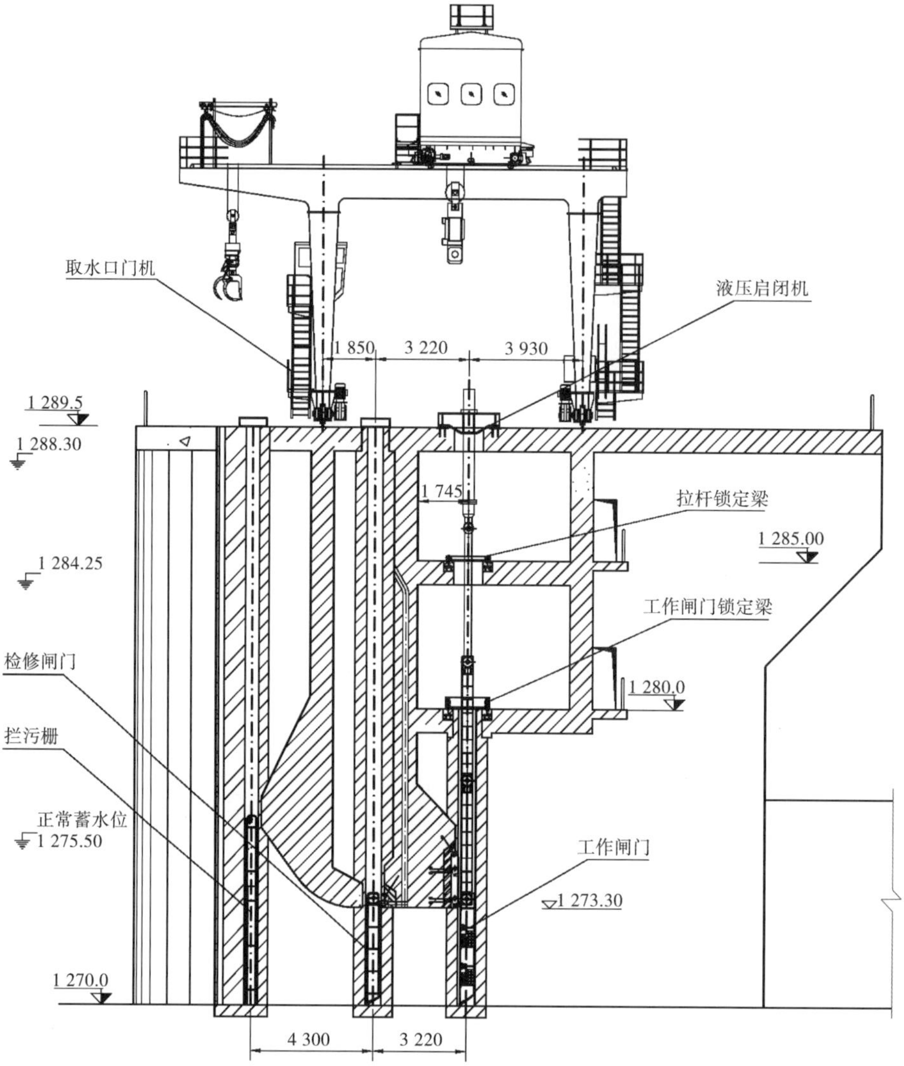

图 4-5　**取水口**　(单位:mm)

检修门为平面滑动闸门,孔口尺寸 1.5 m×2.94 m,设计水头 14.25 m,操作水头 5.5 m,运用方式为静水启闭,小开度提门充水,共用取水口门机操作。工作门为平面滑动闸门,孔口尺寸 1.5 m×2.0 m,设计水头 18.3 m,运用方式为动水启闭,采用液压启闭机操作,启闭容量为 300 kN(拉)/200 kN(压),扬程 2.5 m。

4.1.1.5　**沉沙池**

两个取水口对应 1 条沉沙池,共 8 条。每条沉沙池的进口依次设 3 道整流栅,出口设 1 道检修闸门。

整流栅采用滑动直栅,三道整流栅孔口尺寸依次为 9.78 m×3.86 m、10.92 m×5.79 m、12.05 m×7.44 m,设计最大水位差 3 m,提栅最大水位差 1 m。整流栅的启闭采用临时起吊设备。

检修门为平面滑动闸门,孔口尺寸 8.0 m×1.33 m,设计水头 1.33 m,运用方式为静水启闭,采用液压启闭机操作,启闭容量为 2×50 kN,扬程 2.7 m。

4.1.1.6　**侧堰**

8 条沉沙池汇聚到出口蓄水池,在蓄水池左侧布置 2 条侧堰(见图 4-6),用于调整蓄水池水位,顺水流方向依次设 1 扇检修门和 2 扇工作门。

检修门为平面滑动闸门,孔口尺寸 6.0 m×2.83 m,设计水头 2.83 m,运用方式为静水启闭,采用单轨移动式启闭机操作,启闭容量 2×100 kN,扬程 9 m。工作门为下翻板式平面闸门,孔口尺寸 1.5 m×2.83 m,设计水头 2.83 m,运用方式为动水启闭,采用液压启闭机操作,启闭容量为 2×160 kN,扬程 4.0 m。

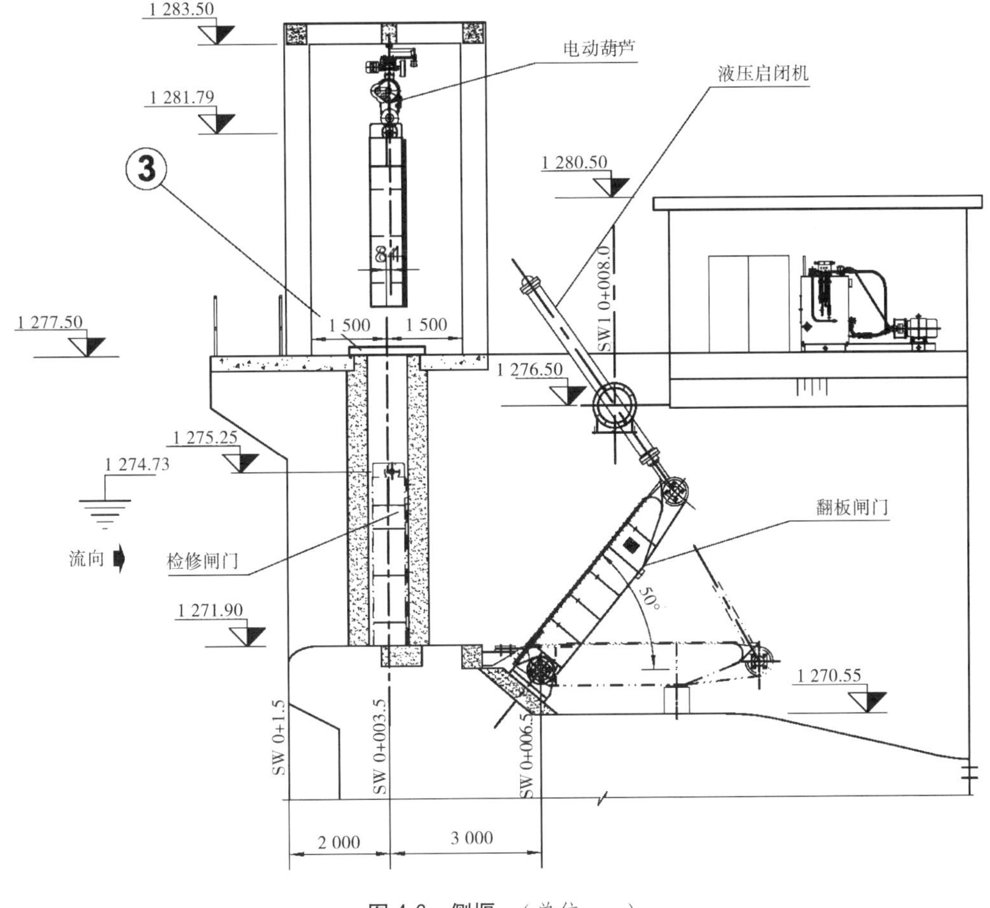


图 4-6　侧堰　(单位:mm)

## 4.1.2　输水隧洞出口

输水隧洞出口共 1 孔(见图 4-7),设置 1 扇事故闸门,平时常开引水,当机组甩负荷时关闭闸门挡水。

事故闸门为平面定轮闸门,孔口尺寸 8.2 m×8.2 m,底坎高程 1 224.00 m,最高挡水位 1 257.00 m,设计水头 33 m。闸门采用上游止水,运用方式为动水启闭,采用液压启闭机操作,启闭容量 2×1 250 kN(拉)/2×600 kN(压),扬程 10 m。

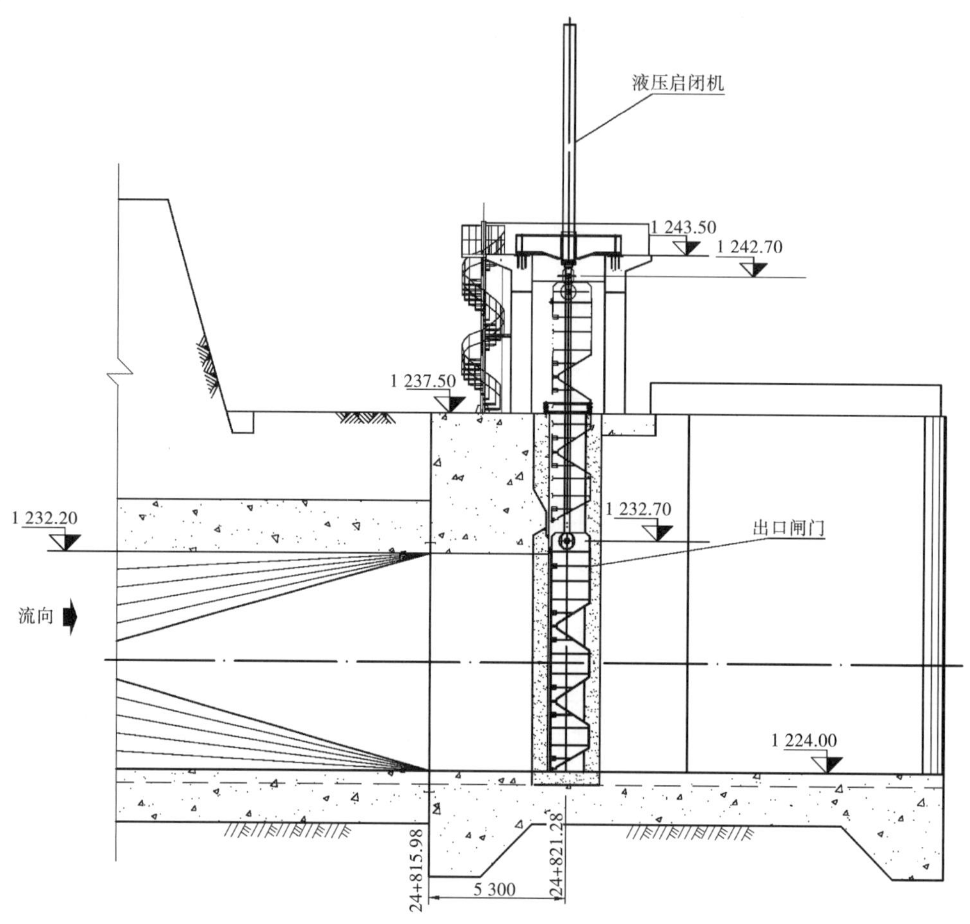


图 4-7　输水隧洞出口　(单位:mm)

## 4.1.3　调蓄水库

### 4.1.3.1　放空洞

电站进水口左侧设置有 1 孔放空洞(见图 4-8),底坎高程 1 198.00 m,进口依次设 1 道事故检修门和 1 道工作门。

事故检修门为平门定轮闸门,孔口尺寸 3.0 m×3.0 m,最高挡水位 1 231.0 m,设计水头 33 m。闸门采用上游止水,运用方式为动闭静启,小开度提门充水平压,采用液压启闭机操作,启闭容量 1 250 kN,扬程 5.5 m。

弧形工作门孔口尺寸 3 m×3 m,最高挡水位 1 231.0 m,设计水头 33 m。闸门运用方式为动水启闭,采用液压启闭机操作,启闭容量 800 kN/(拉)400 kN(压),扬程 4 m。

### 4.1.3.2　电站引水口

电站引水口(见图 4-9)布置在放空洞右侧,底坎高程 1 204.50 m。设两个引水口,每个引水口设 1 道拦污栅、1 道检修门,1 道事故门。

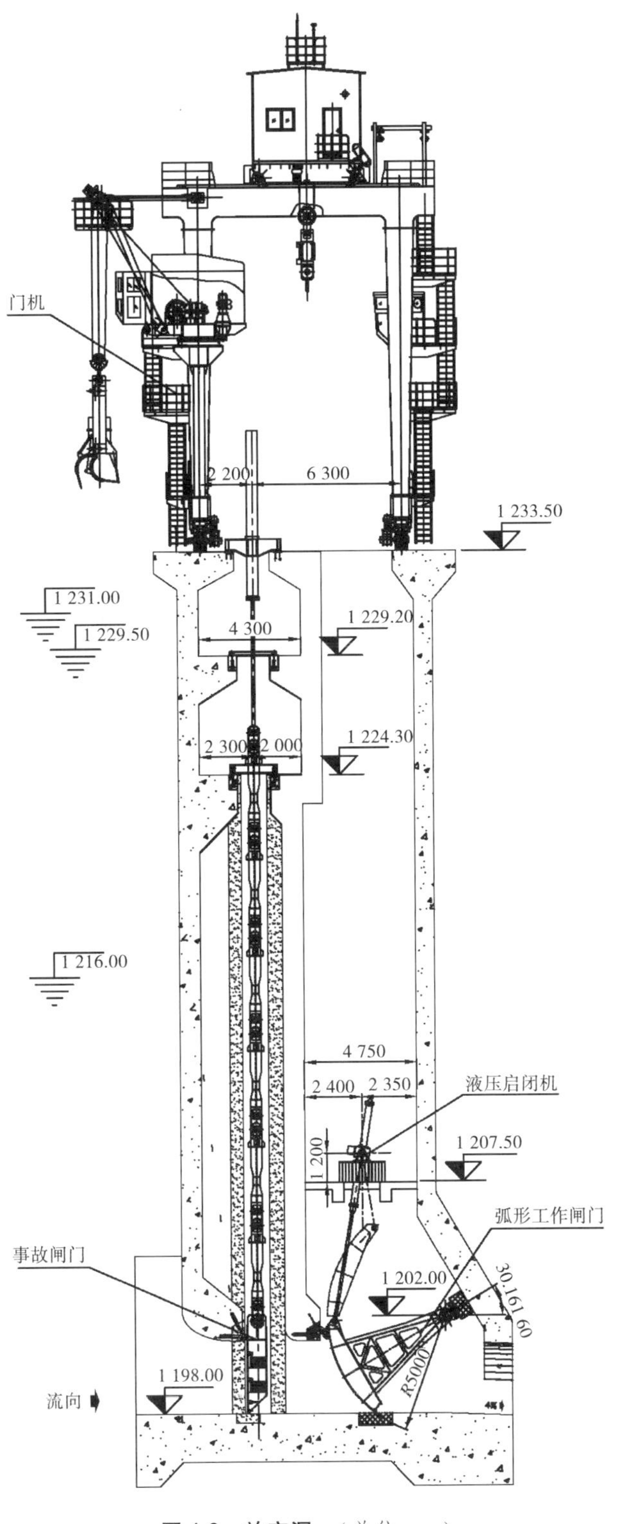
门机
2 200
6 300
1 233.50
1 231.00
1 229.50
1 229.20
4 300
1 224.30
2 300
2 000
1 216.00
4 750
2 400
2 350
液压启闭机
1 200
1 207.50
弧形工作闸门
事故闸门
1 202.00
30.161 60
R5000
1 198.00
流向

图 4-8　放空洞　（单位：mm）

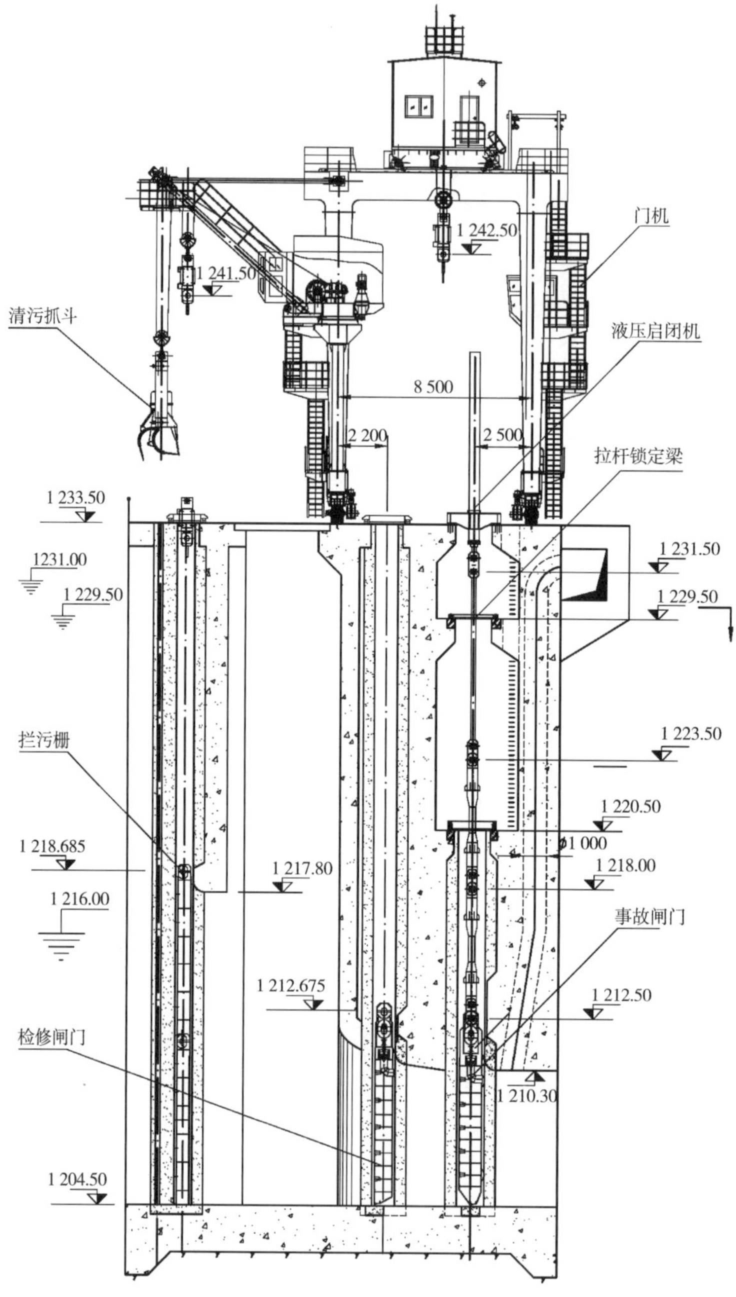

图 4-9　电站引水口　(单位:mm)

每个引水口设 2 扇拦污栅,共 4 扇。拦污栅孔口尺寸为 5.7 m×13.3 m,拦污最大水位差 3 m,提栅最大水位差 1 m。拦污栅的启闭及清污采用坝顶双向门机配合自动抓梁操作,启闭容量 630 kN,扬程 32 m。。

2 个引水口共用 1 扇检修门。检修门为平门滑动闸门,孔口尺寸 5.8 m×6.1 m,最高挡水位 1 229.5 m,设计水头 25 m。闸门采用下游止水,运用方式为静水启闭,提门顶充水阀充水平压,共用坝顶门机配合自动抓梁操作,启闭容量 800 kN,扬程 32 m。

每个引水口设置 1 扇事故闸门,共 2 扇,当引水洞或者机组发生事故时关闭挡水。事故闸门为平门定轮闸门,孔口尺寸 5.8 m×5.8 m,最高挡水位 1 231.0 m,设计水头 26.5 m。闸门采用下游止水,运用方式为动闭静启,提门顶充水阀充水平压,采用液压启闭机操作,启闭容量 1 250 kN,扬程 8 m。

### 4.1.4 厂房

厂房金属结构设备布置在主变压器室下游侧和尾水洞出口,分别承担尾水换热器检修和尾水洞检修的任务。

主变压器室下游侧设有叠梁检修门,8 孔设置 4 扇闸门。尾水换热器或机坑检修时,闸门关闭。叠梁检修门为平门滑动闸门,孔口尺寸为 5.7 m×6.42 m,底坎高程 601.2 m,最高挡水位 607.62 m,设计水头 6.42 m。止水布置在背水面。闸门运用方式为静水启闭,提顶节叠梁充水平压,采用单轨移动式启闭机配合自动抓梁操作,启闭容量 2×100 kN,扬程 24 m。

尾水洞出口(见图 4-10)共 2 孔,设置 2 扇闸门。当尾水洞需要检修时,闸门关闭;当尾水位超过 606.94 m($Q$=3 200 $m^3$/s)时,闸门关闭挡水,最高挡水位 612.06 m。尾水洞出口闸门为平门滑动闸门,孔口尺寸 10.0 m×6.7 m,底坎高程 600.6 m,设计水头 11.46 m。止水布置在迎水面。闸门运用方式为静水启闭,小开度提门充水平压,采用液压启闭机操作,启闭容量 2×1 250 kN,扬程 8.7 m。

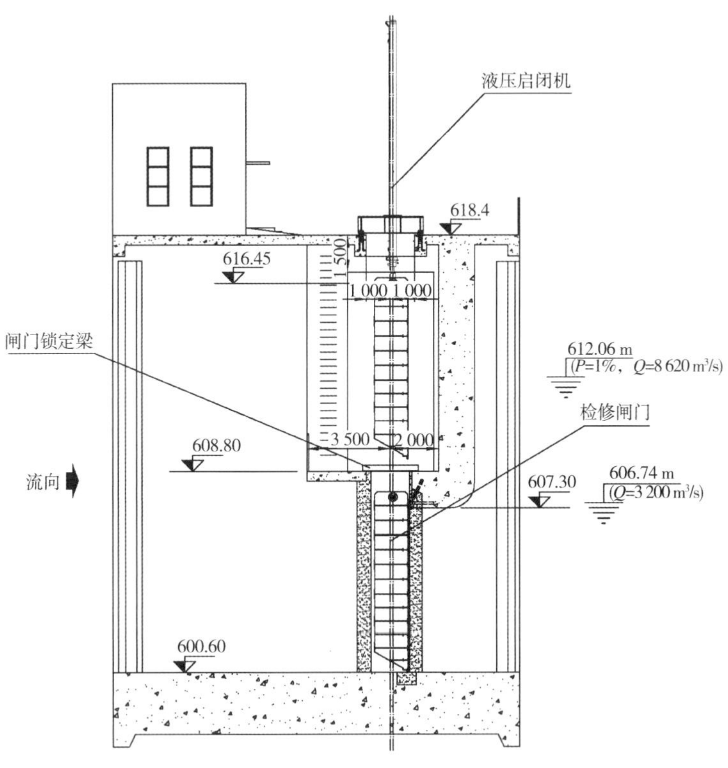


图 4-10 尾水洞出口 (单位:mm)

## 4.2 设计规范和计算方法

按照合同规定，CCS 工程设计要求采用美国规范。钢结构中心通过搜集资料及深入研究，选取了 *Design of Hydraulic Steel Structures*、*Vertical Lift Gates*、*Design of Spillway Tainter Gates*、*Specification for Structrual Steel Buildings* 等标准作为设计的主要依据，对闸门的设计工况、荷载分析、主要结构件的受力进行计算。

我国水利水电工程钢闸门的设计采用允许应力法，美国规范和国内金属结构设计规范最大的区别是：其采用的是以可靠度理论为基础的概率极限状态设计方法。可靠度计算方法[LRFD，load and resistance factor design（荷载和抵抗系数设计），或相应于 ultimate limit states design（极限状态设计）]主要内容包括钢闸门可靠度分析的基本理论和概率基础；钢闸门结构荷载统计分析、抗力的统计分析、分项系数的确定；钢闸门荷载模型和抗力模型的研究等。和许用应力法相比，可靠度方法能够更精确模拟各种工况，更接近实际情况，更重要的是可以实现材料的合理分配和使用，从概率的角度上保障闸门结构的可靠性。对于大型工程的闸门设计，具有很大的优势，被国际市场普遍接受，也是闸门设计技术的发展趋势。

近年来，国内水电事业已深度介入国际水利水电工程，在高端国际市场，更注重产品的可靠性和所采用设计方法的先进性。例如 CCS 水电站和斐济 NADARIVATU 再生能源工程（我公司为咨询单位）等，合同中规定采用国外设计规范，而国外设计规范要求金属结构设备采用可靠度设计的方法。因此，可靠度设计方法的研究和采用是金属结构专业设计国际化的重要特征，是否有能力采用结构可靠度设计方法是承担此类合同的核心技术能力。毋庸置疑，钢结构中心在 CCS 工程闸门设计中采用可靠度设计方法，是设计成果顺利批准的关键。

CCS 工程中，为保证闸门设计成果的顺利批准，钢结构中心根据可靠度设计方法，编制了闸门设计的设计准则以指导闸门的设计计算，主要包括拦污栅设计准则、平面闸门设计准则和弧形闸门设计准则。

### 4.2.1 拦污栅设计准则

#### 4.2.1.1 引用标准和技术规范

《水工钢结构设计规范》（EM 1110-2-2105）；

《垂直提升闸门设计规范》（EM 1110-2-2701）；

《钢结构建筑设计规范》（ANSI/AISC 360-16）；

《水利水电工程钢闸门设计规范》（SL 74—2013）。

#### 4.2.1.2 计算分析

1.基本设计

拦污栅设计应用可靠度设计方法（LRFD），允许应力设计方法作为另外一种设计程序或对于可靠度设计方法中没有规定的结构类型提供参考指导。

LRFD 中基本安全验算可按以下公式表示：

$$\sum \gamma_i Q_{ni} \leqslant \alpha \phi R_n \qquad (EM1110-2-2105 \quad 3-2)$$

式中 $\gamma_i$——荷载分项系数，指荷载发生变化的荷载系数；

$Q_{ni}$——额定荷载；

$\alpha$—— 可靠性系数；

$\phi$——反映特殊极限状态下电阻不确定性的阻力系数，相对来说，反映极限状态的结果；

$R_n$——设计强度。

2.柔性构件的设计

$$M_n = R_{pg} F_y S_{xc} \qquad (ANSI/AISC\ 360-16 \quad F5-1)$$

式中 $M_n$——额定弯曲强度；

$R_{pg}$—— 弯曲强度折减系数；

$F_y$——规定的最小屈服应力；

$S_{xc}$——弹性截面模量。

3.剪切构件的设计

$$V_n = 0.6 F_y A_w C_v \qquad (ANSI/AISC\ 360-16 \quad G2-1)$$

式中 $V_n$——额定剪切强度；

$F_y$——规定的最小屈服应力；

$A_w$——截面面积；

$C_v$——剪切系数。

## 4.2.2 平面闸门设计准则

### 4.2.2.1 引用标准和技术规范

《水工钢结构设计规范》(EM 1110-2-2105)；

《垂直提升闸门设计规范》(EM 1110-2-2701)；

《闸门锁定和操作设备》(EM 1110-2-2703)；

《钢结构建筑设计规范》(ANSI/AISC 360-16)；

《水利水电工程钢闸门设计规范》(SL 74—2013)。

### 4.2.2.2 分析计算

1.基本设计

平面闸门设计应用可靠度设计方法(LRFD)，允许应力设计方法作为另外一种设计程序或对于可靠度设计方法中没有规定的结构类型提供参考指导。

LRFD 中基本安全验算可按以下公式表示：

$$\sum \gamma_i Q_{ni} \leqslant \alpha \phi R_n \qquad (EM1110-2-2105 \quad 3-2)$$

式中 $\gamma_i$——荷载分项系数，指荷载发生变化的荷载系数；

$Q_{ni}$——额定荷载；

$\alpha$—— 可靠性系数；

$\phi$——反映特殊极限状态下电阻不确定性的阻力系数,相对来说,反映极限状态的结果;

$R_n$——设计强度。

2.设计和阻力系数设计

设计荷载工况如表 4-1 所示(EM1110-2-2701 4-4)。

**表 4-1　设计荷载工况**(EM 1110-2-2701 4-4)

| 工况 | 荷载 | | | | | | | | | |
|---|---|---|---|---|---|---|---|---|---|---|
| | $H_s$ | $D$ | $C$ | $M$ | $W$ | $Q$ | $R$ | $H_d$ | $I$ | $E$ |
| 1 | | 1.2 | 1.6 | 1.6 | 1.3 | 1.2 | 1.0 | | | |
| 2 | | 1.0 | 1.0 | 1.0 | | 1.2 | | 1.0 | | |
| 3 | $1.4H_1$ | 1.2 | | | | | | | $k$ | |
| 4 | $1.2H_1$ | 1.2 | | | | | | 1.6 | | |
| 5 | $1.2H_2$ | 1.2 | | | | | | | | 1.0 |

荷载定义:

$H_s$——静水荷载;

$D$——闸门自重;

$C$——冰重量;

$M$——泥沙重量;

$W$——风荷载(潜孔闸门不计风荷载);

$Q$——最大运行设备荷载;

$R$——下拉力;

$H_d$——由波浪或满溢闸门引起的动水荷载;

$I$——来自冰和碎片的侧向冲击力;

$E$——邻近水域产生的水平地震力。

$$p = \frac{7}{8} g_w a_e \sqrt{Hy} \qquad (\text{EM1110 - 2 - 2701} \quad 3 - 1)$$

式中　$p$——库水面以下 $y$ 深处的侧向压力;

$g_w$——水的比重;

$a_e$——闸门支撑墙壁产生的最大重力加速度,$a_e = 0.3g$;

$H$——库水深度;

$y$——库水面以下深度。

3.面板厚度计算

$$t = \sqrt{\frac{0.5Wb^2}{F_{\lim}[1 + 0.623(b/a)^6]}} \qquad (\text{EM1110 - 2 - 2105} \quad \text{PB - 11})$$

式中　$W$——均布荷载;

$a$——长边长度;

$b$——短边长度;

$F_{lim}$——极限应力。

4.面板变形检查

$$\delta = 0.0284wb^4/[1+1.056(b/a)^5]Et^3 \qquad (EM1110-2-2105 \quad PB-11)$$

式中　$\delta$——最大变形。

5.柔性构件的设计

$$M_n = R_{pg}F_yS_{xc} \qquad (ANSI/AISC\ 360-16 \quad F5-1)$$

式中　$M_n$——额定弯曲强度；

$R_{pg}$——弯曲强度折减系数；

$F_y$——规定的最小屈服应力；

$S_{xc}$——弹性截面模量。

6.剪切构件的设计

$$V_n = 0.6F_yA_wC_v \qquad (ANSI/AISC\ 360-16 \quad G2-1)$$

式中　$V_n$——额定剪切强度；

$A_w$——截面面积；

$C_v$——剪切系数。

## 4.2.3　弧形闸门设计准则

### 4.2.3.1　引用标准和技术规范

《水工钢结构设计规范》(EM 1110-2-2105)；

《垂直提升闸门设计规范》(EM 1110-2-2701)；

《闸门锁定和操作设备》(EM 1110-2-2703)；

《钢结构建筑设计规范》(ANSI/AISC 360-16)；

《水利水电工程钢闸门设计规范》(SL 74—2013)。

### 4.2.3.2　计算分析

1.基本设计

弧形闸门设计应用可靠度设计方法(LRFD),允许应力设计方法作为另外一种设计程序或对于可靠度设计方法中没有规定的结构类型提供参考指导。

LRFD 中基本安全验算可按以下公式表示：

$$\sum \gamma_i Q_{ni} \leq \alpha\phi R_n \qquad (EM1110-2-2105 \quad 3-2)$$

式中　$\gamma_i$——荷载分项系数,指荷载发生变化的荷载系数；

$Q_{ni}$——额定荷载；

$\alpha$——可靠性系数；

$\phi$——反映特殊极限状态下电阻不确定性的阻力系数,相对来说,反映极限状态的结果；

$R_n$——设计强度。

2.设计和阻力系数设计

设计荷载工况如表4-2所示(EM1110-2-2701　3-5~3-12)。

表 4-2　设计荷载工况(EM1110-2-2701　3-5~3-12)

| 工况 | 荷载 | | | | | | | | | | |
|---|---|---|---|---|---|---|---|---|---|---|---|
| | $H$ | $D$ | $C$ | $M$ | $W$ | $Q$ | $F_s$ | $F_t$ | $I$ | $E$ | $W_A$ |
| 工况 1:闸门关闭 | $1.4H_1$ | 1.2 | 1.6 | 1.6 | — | $1.2Q_2$ | — | — | — | — | — |
| | $1.4H_2$ | 1.2 | 1.6 | 1.6 | — | $1.2Q_1$ | — | — | — | — | — |
| | $1.2H_3$ | 1.2 | 1.6 | 1.6 | — | — | — | — | — | 1.0 | — |
| 工况 2:提升 | $1.4H_1$ | 1.2 | 1.6 | 1.6 | — | $1.2Q_3$ | 1.4 | 1.0 | — | — | — |
| | $1.4H_2$ | 1.2 | 1.6 | 1.6 | — | — | 1.4 | 1.0 | — | — | 1.2 |
| 工况 3:闸门卡阻 | $1.4H_2$ | 1.2 | 1.6 | 1.6 | — | $1.2Q_3$ | 1.4 | 1.0 | — | — | — |
| 工况 4:闸门全开 | — | 1.2 | 1.6 | 1.6 | — | $1.2Q_3$ | 1.4 | 1.0 | — | — | — |

$H_1$——极限水位的静水压力；

$H_2$——设计水位的静水压力；

$H_3$——平均常水位的静水压力；

$D$——闸门自重；

$C$——冰重量；

$M$——泥沙重量；

$I$——冰的侧向冲击荷载；

$E$——地震荷载；

$Q_1$——最大下压荷载(油缸的下压力)；

$Q_2$——最大下压荷载(油缸的下压力和活塞、活塞杆的自重)的近似值；

$Q_3$——最大提升荷载；

$F_s$——密封的摩阻力；

$F_t$——吊耳轴的摩阻力；

$W$——风荷载 (垂直闸门)；

$W_A$——波浪荷载(对于潜孔闸门,不考虑风荷载)。

3.静水压力

静水压力计算表格见表 4-3。

表 4-3　静水压力计算

| 水平分力 $P_s$ | | | | | | | | |
|---|---|---|---|---|---|---|---|---|
| $P_s = \gamma hB(H_s + H_s')/2$　(SL 74—2013 附录 D) | | | | | | | | |
| | | | | | | | | |
| 垂直分力 $V_s$ | | | | | | | | |
| $V_s=\gamma BR^2[\pi\phi/180°+2\sin\phi_1\cos\phi_2-(\sin2\phi_1+\sin2\phi_2)/2+2H_s'(\cos\phi_1-\cos\phi_2)/R]/2$(SL 74—2013 附录 D) | | | | | | | | |
| | | | | | | | | |
| $P_水=\sqrt{P_s^2+V_s^2}$ | | | | | | | | |

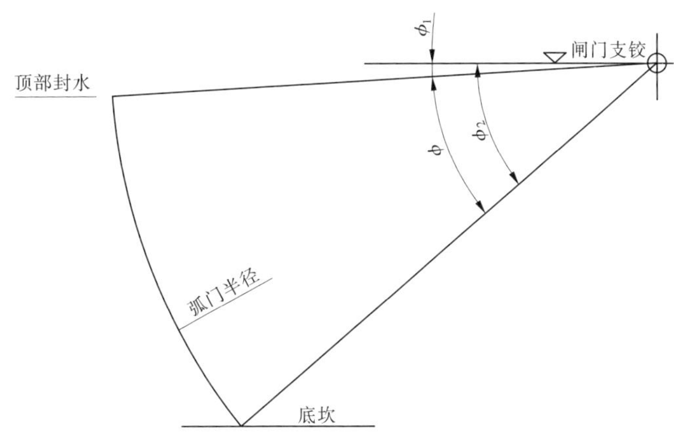


图 4-11

$\alpha_{水}$定义为吊耳轴的对称线：

$$\alpha_{水} = \arctan \frac{V_s}{P_s}$$

式中　$\gamma$——水的比重；

$h$——闸门高度；

$B$——孔口宽度；

$H'_s$——门顶的水头；

$H_s$——门底的水头；

$R$——弧门半径。

4.邻近水域产生的水平地震力

$$p = \frac{7}{8} g_w a_e \sqrt{Hy} \qquad (\text{EM1110} - 2 - 2701 \quad 3 - 1)$$

式中　$p$——库水面以下 $y$ 深处的侧向压力；

$g_w$——水的比重；

$a_e$——闸门支撑墙壁产生的最大重力加速度，$a_e = 0.3g$；

$H$——库水深度；

$y$——库水面以下深度。

5.密封摩阻力 $F_s$

$$F_s = \mu_s SL + \mu_s \times P_{水r} d/B \qquad (\text{EM 1110} - 2 - 2702\ 公式\ 3 - 2)$$

式中　$\mu_s$——橡胶与不锈钢之间的摩擦系数，选 0.5；

$S$——橡胶预压缩产生的每单位长度的压缩力；

$L$——侧止水的总长度；

$P_{水r}$——总水压力；

$d$——暴露在水面上部的 P 型橡皮的宽度；

$B$——孔口宽度。

6.面板厚度计算

$$t = \sqrt{\frac{0.5Wb^2}{F_{\text{lim}}[1 + 0.623(b/a)^6]}} \qquad (\text{EM1110 - 2 - 2105} \quad \text{B - 5})$$

式中 $W$——均布荷载;

$a$——长边长度;

$b$——短边长度;

$F_{\text{lim}}$——极限应力。

7.柔性构件的设计

$$M_n = R_{pg}F_yS_{xc} \qquad (\text{ANSI/AISC 360 - 16} \quad \text{F5 - 1})$$

式中 $M_n$——额定弯曲强度

$R_{pg}$——弯曲强度折减系数;

$F_y$——规定最小屈服应力;

$S_{xc}$——弹性截面模量。

8.剪切构件的设计

$$V_n = 0.6F_yA_wC_v \qquad (\text{ANSI/AISC 360 - 16} \quad \text{G2 - 1})$$

式中 $V_n$——额定剪切强度;

$A_w$——截面面积;

$C_v$——剪切系数。

## 4.3 材料及工艺

主合同规定,金属结构设备应使用 ASTM、AWS、ASME 等美标系列材料及工艺标准,而且永久设备必须保证不低于3%的当地采购份额。鉴于此,总承包单位考虑将部分闸门埋件及门体委托当地厂家制作,这样不仅有利于保证当地采购份额,原材料的采购、制造加工工艺更容易满足美标要求,同时能大幅度降低运输成本,保证供货时间。为此,负责机电设备采购的成套部对当地多个金属结构厂家进行了考察,考察结果是,当地厂家制造加工能力有限,类似的金属结构设备制造经验较少,建议仅委托拦污栅及部分平面闸门的埋件。钢结构中心前方设计代表参与了考察工作,制订了闸门埋件分标方案并编写了技术条件,然而在进行谈判时,厂家提出必须有全套制造图纸方可准确报价,而当时的实际情况是,各部位的水工布置均未得到咨询工程师批准,在布置确定之前,金属结构专业无法开展施工图设计工作,而且咨询工程师也要求金属结构专业图纸晚于水工图纸报送。我们提供的招标图纸在国内已能够满足工厂报价要求,可由于当地厂家相关经验匮乏,坚持需要全套的制造图纸方可进行报价,此问题僵持了较长时间始终无法解决,经多次磋商,成套部最终决定放弃当地采购的计划,所有金属结构设备均在国内采购。

国内金属结构设备制作厂家众多,经验丰富,对设计图纸的理解较为准确,招标投标及合同谈判非常顺利,但是在美标材料的采购和制造方面存在较大难度。为了缩短制造加工周期,保证工程进度,我们在进行详细设计时,将所有拟采用的国内材质列入设计准则中(如主材 Q235、Q345 及各种铸锻件材质),提供相应材料标准及对应美标材料代号。在提交设计准则时,将滑块、封水等需国内采购的厂家及产品性能一并提交,同时提交的还有国外内紧固件对照表,与咨询工程师进行沟通并取得对方认可。这样,保证了设备厂家按照国内习惯进行材料采购和设备制造,有力保证了供货时间。在设备制造过程中,厂家根据自身经验并结合美标相关要求,向咨询工程师提供要求的制造加工工艺,最终较为顺利地完成了设备制造工作。应该说,选用国内厂家提供金属结构设备的决定是正确的。

## 4.4　防　腐

CCS 工程首先编制了《CCS 电站机电及金属结构设备涂漆通用技术规范》,并报咨询工程师审查,最终通过批准。该涂漆通用技术规范中对机电及金属结构设备的涂漆范围、标准和规范、表面处理、油漆工艺、涂装方案以及涂漆检验等方面的要求进行了基本规定。根据 ISO12944-2 规定,针对金属结构设备所处的工作部位和工作环境,确定腐蚀环境分类,从而制订了金属结构设备防腐涂装方案。

### 4.4.1　总则

(1)涂装施工单位必须具备与涂装设计要求相适应的设备能力与涂装车间。

(2)涂装施工单位应根据本合同项目的技术要求,制定涂装施工工艺报监理人批准后,方能进行涂装施工。

(3)除非另有规定,不锈钢、锌金属和有色金属部件不需要涂层。

### 4.4.2　表面处理

(1)除涂层修补外,应采用喷射方法进行表面预处理。

(2)喷射处理前必须仔细清除焊渣、飞溅附着物,磨平焊疤、毛刺等,并清洗金属表面的油脂及其他污物。

(3)喷射用磨料要干燥、清洁无杂物,不能对涂料的性能有影响。所选用的磨料应当符合 ISO 11126 1-8 的规定,并根据 ISO 11127 1-7 进行测试。磨料不能现场使用,除非得到油漆现场服务工程师的认可。

(4)喷射处理所用的压缩空气,必须经过冷却装置及油水分离器处理,以保证压缩空气的干燥、无油。

(5)钢材表面要求喷砂清理到 Sa2.5(ISO 8501-1)标准或 SSPC-SP6 标准。如在喷砂和施工间出现氧化现象,表面则应再行喷砂至规定标准。因喷砂清理过程暴露出来的表面缺陷应进行打磨、填补或采用其他合适的方法进行处理。

为了保证涂料发挥最佳性能,钢结构表面在喷砂前,电焊缺陷如气孔和不连续焊等要修正好。锐边和火焰切割边缘打磨到半径 $R=2$ mm。焊缝要光顺,没有焊渣飞溅。

喷砂前,所有油脂或因探伤拍片留下的润湿剂要根据"溶剂清洗"法清除。

(6)所有待涂钢材表面应清洁、干燥、无油脂,保持粗糙度和清洁度直至第一道漆喷涂。所有灰尘要求彻底清理,根据 ISO 8502-3 要求,灰尘量要小于 3 级。

(7)喷砂除锈时,施工环境相对湿度不得超过 85%,金属表面温度应高于大气露点以上 3 ℃,采用封闭式车间进行涂装施工,以便有效地控制环境温度条件,确保质量。

(8)构件上不需喷砂除锈的表面,喷砂前应采用金属薄板或硬木板进行保护,保证不受损伤。

### 4.4.3 涂装工艺

(1)金属表面除锈经检查合格后,应尽快进行涂覆,其间隔时间可根据环境条件确定,一般应在 2 h 内喷涂,如在晴天和较好的大气条件下,最长也不应超过 8 h。各层涂料涂装间隔时间,应在前一道漆膜达到表干后才能涂装下一道涂料,具体时间可按涂料生产厂的规定进行。金属热喷涂宜在尚有余温时,涂装封闭涂料。

(2)涂料涂装需在气温 5 ℃以上进行,涂装现场应通风良好,遇潮湿或尘土飞扬、烈日暴晒等情况应采取有效措施,否则应停止进行。在空气相对湿度超过 85%,或钢材表面温度未高于大气露点 3 ℃以上时,不得进行涂装。

(3)制造时,除按设计要求进行涂装外,应留下运输分块需在现场拼焊的安装焊缝区各 100 mm,只涂一道 10~30 μm 不影响焊接质量的车间底漆,作为临时防锈保护,并采取有效防护措施使漆面不受破坏或污染。

(4)埋件与混凝土接触的表面,应均匀涂刷两道特种水泥浆,涂层应注意养护,保证在存放、运输过程中涂层无脱落,且与混凝土黏结良好。

### 4.4.4 涂装材料

(1)所用涂装材料应选用符合技术条件的经过工程实践证明其综合性能优良的产品。

(2)所有涂料应尽可能由同一供应商生产,中国水利水电建设股份有限公司应对所选择的涂料负责。

(3)设备面漆颜色由业主最终确定。

### 4.4.5 涂装检验

(1)涂装前首先要对涂料性能进行抽检,还应对环境温度、湿度、天气状况及工件表面温度进行检测并做好记录。

(2)涂装前应对表面预处理的清洁度、粗糙度等进行检验并做好记录,合格后方可进行涂装。

(3)湿膜厚度在涂层施工后应立即检测,检测依据 ISO 2808 方法执行。

(4)干膜厚度检查应在每一道涂层施工完成并硬干后进行,应按照 SSPC-PA2 或 ISO 2808 标准进行检测。

(5)涂层间的附着力测试是一种破坏性测试,只在发生投诉、质量认可测试时作用于指定或参照区域,可依据 ISO 4624 进行检测。

(6)涂装检验的各项数据用表格形式记录,交监理人签字认可后,留做设备出厂制造验收资料。

### 4.4.6 现场修补

(1)所有损伤的涂层都要在现场进行修补工作,包括运输、装卸、架设、电焊、切割以及其他原因造成的漆膜损伤。

(2)损伤部位周边的完好涂层须轻轻打磨成光滑的过渡层,保证修补部位平滑过渡。

(3)修补时期的气候条件控制等同于新建结构涂装时的要求。

(4)刷涂仅可用于小面积区域,而且需要多次刷涂以达到规定的干膜厚度。

(5)内部修补时,要提供足够的通风和照明。

### 4.4.7 金属结构设备防腐方案

根据 ISO12944-2 腐蚀环境分类,根据设备所处的工作部位和工作环境,分别制订以下防腐涂装方案。

#### 4.4.7.1 闸门及附属设备防腐方案

1.浸入水中的外露钢表面

(1)金属锌喷涂:厚度为 125 μm+25 μm(一层)。

(2)含 15%锌的环氧底漆:干膜厚度为 40 μm±20%。

(3)环氧沥青漆:干膜厚度为 150 μm±10%(两层)。

总计=300 μm±10%。

2.室外外露的钢表面

(1)含红铅的氯化橡胶漆:防腐底漆干膜厚度为 60 μm±20%(一层)。

(2)内置高触变性氯化橡胶、云母氧化铁:干膜厚度为 130 μm±10%(两层 65 μm±每层 5%)。

(3)光滑的氯化橡胶漆:干膜厚度为 60 μm±20%(两层)。

3.埋入混凝土内钢埋件表面

均匀涂刷两道特种水泥浆进行防护。

#### 4.4.7.2 门机防腐方案

门机各设备及部件涂料的种类、层数、涂膜厚度按以下要求执行:

(1)门架、车架、机架、机房、机罩、走梯、栏杆、走台板、卷筒端壁、开式齿轮的两侧面及减速器外壳等防腐方案见表 4-4。

**表 4-4　门机防腐方案(一)**

| 涂层系统 | 涂料名称 | 道数 | 干膜厚度(μm) |
|---|---|---|---|
| 底漆 | 环氧富锌防锈底漆 | 2 | 100 |
| 中间层漆 | 环氧云铁防锈漆 | 1 | 50 |
| 面漆 | 聚氨酯面漆 | 2 | 100 |
| 安装完成后面漆 | 聚氨酯面漆 | 1 | 30 |

（2）自动挂脱梁及清污抓斗防腐方案见表 4-5。

表 4-5 门机防腐方案（二）

| 涂层系统 | 涂料名称 | 道数 | 干膜厚度（μm） |
| --- | --- | --- | --- |
| 金属喷涂 | 喷锌 | | 160 |
| 封闭涂料 | 环氧封闭漆 | 1 | 20 |
| 中间层漆 | 环氧云铁漆 | 1 | 50 |
| 面漆 | 氯化橡胶面漆 | 2 | 100 |
| 安装完成后面漆 | 氯化橡胶面漆 | 1 | 30 |

#### 4.4.7.3 液压启闭机防腐方案

（1）液压启闭机油缸非配合面及机架外露部分。液压启闭机油缸非配合面及机架外露部分经喷砂处理达到 Sa2.5，涂装涂料的品种、层数、涂膜厚度按表 4-6 执行，干膜总厚度不小于 250 μm。

表 4-6 液压启闭机防腐方案（一）

| 涂层系统 | 涂料名称 | 道数 | 干膜厚度（μm） |
| --- | --- | --- | --- |
| 底漆 | 环氧富锌防锈底漆 | 2 | 80 |
| 中间漆 | 环氧云铁防锈漆 | 2 | 70 |
| 面漆 | 氯化橡胶面漆 | 2 | 100 |

（2）非外露机架、埋件与混凝土接触的表面。非外露机架、埋件与混凝土接触的表面，应均匀涂刷两道改性水泥胶浆，干膜厚度不小于 500 μm。涂层应注意养护，保证在存放、运输过程中涂层无脱落，且与混凝土黏接良好。

（3）油箱表面。油箱表面经喷丸后涂装。涂装涂料的品种、层数、涂膜厚度按表 4-7 执行，干膜总厚度不小 110 μm。

表 4-7 液压启闭机防腐方案（二）

| 涂层系统 | 涂料名称 | 道数 | 干膜厚度（μm） |
| --- | --- | --- | --- |
| 底漆 | 环氧富锌底漆 | 1 | 40 |
| 面漆 | 氯化橡胶面漆 | 1 | 70 |

## 4.5 设计优化及创新

### 4.5.1 直栅与斜栅的比选

招标文件中要求拦污栅采用斜栅方案。在基本设计阶段，我们对斜栅和直栅两种型式进行了深入比较。如采用斜栅,则需在坝顶布置一台斜拉式耙斗清污机,清污时依靠耙斗的自重抓取污物,该种方案清污效果较差,且不利于拦污栅的启闭;如采用直栅,可通过坝顶门机配置的全跨液压清污抓斗进行清污。采用这种布置型式,清污抓斗依靠油缸的推力强制抓取污物,动力强,污物不易泄漏;在整扇拦污栅宽度进行清污,清污效果理想,清污效率高;而且清污抓斗可以和拦污栅共用门机,除清污抓斗清污外,还可以提栅清污,一机多用。经与咨询工程师多次沟通,最终改为了直栅方案。

### 4.5.2　首部枢纽取水口的布置

在基本设计阶段中,咨询工程师根据招标文件规定,要求首部枢纽取水口工作门上、下游各设置一道检修门,理由是:在工作门门槽需要检修的时候,关闭上、下游检修门,可在不弃水的情况下进行。实际上,工作门门槽检修的概率很低;而且根据取水口的来水情况,有较多时间沉沙池不会全部开启运用。如果设置下游检修门,在工作门门槽检修时关闭上、下游检修门,则需要用水泵将两道检修门之间的水抽掉,然后工人从锁定平台进入工作门门槽进行检修,操作烦琐,安全性差,而且锁定平台和检修平台都需要开设人孔,给工作闸门的检修维护带来不便。与咨询工程师沟通后,最终取消了首部枢纽取水口下游检修闸门,将上游检修闸门增至 4 扇,这样既满足运用要求,提高了检修效率,同时操作方便,有利于设备的检修维护。

### 4.5.3　输水隧洞出口闸门的布置

按照闸门设计规范要求,闸门主轨应根据使用条件确定,可按 1.5~2 倍孔口高度选用。输水隧洞出口闸门孔口高度为 8.2 m,闸门顶部平台高程应为 12.3~16.4 m,结合水工布置最终闸门顶部平台高程为 13.5 m。按照常规布置将整扇闸门直接提至平台上方进行检修,启闭机平台高度至少需要 15 m。详细设计阶段,闸门设计分为 3 节,节间用连接轴连接,启闭机平台高度降为 6 m。图纸审查过程中,咨询坚持要求该闸门设计为整体,以保证止水效果,避免闸门振动。针对咨询工程师意见,我们进行优化布置,闸门分 3 节制造运输,取消节间连接和节间封水,节间增加连接板,安装完成后现场焊接为整体。孔口上方上、下游分别增加检修平台,上游侧反轨做成活动轨道。这样,既不抬高启闭机平台高程,也满足了闸门将来的检修要求。

### 4.5.4　清污抓斗的锁定装置

在水利水电工程中,采用清污抓斗配合门机对拦污栅进行清污的方式被广泛应用。这种布置方式具有清污效果好、效率高、可以提栅清污以及一机多用等优点。常规布置中,清污抓斗始终与门机联结并随其一起行走。由于抓斗的尺寸较大,这样的运用方式不仅视觉效果不佳,而且会对在坝面进行的其他日常工作产生不利影响,存在不安全因素。由于清污抓斗仅需在拦污栅清污时进行操作,运用频率较低,CCS 工程业主明确要求在非清污期间将清污抓斗与门机脱开,锁定在抓斗槽上方。这是比较合理的操作方式,而清污抓斗的自身结构无法满足这个要求。

设计中采用了新型的推拉式清污抓斗锁定方法解决了这个问题。该锁定装置(见图4-12)对称布置,由锁定梁、活动座和固定座组成。锁定梁和活动座均为焊接工字梁型式,其结构尺寸根据锁定荷载计算确定,其中活动座上方设有限位板,外侧设有拉环;固定座为焊接箱形梁结构,两侧端板下方设有开孔,开孔尺寸与活动座配合确定。安装后,固定座与清污抓斗焊为一体,活动座安装在固定座下方开孔内。在非清污期间,活动座向外侧拉出,支承在锁定梁上,此时门机与清污抓斗脱开进行其他操作;当需要进行清污操作时,首先将门机和清污抓斗联结,然后将活动座向内侧推入,通过螺栓与固定座联结限位,抓斗与门机一起运动,完成清污工作。推拉式清污抓斗锁定装置结构简单、布置紧凑、操作简便,可使清污抓斗直接锁定在清污机槽上方,无须始终与门机联结行走,既不影响美观,又减小了对坝面其他日常工作的不利影响和不安全因素。该项成果已获得国家发明专利。

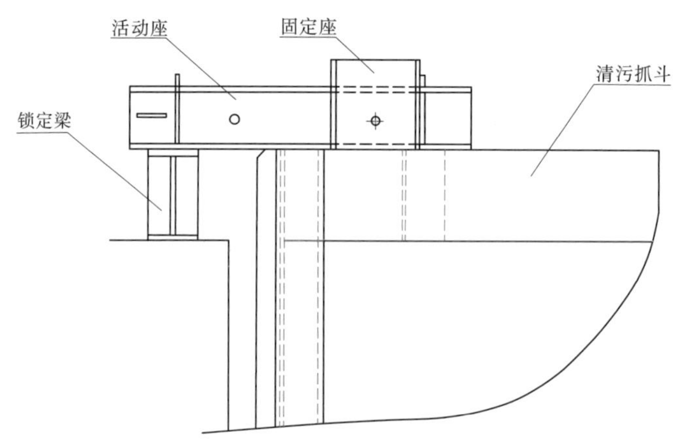


**图4-12 清污抓斗锁定装置**

## 4.5.5 拉杆锁定装置

CCS项目上游库水位较高,液压启闭机安装高程相应抬高,由于受液压启闭机行程限制,中高水头平面闸门的液压启闭机需要带拉杆启闭闸门,有的甚至需要设置多节拉杆,这就给设备检修带来了困难。如果拉杆采用临时起吊设备进行安装和拆卸,对空间要求高,而且操作烦琐费时。为解决带拉杆液压启闭机启闭平面闸门的检修问题,特别设计了一套移动式拉杆锁定装置(见图4-13)。

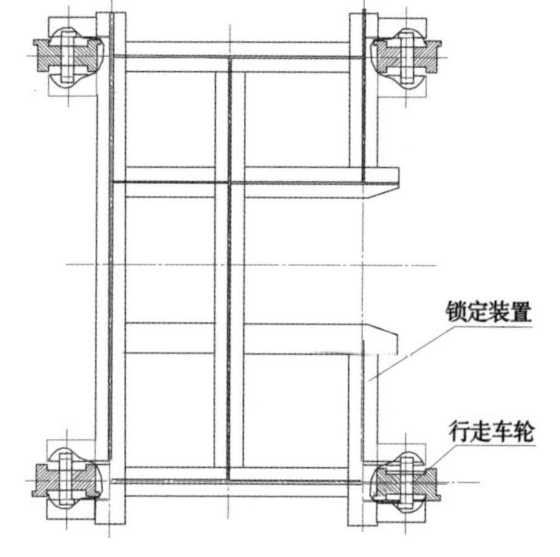


**图4-13 移动式拉杆锁定装置**

在带"U"形缺口的拉杆锁定梁的下方设置移动车轮,形成可移动式拉杆锁定装置。移动车轮上装有滑动轴承,轴承材料采用工程塑料合金。锁定装置可以在拉杆检修平台上预埋的轨道上移动,每节拉杆配一个锁定装置。使用时,把锁定装置推到孔口中间,“U”形缺口插入拉杆锁定台肩下方,卸掉液压机吊头,推动拉杆锁定装置移走拉杆,完成一节拉杆的拆卸。该成果已获得国家实用新型发明专利。

### 4.5.6　调蓄水库检修门增设防倾覆措施

原设计方案中,检修闸门检修维护时采用门机操作,工作人员站在坝顶,闸门逐步提出孔口,在提升的过程中适时更换零件;更换底止水时,通过门机将闸门完全提出孔口。

在 CCS 工程中,咨询工程师要求检修闸门检修维护时与门机脱开后放置在孔口上方的锁定梁上,并通过缆索固定。一方面可保持闸门的稳定性,防止倾翻;另一方面可以在闸门检修时,保证门机的运行不受影响。

根据上述考虑,我们给检修闸门设计了一套防倾覆装置,以保证检修期间该闸门直立,且能承受非工作状态最大风荷载不倾覆。该装置由手拉葫芦与钢丝绳套索组合而成,手拉葫芦一端拉在预埋于坝顶的锚杆上,另一端通过钢丝绳套索与设置在闸门顶部上下游两侧的吊耳联结,示意图如图 4-14 所示。

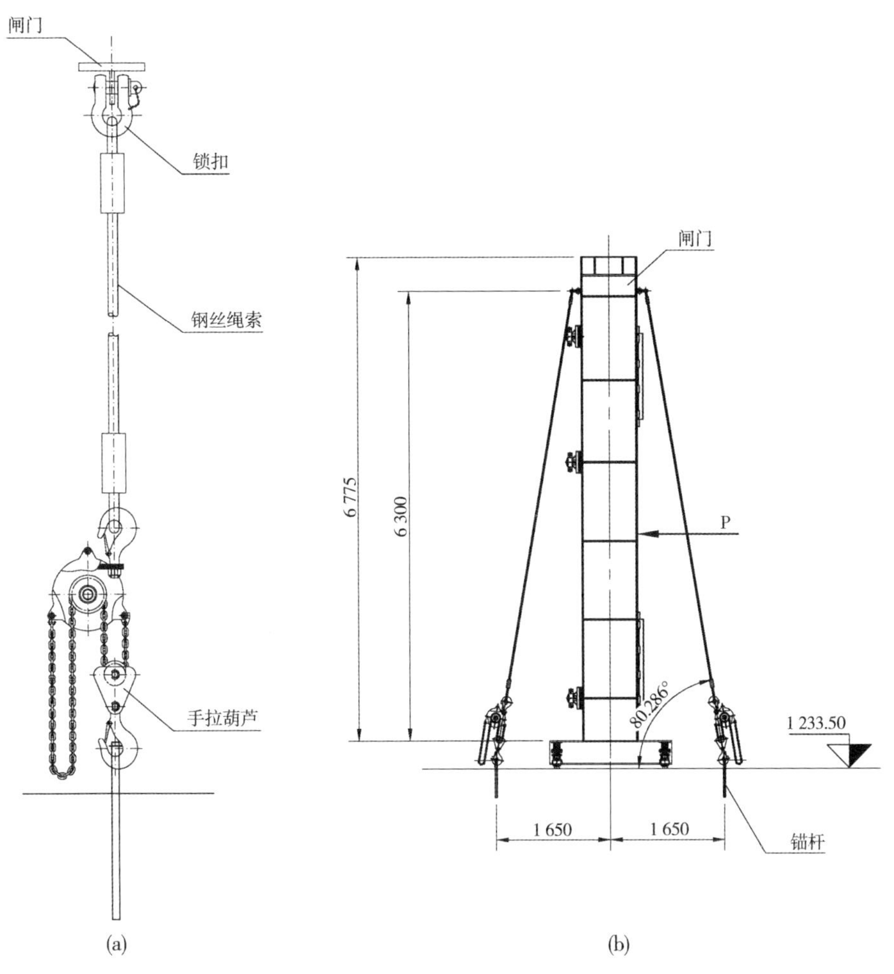


图 4-14　检修闸门防倾覆装置　(单位:mm)

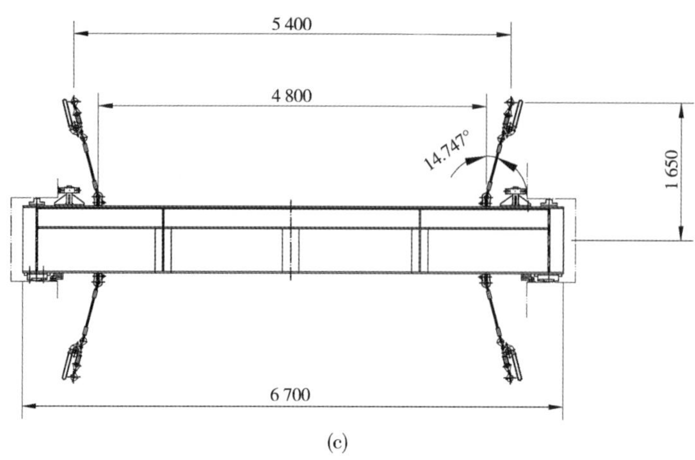

(c)

续图 4-14

该支承装置很好地实现了闸门防倾覆要求,手拉葫芦紧固调节方便,结构稳定可靠,为其他工程提供了借鉴。

## 4.6 设计经验总结

### 4.6.1 弧门冲沙闸的设计水位

首部枢纽设计水位为 1 284.25 m,灾难性洪水水位为 1 288.3 m。按照正常的设计思路,发生灾难性洪水的时候,弧门冲沙闸的闸门应该处于开启状态,按 1 284.25 m 进行设计是符合常理的。但鉴于以下原因仍然采用了 1 288.3 m 作为设计水位。

发生灾难性洪水时,由于故障或者其他原因,闸门有可能出现无法开启的状况。

1 288.3 m 与 1 284.25 m 水位相差不大,且弧门冲沙闸只有 1 孔,增加的投资不多。

充分预计咨询工程师在此问题上可能会出现纠缠而导致返工,若咨询工程师坚持采用灾难性洪水作为设计水位,返工工作量过大,且会影响液压启闭机和闸门的设备招标(设备招标早于咨询工程师审批通过的时间)。

按照传统观念,没有必要采纳如此高的设计水位,但鉴于不可预见的因素和上述多种原因,部门仍然决策将 1 288.3 m 作为设计水位。在设计成果审批过程中,咨询工程师不专业,对各种设计条件纠缠不清,但由于采用了最高水位作为设计水位,该闸门计算书顺利通过。另外,在设计的后期,水工专业提出发生灾难性洪水时若弧门全开,冲沙闸下游防冲能力不能满足,证明此项决策是明智之举。

### 4.6.2 放空洞工作门的孔口高度

基本设计方案中,放空洞为压力洞,工作门设置在压力洞出口。此布置是比较常规合理的布置。在详细设计阶段,水工专业按照咨询工程师的要求,将工作门布置在进口。此布置也未尝不可，但由于闸门的孔口尺寸和洞径没有进行调整，导致工作门全开后，闸门下游为压力洞，闸室会被淹没。实际运行中只能局部开启且限制工作门的最大开度。如此布置既浪费了工作门的能力，又给工程带来隐患。

### 4.6.3　尾水设置壅水闸门

根据《尾水换热器分析专题报告》描述，在单台机组额定负荷运行时，尾水支洞内 A—A 断面的流速最大 3 m/s 以上。该流态非常恶劣，加上机组为冲击式机组，水流经冲击式水轮机喷嘴射向转轮后排出，虽经过稳水栅的稳定作用，但仍具有较大的冲击作用力。此状态下，水流流态为急变流，流线之间夹角较大，流线曲率半径小，加上水中含有大量气体，流态比较复杂。处于此急变流内的热交换器受横向交变应力，支管与主管连接处疲劳破坏导致焊缝处出现裂纹，造成了尾水换热器漏水。

根据上述漏水原因分析，为了改善尾水支洞内的水流条件，降低流速，减少对冷却器的冲击力，在冷却器前部加装稳水栅稳定前部水流，并在尾水支洞末端设置壅水闸门，壅高水位，形成水垫。一方面使得冷却器全部淹没在水中运行，增加冷却效果；另一方面降低流速，减小水流对顶层支管的水流冲击力。

壅水闸门与厂内尾水叠梁门共槽，孔口尺寸为 5.7 m×1.8 m（宽×高），梁高 0.8 m，由门叶结构、主滑块、反滑块、侧轮组成。门体材料采用 Q235B，主滑块选用工程塑料合金自润滑材料，门顶上下游侧做倒圆角以利于流态平稳，利用现有厂内尾水检修门门槽，主滑块布置于下游侧，反滑块布置于上游侧，止水布置于上游侧，侧止水采用 P 形橡皮，底止水采用条形橡皮止水。

壅水闸门使用条件：

（1）机组正常发电及正常停机壅水闸门闭门壅水；

（2）机组及尾水换热器需要检修时将壅水闸门提出，再将尾水叠梁门放入。

### 4.6.4　沉沙池排空起吊设备

每条沉沙池底部布置一套 Sedicon 冲沙设备，现场咨询提出当 Sedicon 冲沙设备出现问题时，应考虑通过排空单条沉沙池来对冲沙设备进行检修。项目设计人员经过研究，设计使用潜水泵来排空沉沙池里的水。由于沉沙池比较深，如何选用一套方便快捷的起吊潜水泵的设备，成为解决沉沙池排空的关键。

通过多方调研，最终确定采用一台葫芦门式起重机作为起吊潜水泵的设备。该葫芦门式起重机垂直水流布置，采用电动运行机构，可以快速移动至需检修的沉沙池上方，利用潜水泵对该沉沙池进行排空，实现冲沙设备的检修维护。

## 4.7　金属结构设备特性及工程量表

金属结构设备特性及工程量见表 4-8。

表 4-8　金属结构设备特性及工程量

| 工程部位 | | 名称 | 孔口-设计水头 $b \times h-H$(m)（宽×高-水头） | 闸门型式 | 孔数/扇数 | 闸门 门重 单重(t) | 闸门 门重 共重(t) | 闸门 埋件重 单重(t) | 闸门 埋件重 共重(t) | 启闭机 型式 | 启闭机 容量(kN) | 启闭机 扬程(m) | 启闭机 数量 | 启闭机 单重(t) | 启闭机 共重(t) | 备注 |
|---|---|---|---|---|---|---|---|---|---|---|---|---|---|---|---|---|
| 首部枢纽 | 溢流堰 | 进口检修门 | 20×3.63-3.63 | 滑动叠梁 | 8/2 | 42.7 | 85.4 | 7.6 | 60.8 | 进口门机 | 2×200 | 36 | 1 | 100 | 100 | 含轨道抓梁 |
| 首部枢纽 | 溢流堰 | 出口检修门 | 20×6.53-6.53 | 滑动叠梁 | 8/2 | 80 | 160 | 12 | 96 | 出口门机 | 2×250 | 22 | 1 | 98.5 | 98.5 | 含轨道抓梁 |
| 首部枢纽 | 弧门冲沙闸 | 进口检修门 | 8×9.038-24.25 | 滑动叠梁 | 1/1 | 48.9 | 48.9 | 19.4 | 19.4 | 共用进口门机 | | | | | | |
| 首部枢纽 | 弧门冲沙闸 | 工作闸门 | 8×8-28.3 | 弧形闸门 | 1/1 | 124 | 124 | 16 | 16 | 液压启闭机 | 2×1 600/2×250 | 8 | 1 | 32.3 | 32.3 | |
| 首部枢纽 | 弧门冲沙闸 | 出口检修门 | 11.5×6.53-6.53 | 滑动叠梁 | 2/1 | 37.2 | 37.2 | 11 | 22 | 共用出口门机 | | | | | | |
| 首部枢纽 | 平门冲沙闸 | 检修闸门 | 4.5×5.42-24.25 | 平面滑动 | 2/1 | 14 | 14 | 14 | 28 | 共用进口门机 | | | | | | |
| 首部枢纽 | 平门冲沙闸 | 工作闸门 | 4.5×4.5-28.3 | 平面定轮 | 2/2 | 25（34） | 50(68) | 18.5 | 37 | 液压启闭机 | 1 600 | 5.5 | 2 | 8.8 | 17.6 | |
| 首部枢纽 | 取水口 | 拦污栅 | 3.1×6-3 | 滑动直栅 | 16/16 | 4.4 | 70.6 | 7.8 | 124.8 | 坝顶门机 | 250 | 24 | 1 | 106.7 | 106.7 | |
| 首部枢纽 | 取水口 | 检修闸门 | 3.1×3.3-14.25 | 平面滑动 | 16/4 | 4 | 16 | 6.7 | 107.2 | 共用坝顶门机 | | | | | | |
| 首部枢纽 | 取水口 | 工作闸门 | 3.1×3.3-18.3 | 平面定轮 | 16/16 | 6(9.6) | 96（153.6） | 9.5 | 152 | 液压启闭机 | 400 | 4.8 | 16 | 2.54 | 40.64 | |
| 首部枢纽 | 生态取水口 | 检修闸门 | 1.5×2.94-14.25 | 平面滑动 | 1/1 | 2.3 | 2.6 | 6.5 | 6.5 | 共用坝顶门机 | | | | | | |
| 首部枢纽 | 生态取水口 | 工作闸门 | 1.5×2-18.3 | 平面滑动 | 1/1 | 1.8 | 1.8 | 2.9 | 2.9 | 液压启闭机 | 300/200 | 2.5 | 1 | 2.3 | 2.3 | |

续表 4-8

| 工程部位 | | 名称 | 孔口-设计水头 $b \times h - H$(m)（宽×高-水头） | 闸门型式 | 孔数/扇数 | 闸门 | | | | 启闭机 | | | | | | 备注 |
|---|---|---|---|---|---|---|---|---|---|---|---|---|---|---|---|---|
| | | | | | | 门重 | | 埋件重 | | | | | | | | |
| | | | | | | 单重（t） | 共重（t） | 单重（t） | 共重（t） | 型式 | 容量（kN） | 扬程（m） | 数量 | 单重（t） | 共重（t） | |
| 首部枢纽 | 沉沙池 | 整流栅 | 9.78×3.86-3 | 固定直栅 | 8/8 | 7.7 | 61.6 | 2 | 16 | 临时起吊设备 | | | | | | |
| | | 整流栅 | 10.92×5.79-3 | 固定直栅 | 8/8 | 13.6 | 108.8 | 2.7 | 21.6 | | | | | | | |
| | | 整流栅 | 12.05×7.44-3 | 固定直栅 | 8/8 | 20.5 | 164.0 | 3.3 | 26.4 | | | | | | | |
| | | 出口检修门 | 8×1.33-1.33 | 平面滑动 | 8/8 | 4.2 | 33.6 | 2.2 | 17.6 | 液压启闭机 | 2×50 | 2.7 | 8 | 1.3 | 10.4 | |
| | 侧堰 | 检修闸门 | 6×2.83-2.83 | 平面滑动 | 2/1 | 5.1 | 5.1 | 2.5 | 5 | 单轨移动启闭机 | 2×100 | 9 | 1 | 5.1 | 5.1 | |
| | | 工作闸门 | 6×2.83-2.83 | 翻板闸门 | 2/2 | 15.5 | 31.0 | 8.4 | 16.8 | 液压启闭机 | 2×160 | 4 | 2 | 3.18 | 6.36 | |
| 输水隧洞 | 出口 | 事故闸门 | 8.2×8.2-33 | 平面定轮 | 1/1 | 70.4 | 70.4 | 16.7 | 16.7 | 液压启闭机 | 2×1 250/2×600 | 10 | 1 | 24.7 | 24.7 | |
| 调蓄水库 | 放空洞 | 事故检修门 | 3.0×3.0-33 | 平面定轮 | 1/1 | 21(30) | 21(30) | 18 | 18 | 液压启闭机 | 800/400 | 4 | 1 | 7.6 | 7.6 | |
| | | 工作闸门 | 3.0×3.0-33 | 弧形闸门 | 1/1 | 11.3 | 11.3 | 5.3 | 5.3 | 液压启闭机 | 1 250 | 5.5 | 1 | 5.9 | 5.9 | |
| | 电站引水口 | 拦污栅 | 5.7×13.3-3 | 滑动直栅 | 4/4 | 30.3 | 121.2 | 19.6 | 78.4 | 门机 | 800 | 32 | 1 | 189.1 | 189.1 | |
| | | 检修闸门 | 5.8×6.1-25 | 平面滑动 | 2/1 | 25 | 25 | 20 | 40 | 共用门机 | | | | | | |
| | | 事故闸门 | 5.8×5.8-26.5 | 平面定轮 | 2/2 | 39 | 78 | 20 | 40 | 液压启闭机 | 1 250 | 8 | 2 | 8.9 | 17.8 | |
| 厂房 | 机组出口 | 检修闸门 | 5.7×6.42-6.42 | 滑动叠梁 | 8/4 | 18 | 72 | 12 | 96 | 单轨移动启闭机 | 2×100 | 24 | 4 | 7.6 | 30.4 | |
| | 尾水洞 | 出口检修门 | 10×6.7-11.46 | 平面滑动 | 2/2 | 46 | 92 | 8.3 | 16.6 | 液压启闭机 | 2×1 250 | 8.7 | 2 | 17.6 | 35.2 | |
| 合计 | | | | | | | 1 853.1 | | 1 087 | | | | | | 730.6 | |

# 第5章

# 电站消防系统

# 5.1　消防供水系统

## 5.1.1　消防水源及水量

CCS 水电站地下厂房消防供水系统主要包括室内消火栓系统和主变压器水喷雾灭火系统。消防供水系统采用高位水池自流供水，即为常高压供水系统。消防水源取自进厂交通洞左侧（从进厂交通洞外面看）约 700.0 m 高程平台处的 2 个 200 $m^3$高位水池。从高位水池引出 3 根消防供水管，其中 2 根$\phi$ 219.1×8 的供水管至地下厂房内母线层形成消防环管，另外 1 根$\phi$ 168.3×7.1 的供水管至地面中控楼，供中控楼消防用水。

消防用水量均采用美国消防 NFPA 规范计算，根据 NFPA851—2010 规范 6.2.2 章节规定，永久防火装置的供水应基于最大固定灭火系统的要求以及连续 2 h 不低于 500 加仑/分（1 890 L/min）的最大水龙带流量要求，计算出本地下厂房一次灭火最大用水量为 226.8 $m^3$，消火栓处所需水压约为 0.3 MPa。

根据《固定水喷雾灭火设计规范》（NFPA15—2007）7.4.4.3.1 规定，变压器表面喷雾强度为 10.2 L/（min · $m^2$），变压器周围的不渗透性地面面积喷雾强度为 6.1 L/（min · $m^2$）。《固定水喷雾灭火设计规范》（NFPA15—2007）7.4.4.3.6 规定，水量供应应在满足设计流量的同时，软管中流量为 946 L/min，最少持续1 h。本地下厂房主变压洞内设置 25 台单相主变压器。根据主变压器需灭火的表面积计算，每台单相主变压器灭火所需水量为 95 $m^3$，所需水压约为 0.35 MPa。

本地下厂房的消防给水量按同一时间内发生一次火灾和一个设备一次灭火的最大灭火用水量及一个建筑物一次灭火的最大灭火用水量，这两者用水量较大者确定地下厂房的灭火用水量为 226.8 $m^3$。各个部位的消防用水量见表 5-1。

**表 5-1　消防用水量**

| 序号 | 项目 | 水量（$m^3$） | 水压（MPa） |
|---|---|---|---|
| 1 | 地下厂房消防用水量 | 226.8 | 0.3 |
| 2 | 单相主变压器消防用水量 | 95 | 0.35 |
| 3 | 中控楼消防用水量 | 113.52 | 0.3 |

## 5.1.2　消火栓布置

CCS 水电站的 GIS 室布置在主变压器廊道正上方，房间高程为 636.00 m；主变压器洞靠近进厂交通洞侧，位于发电机层下游侧，和发电机层之间通过 8 条母线洞及 1 条交通洞相连，洞室地面高程均为 623.50 m；母线层位于发电机层正下方，其高程为 618.00 m；水轮机层位于母线层下面，其高程为 613.50 m。

在地下厂房 GIS 室内、主变压器廊道下游侧墙分别均匀布置 11 个减压稳压消火栓；在发电机层、母线层和水轮机层上游侧墙均匀布置 12 个消火栓，消火栓的引水管均从母线层的消防环管上引出。

中控楼在厂房外部，中控楼 1、2 层走廊各设 2 个消火栓，在 3 层楼梯间设 1 个消火栓。从高位水池至中控楼的 DN150 的消防供水管道在控制楼内作为主供水立管贯穿中控楼 3 层楼板，给中控楼各层的消火栓供水。

### 5.1.3 主变压器消防

CCS 水电站单相主变压器额定容量为 69 MVA，每台机组设置 3 台。每台单相主变压器采用水喷雾灭火系统，消防供水来自主变压器洞内的消防干管。经 1 个 DN100 的雨淋阀组后供水喷雾消防用水。每台主变压器均设有上、下 2 层 DN80 的环管，布置水雾喷头。在每个主变压器室内布置有感温、感烟型火灾探测器，发生火灾时，可自动或手动开启雨淋阀喷雾灭火。在主变压器洞进口右侧布置 1 个容积为 160 $m^3$的事故油池。当主变压器发生火灾时，将主变压器的油和消防用水排至事故油池。

## 5.2 气体消防系统

### 5.2.1 水轮发电机组消防

水轮发电机组的消防灭火方式主要有水喷雾灭火和二氧化碳灭火这两种。水喷雾灭火系统的灭火介质——水源比较丰富，易于获取和储存，造价低廉，且其自身和在灭火过程中对生态环境没有危害作用，但会破坏电气设备的绝缘性能，国内大中型电站的水轮发电机组一般常采用水喷雾灭火系统。

二氧化碳灭火系统绝缘性能好，不污损设备，灭火能力强，对环境友好，但其系统复杂性和造价要比水灭火系统高很多，且二氧化碳气体对人身具有一定的危害性。由于气体灭火本身具有的绝缘性能好和不污染设备等优点，近年来在新建水电站和老水电站改造项目中得到越来越广泛的应用。

CCS 水电站的水轮发电机组采用气体（$CO_2$）灭火系统，每台发电机组配 1 套 $CO_2$灭火装置。$CO_2$灭火设计为全淹没系统，设计浓度不低于 58%。发电机 $CO_2$灭火系统由储气瓶、输气管、喷头及报警启动设备等组成。$CO_2$气体储存在储气瓶内，经输气管送至发电机风罩内。为维持 $CO_2$灭火浓度，保证灭火质量，每组设两套管路，一套是紧急灭火释放 $CO_2$，另一套是维持和补充 $CO_2$。在机坑里装设烟雾信号和感温探测器，当两者同时动作时方可向发电机送气，探测器还应便于安装和维护，设置自动启动操作系统，并设手动操作设备作为备用。

发电机采用 $CO_2$ 气体灭火系统后，$CO_2$ 气体喷入机坑内，会显著增加机坑的内压，如果没有适当的泄压口，机坑内的围护结构和设备将可能承受不起增长的压力而遭破坏。

因此，在发电机机坑上 621. 0 m 高程开设 400 mm×400 mm 的泄压口。

发电机机坑不具备自然通风的条件，灭火后的机坑应进行通风换气，确认机坑内的 $CO_2$ 气体排放干净后，人员方可进入，因此需设置机械排风装置。在泄压口对面 616.79 m 高程设置排风口，在排风口的风管上设置 1 个轴流风机直接排向室外。

### 5.2.2　中控楼消防系统

中控楼的中控室和通信室采用 IG541 气体灭火系统。IG541 是一种无色、无味、无害、绝缘的混合气体。在灭火时，IG541 气体浓度在各个方向是均匀的，能够形成保护空间，并在特定时间内维持它们的浓度不变，主要参数见表 5-2。

**表 5-2　IG541 参数表**

<table>
<tr><th>保护区</th><th>长（m）</th><th>宽（m）</th><th>高（m）</th><th>面积（m²）</th><th>体积（m³）</th><th>设计温度（℃）</th><th>设计用量（kg）</th><th>实际用量（kg）</th><th>15 MPa 钢瓶数</th><th>喷头数</th></tr>
<tr><td rowspan="6">中控室</td><td>8.8</td><td>11</td><td>2.1</td><td>96.8</td><td rowspan="6">635.55</td><td rowspan="6">20</td><td rowspan="6">531.4</td><td rowspan="6">591.5</td><td rowspan="6">15</td><td rowspan="6">41</td></tr>
<tr><td>8.8</td><td>11</td><td>3.3</td><td>96.8</td></tr>
<tr><td>8.8</td><td>11</td><td>0.3</td><td>96.8</td></tr>
<tr><td>3</td><td>4.9</td><td>2.1</td><td>14.7</td></tr>
<tr><td>3</td><td>4.9</td><td>3.3</td><td>14.7</td></tr>
<tr><td>3</td><td>4.9</td><td>0.3</td><td>14.7</td></tr>
<tr><td rowspan="3">通信室</td><td>8.2</td><td>6.8</td><td>2.1</td><td>55.76</td><td rowspan="3">317.83</td><td rowspan="3">20</td><td rowspan="3">231</td><td rowspan="3">270.4</td><td rowspan="3">16</td><td rowspan="3">20</td></tr>
<tr><td>8.2</td><td>6.8</td><td>3.3</td><td>55.76</td></tr>
<tr><td>8.2</td><td>6.8</td><td>0.3</td><td>55.76</td></tr>
</table>

IG541 灭火系统设置有 2 种不同型式的探测器（感温探测器及感烟探测器），可采用自动、手动或机械紧急启动三种灭火方式。

#### 5.2.2.1　自动控制

当保护区发生火灾时，任意一个探测器发出火灾报警信号，同时报警喇叭将被激活，这个过程被称为预火警，系统会延迟 30 多 s，保护区里的工作人员这段期间可撤离。然后火灾控制面板会给电磁阀发出气体释放信号，气动释放装置（PAE）将会打开，气体将会沿着气控管打开保护房间对应钢瓶组的钢瓶和对应的选择阀，灭火气体将被喷射到房间。预火警期间，另一组探测器也被触发后，灭火控制板收到该组报警信号。报警喇叭及闪光灯将被激活，同时气体灭火系统收到信号，这个过程被称为主火警。气体自动灭火控制板接收到气体管道上的压力开关反馈气体释放信号，气体释放信号灯点亮，警告人员不要进入保护区房间。在系统处于延时期间，遇有紧急情况时，可通过持续按下手动延迟按钮继续延迟灭火气体的释放。如果再次放开按钮，灭火的流程将继续下去。

#### 5.2.2.2　手动控制

当按下手动释放按钮，报警喇叭及闪光灯将被激活，灭火气体将会延迟 30 s 后再释放。气体管道上的压力开关被激活并向消防控制板发出信号,气体释放信号灯点亮,警告人员不要进入保护区房间。在系统处于延时期间,遇有紧急情况时,可通过持续按下手动延迟按钮继续延迟灭火气体的释放。如果再次放开按钮,灭火的流程将继续下去。

#### 5.2.2.3　机械控制

如果检测系统发生故障,负责人可以打开钢瓶瓶头阀上的手柄,灭火气体被释放到保护区房间。

#### 5.2.2.4　系统复位

当确认保护区火灾已被扑灭后,由授权人通过复位下列设备的方式重置系统:复位火灾探测器、复位灭火控制盘、复位电磁阀、复位气动释放装置,重新对钢瓶充装灭火气体IG541。

## 5.3　移动灭火器配置

移动灭火器作为一种常用的辅助灭火器材,因其简单灵活、易于操作等特点在各类火灾危险场所得到普遍应用。CCS 水电站整个厂区在消火栓灭火系统、水喷雾灭火系统、气体灭火系统的基础上另配置了 $CO_2$灭火器和泡沫移动灭火器。主要灭火器布置的数量及位置见表 5-3。

表 5-3　移动灭火器布置清单

| 序号 | 名称 | 规格 | 单位 | 数量 | 备注 |
|---|---|---|---|---|---|
| 1 | $CO_2$灭火器 | 含量 10∶B∶C,<br>质量 20 Lb(9.08 kg) | 个 | 24 | GIS 室 |
| | | | | 60 | 发电机层 |
| | | | | 43 | 母线层 |
| | | | | 28 | 水轮机层 |
| | | | | 16 | 球阀层 |
| 2 | 泡沫灭火器 | 质量 45 Lb(20.43 kg) | 个 | 6 | 发电机层 |
| | | | | 2 | 水轮机层 |

# 第 6 章

# 通风空调及事故防排烟系统

# 6.1　通风系统

## 6.1.1　工程概况

工程区位于东部亚马孙河水系的 Coca 河流域,河流距火山口最近处只有 7 km。该流域位于中部高原向西部冲积平原的过渡地带,流域内分布有高山气候、热带草原气候及热带雨林气候,从空间分布上看,降雨量由上游地区的 1 331 mm(Papallacta 站),向下游逐渐递增到 4 834 mm(San Rafael 站)、6 270 mm(El Reventador 站)。从时间分布上看,上游地区年内降雨量在 4~9 月较为丰富,随着高程的降低和降雨量的增加,年内各月降雨量分布越均匀,San Rafael 站全年湿热多雨,最大、最小月平均降雨量比值仅为 1.43,全年日照度为 20%~25%。

### 6.1.1.1　气象参数

气温:Coca 河流域位于赤道附近,每月和年平均气温的变化幅度很小,最高气温和最低气温月份之间的差异不超过 3 ℃。

相对湿度:年平均相对湿度在 85%~95%,各个月份差别不大,最高是在降雨最多的 6 月(4~9 月为雨季),而最低是在 12 月~次年 1 月(10 月~次年 3 月为旱季)。

地下洞群系统包括主变压器洞、交通洞、电缆洞和尾水洞等,见图 6-1,主变压器洞尺寸为 16.50 m×33.00 m×192.00 m(宽×高×长),尾水洞(汛期为有压洞)洞长约 600 m。

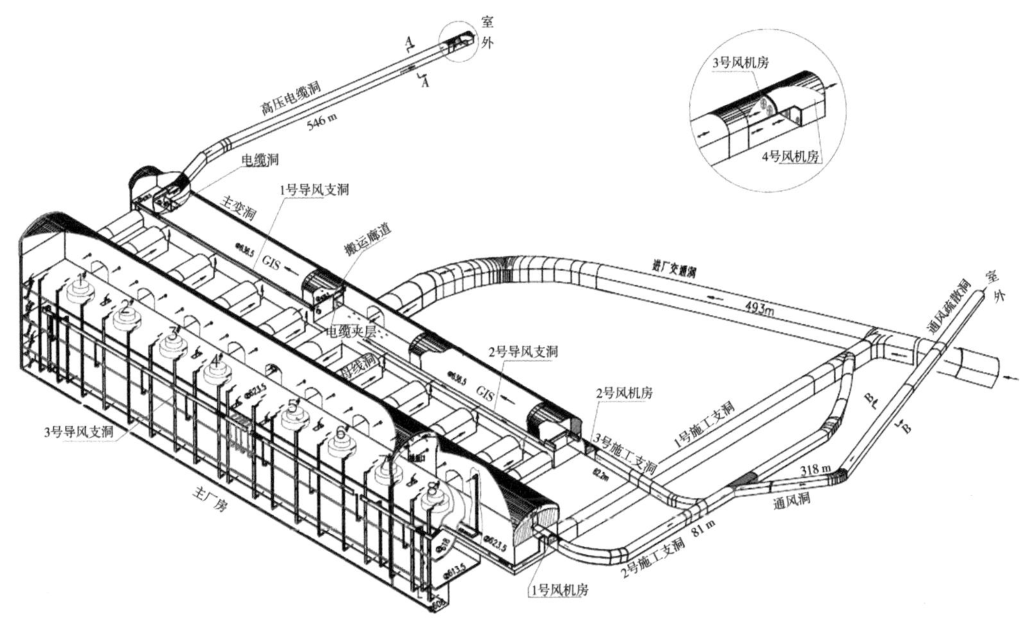


图 6-1　地下厂房洞室通风排烟流程图

地下厂房布置在 Coca 河右岸的山体内，厂房开发方式为尾部式开发。地下厂房区域地表自然坡度一般为 30°~40°，山体陡峻，植被发育，总体地势西高东低，高程 600~1 350 m，地形起伏较大，区域内山高谷深，相对高差达 700 余 m，冲沟多呈东西向展布，该区属热带雨林气候，且降雨量较大，沿冲沟多形成瀑布。

电站主要建(构)筑物包括主厂房、副厂房、母线洞、主变压器洞、进厂交通洞、尾水洞、高压电缆洞、排水洞以及出线场、控制楼、机修间、柴油发电机房、油库及配电中心等，其中出线场、控制楼、机修间、柴油发动机房、油库及配电中心等布置在地面。共布置 8 台冲击式水轮发电机组、1 台冲击式卧式发电机组。

CCS 水电站为埋深达 300 余 m 的地下厂房，工程区属热带雨林气候，降雨量较大，年降雨量 3 500~6 000 mm，温度变化在 15~35 ℃。年蒸发量 1 000 mm，湿度约 90%。

表 6-1 是距离电站厂房最近的 San Rafael(高程 452.0 m，大气压力 1 013 hPa)气象台站 1975~1981 年的资料。

表 6-2 是根据手工网上记录统计的 San Rafael 气象台站 2008~2010 年的天气预报温度部分资料整理出来的数据归纳汇总表。

**表 6-1 San Rafael 气象台站资料**

| 项目 | 单位 | 1 月 | 2 月 | 3 月 | 4 月 | 5 月 | 6 月 | 7 月 | 8 月 | 9 月 | 10 月 | 11 月 | 12 月 | 年均 |
|---|---|---|---|---|---|---|---|---|---|---|---|---|---|---|
| 平均温度 | ℃ | 19.3 | 19 | 18.9 | 19.1 | 19 | 18 | 17.7 | 18 | 18.6 | 19.4 | 18.5 | 19.4 | 18.7 |
| 最高 | ℃ | 28.1 | 28 | 28 | 26.8 | 26.6 | 29 | 26 | 29.7 | 29.2 | 32 | 29.5 | 29.8 | 32 |
| 最低 | ℃ | 9 | 13.4 | 12 | 13.2 | 10 | 10.2 | 11.2 | 11 | 10.5 | 13 | 10.8 | 12.6 | 9 |
| 相对湿度 | % | 88 | 89 | 93 | 93 | 93 | 95 | 94 | 92 | 91 | 90 | 90 | 90 | 91.5 |

**表 6-2 San Rafael 气象台站预报整理资料**

| 项目 | 单位 | 1 月 | 2 月 | 3 月 | 4 月 | 5 月 | 6 月 | 7 月 | 8 月 | 9 月 | 10 月 | 11 月 | 12 月 | 年均 |
|---|---|---|---|---|---|---|---|---|---|---|---|---|---|---|
| 平均温度 | ℃ | 25.5 | 24.4 | 25.5 | 23.6 | 23.3 | 22.1 | 22.8 | 22.5 | 24.1 | 25.3 | 25.5 | 25.6 | 24.2 |
| 最高 | ℃ | 32 | 33 | 34 | 30 | 29 | 30 | 30 | 31 | 33 | 35.4 | 34 | 35 | 35.4 |
| 最低 | ℃ | 18 | 18 | 17 | 18 | 19 | 19 | 18 | 18 | 19 | 17.9 | 19 | 19 | 17 |

比较两表最高温度和年均温度均有较大偏差；在对比收集的每天天气预报资料数据(见表 6-3)中也可以看出，每天有 10 多 h 室外气温在 22 ℃之下。

依据年平均气温可以大致推测年地表温度，在没有详细数据前用年平均温度来确定地表温度会对地下厂房温、湿度计算产生影响。而地下厂房岩石温度的高低直接影响空调冷热负荷计算的波动度的高低，而岩石温度近似于地面温度的年平均值。经过对国内多个地方的年平均气温与地层温度的统计比较，发现在没有详细数据，前期采用年平均温度加 1~3 ℃来确定地面温度，基本上与实测数据差别不大。因此，在初步方案设计时，采用该方式进行地下厂房温、湿度计算虽有一定的误差，但对数据影响不大。

表 6-3　San Rafael 气象台站天气预报资料

| 当地时间 | 温度(℃) | 湿度(%) | 2010 年 10 月 21 日天气 | 当地时间 | 温度(℃) | 湿度(%) | 2010 年 10 月 22 日天气 | 当地时间 | 温度(℃) | 湿度(%) | 2010 年 10 月 23 日天气 |
|---|---|---|---|---|---|---|---|---|---|---|---|
| 00:00 | 18.5 ℃ | 97 | 雷雨 | 00:00 | 20.6 ℃ | 92 | 小雨 | 00:00 | 20.7 ℃ | 96 | 雷雨 |
| 03:00 | 17.7 ℃ | 96 | 雷雨 | 03:00 | 19.1 ℃ | 92 | 雷雨 | 03:00 | 19.1 ℃ | 93 | 雷雨 |
| 06:00 | 20 ℃ | 94 | 小雨 | 06:00 | 18.9 ℃ | 90 | 多云 | 06:00 | 18.3 ℃ | 92 | 小雨 |
| 09:00 | 20.3 ℃ | 89 | 多云 | 09:00 | 21.2 ℃ | 85 | 小雨 | 09:00 | 20.9 ℃ | 86 | 小雨 |
| 12:00 | 29.6 ℃ | 65 | 雨 | 12:00 | 30.9 ℃ | 64 | 小雨 | 12:00 | 31.6 ℃ | 51 | 多云 |
| 15:00 | 35.4 ℃ | 52 | 小雨 | 15:00 | 33.4 ℃ | 50 | 多云 | 15:00 | 35.1 ℃ | 40 | 多云 |
| 18:00 | 33.8 ℃ | 73 | 小雨 | 18:00 | 33.4 ℃ | 53 | 多云 | 18:00 | 34.1 ℃ | 48 | 多云 |
| 21:00 | 21.4 ℃ | 98 | 雷雨 | 21:00 | 22.9 ℃ | 91 | 小雨 | 21:00 | 21.7 ℃ | 94 | 小雨 |

2011 年 5 月借到现场查勘之际,沿过去地质上留下的地质探洞深入到山体内 200 m 处,从洞内 10 m 处开始在 30 m、55 m、100 m、150 m、200 m 处分别进行了干球温度和湿球温度的测量记录,干球温度都在 24.1~24.2 ℃,湿球温度从 23 ℃到维持 24 ℃基本不变;探洞是在 20 世纪 70 年代挖出来的,有断裂带并渗水且已经与外界大气进行了充分的热、湿交换,处于稳定阶段,测试时洞内流水潺潺。而在 2012 年 6 月,对正在开挖的地下主厂房,利用多处钻孔把测试工具深入孔内并封堵孔口来测试岩体温度,数据范围在 25.8~26.3 ℃。西安建筑科技大学对国内某地下洞室的换热效果实测也证实了这一结论。

#### 6.1.1.2　温、湿度设计标准

美国水电站厂房采暖通风空调设计标准没有具体的指标值,依据国内《水力发电厂采暖通风和空气调节设计技术规定》(DL/T 5165—2002),确定厂房主要区域空气设计参数。

发电机层温度≤30 ℃,相对湿度≤75%。

母线层、水轮机层温度≤30 ℃,相对湿度≤80%。

主变压器室、母线洞排风温度≤40 ℃,相对湿度不规定。

厂用变压器、配电室温度、GIS 室温度≤35 ℃,相对湿度不规定。

球阀操作层≤33 ℃,相对湿度不规定。

水泵房温度≤30 ℃,相对湿度≤80%。

办公室、会议室等副厂房温度:25~28 ℃,相对湿度 45%~65%。

中控室、计算机室温度 22~25 ℃,相对湿度 45%~65%。

#### 6.1.1.3　设计条件

1.电站合同给定的气象资料

日平均温度:25 ℃;

极端最低温度:15 ℃;

极端最高温度:35 ℃;

年平均相对湿度:90%。

2.合同给定的设计条件

1)通风

空气流通的最大流量 390 000 m³/h;

入口空气的最高温度 25 ℃。

2)空调

温度 24 ℃±1 ℃;

相对湿度 55%+5%。

#### 6.1.1.4 设备及照明发热量估算

CCS 水电站主厂房 8 台机组满负荷运行时设备及照明灯具等总发热量为 1 635.5 kW,厂房取岩体温度为 26 ℃,洞壁为离壁衬砌。在计算过程中不考虑岩壁吸放热量的影响。各部位发热量数值见表 6-4。

表 6-4 设备及照明发热量

| 项目 | 数值 | 项目 | 数值 |
|---|---|---|---|
| 发电机层 | 225 kW | 主变压器洞 | 456 kW |
| 母线层 | 458 kW | 高压电缆洞 | 60 kW |
| 水轮机层 | 167 kW | 母线洞 | 300 kW |
| 安装间下层 | 94.5 kW | | |

注:在计算过程中未考虑岩壁吸放热量的影响。

#### 6.1.1.5 全通风工况下的通风量计算

通风量计算汇总见表 6-5。

表 6-5 通风量计算汇总

<table>
<tr><th rowspan="2">场所名称</th><th rowspan="2">送风来源</th><th rowspan="2">排风去向</th><th colspan="2">进风</th><th colspan="2">排风</th><th rowspan="2">发热量<br>(kW)</th><th rowspan="2">通风量<br>(万 m³/h)</th></tr>
<tr><th>温度(℃)</th><th>湿度(%)</th><th>温度(℃)</th><th>湿度(%)</th></tr>
<tr><td rowspan="2">进安装间交通洞</td><td>进厂交通洞</td><td rowspan="2">安装间</td><td rowspan="2">22</td><td rowspan="2">95</td><td rowspan="2">23.6</td><td rowspan="2">83</td><td></td><td>26</td></tr>
<tr><td>新风除湿机</td><td>150</td><td>3</td></tr>
<tr><td rowspan="4">安装间</td><td rowspan="2">进安装间交通洞</td><td rowspan="3">发电机层</td><td rowspan="2">23.6</td><td rowspan="2">83</td><td rowspan="4">25.4</td><td rowspan="4">73</td><td rowspan="4">94.5</td><td>29</td></tr>
<tr><td></td></tr>
<tr><td rowspan="2">安装间下层</td><td rowspan="2">28</td><td rowspan="2">58</td><td>5.17</td></tr>
<tr><td>空压机室等</td><td>0.8</td></tr>
<tr><td rowspan="3">发电机层</td><td rowspan="3">安装间</td><td>母线层</td><td rowspan="3">25.4</td><td rowspan="3">73</td><td rowspan="3">25.4~27</td><td rowspan="3">63~73</td><td rowspan="3">100</td><td>16.8</td></tr>
<tr><td>水轮机层</td><td>11.4</td></tr>
<tr><td>安装间下层</td><td>5.17</td></tr>
</table>

续表 6-5

| 场所名称 | 送风来源 | 排风去向 | 进风 | | 排风 | | 发热量（kW） | 通风量（万 $m^3/h$） |
|---|---|---|---|---|---|---|---|---|
| | | | 温度（℃） | 湿度（%） | 温度（℃） | 湿度（%） | | |
| 母线层 | 发电机层 | 母线洞 | 25.4~27 | 63~73 | 28~29 | 60~64 | 237 | 16.8 |
| | 水轮机层 | | 28~30 | 57~64 | | | | 8.46 |
| | 球阀廊道 | | 28~30 | 57~64 | | | | 3.74 |
| 母线洞 | 母线层 | GIS 室 | 28~29 | 60~64 | 33~34 | 45~52 | 500 | 29 |
| 水轮机层 | 发电机层 | 母线层 | 24~26 | 75~83 | 28~30 | 60~66 | 146 | 7.66 |
| | | 球阀廊道 | | | | | | 3.74 |
| | | 拱顶风道 | | | | | | 0.5 |
| 主变压器洞室 | 主变压器洞廊道 | GIS 室排风道 | 25 | 90 | 38.7 | 33 | 456 | 10 |

6.1.1.6　**厂内空气设计参数**

厂内空气设计参数见表 6-6。

表 6-6　厂内空气设计参数

| 项目 | 通风 | | 空调 | |
|---|---|---|---|---|
| | 温度（℃） | 相对湿度（%） | 温度（℃） | 相对湿度（%） |
| 发电机层 | 26~28 | 63~72 | 26 | 65 |
| 母线层 | 27~29 | 60~67 | 28 | 70 |
| 水轮机层 | 28~30 | 57~64 | 28 | 70 |
| 球阀廊道 | 28~30 | 57~64 | 28 | 70 |
| 母线洞 | 34 | 47 | 28 | 70 |
| GIS 室（排风温度） | 30~34 | 47~57 | — | — |
| 主变压器室（排风温度） | 36~38 | 47~57 | — | — |

## 6.1.2　通风方式确定

根据设备布置，主厂房通风方案选择空调加新风方式，来解决厂内余热的排除；由于施工组织方同时优化了组织方案，新的排风排烟通道改用原来已有的地质探洞（见图 6-2），形成了现在新的气流组织。

6.1.2.1　**地下厂房通风方案**

地下厂房共有三条可利用的对外进、排风通道：一是洞长约 495 m 的进厂交通洞；二是洞长约 530 m 的高压电缆出线洞；三是位于地下主厂房右端的长约 500 m 的地质探洞，该探洞分别连接主厂房和主变压器洞，并用作主厂房和主变压器洞的部分排风排烟通道。

新风取自进厂交通洞，经新风处理机除湿后，通过送风管道送至发电机层安装间，设备布置在交通洞与主变压器洞交叉口附近。新风在安装间分别向 4#机组与 5#机组方向分流。汇集主厂房内油罐室、油处理室、蓄电池室、钢瓶间和继电保护室等需要直接排至拱顶风道的风量为 5 220 $m^3/h$；这些场所按不小于 6 次/h 的换气次数计算，最终通过地质探洞排至厂外（见图 6-3）。

图 6-2　排风中的地质探洞

图 6-3　探洞排风口与疏散通道

经进厂交通洞进入安装间的室外新风两边分流，1#～4#机组段途经母线洞、主变压器室等区域的排风排烟经高压电缆洞专用风道排出厂外，5#～8#机组段途经主厂房、母线洞、主变压器室的排风、排烟经地质探洞排出厂外。该方案排风排烟流畅便捷，事故时有利于厂内人员安全疏散（见图 6-4）。

图 6-4　探洞与疏散通道

发电机层、母线层、水轮机层、母线洞等场所产生的余热，主要由制冷空调系统的空气处理机组吸收。

#### 6.1.2.2　运行方式

地下主厂房采用温、湿分控的技术，对部分新风除湿后送主厂房发电机层，以解决对安全卫生环境新风量的需求，厂内热负荷以空气处理机组消化为主的方案，同时加大循环风量以提高舒适度。

主厂房气流组织确定采用下送上排、上送下排，多层串联、分散布置的通风方式，并针对存在的下部湿度可能超标问题，设计中采用组合变换的方式升温降湿，使系统既能保证正常通风降温,不扩大排风量,又使湿度符合规范要求,确定出适合本电站的通风系统布置方式。

对温、湿度要求低的主变压器洞采用全通风方式;主厂房及母线洞采用部分新风+空调的方式,来满足温度指标的要求;湿度指标采用对新风先预处理的方案,然后再送入主厂房发电机层。

温、湿分控的处理方案,可较好解决遇到的棘手问题。以上方案和措施的应用最终解决了受高温、高湿困扰的复杂技术难题。

#### 6.1.2.3　通风气流组织

采用主厂房拱顶层作为正常通风时排除厂内有害气体的通道及事故时的排烟排风通道,能减少施工安装工程量,也能满足排风排烟的需要。

经交通洞来自室外的新风,通过新风除湿机处理后,送入主厂房安装间与安装间下层电气设备间排风混合后两边分流到发电机层,经 8 条母线洞后排入主变压器洞排风道;另一路直接由交通洞进入主变压器洞,经设在各主变压器室的排风机排至主变压器洞排风道。

经进厂交通洞进入安装间的室外新风左右分流,主厂房排风可以经过四个渠道排出厂外。

(1)1#~4#机组段途经母线洞、1#导风支洞排至高压电缆洞专用风道排出厂外。

(2)5#~8#机组段途经母线洞、2#导风支洞汇总至 3#施工支洞,最后由地质探洞排出厂外。

(3)经贯穿主厂房上游侧 620.8 m 高程的 3#导风支洞排出厂外,该通道作为主厂房正常排风的主通道。

(4)主厂房拱顶作为厂房事故排烟的主通道,与 3#导风支洞的排风汇总至 2#施工支洞,最后由地质探洞排出厂外。

考虑地下厂房通风的要求并结合施工上已有的洞室,利用高压电缆洞专用风道作为主变压器洞 1#~4#机组段主变压器室及搬运廊道排烟的主排风道;利用高压电缆洞作为 GIS 室及高压电缆洞本身排热排风的通道。

5#~8#机组段主变压器室及搬运廊道排烟直接排至 3#施工支洞,最后由地质探洞排出厂外。

主变压器洞排风道与主厂房排风道分三个途径排出厂外:其一是敷设于高压电缆出线洞上部的专用排风道;其二是高压电缆洞;其三是主厂房右端的地质探洞。

主变压器洞排风道与主厂房排风道分两个途径排出厂外:其一是敷设于高压电缆出线洞上部的总排风道;其二是主厂房右端的地质探洞。1#、2#风机房(见图 6-5、图 6-6)分设如下:①高压电缆出线洞室外,设置 2 台混流式风机箱,风量 53 530 $m^3/h$,风压 1 100 Pa,最大排风量为 71 850 $m^3/h$;②在地质探洞与主变压器洞相交处 638 m 高程,设置 2 台混流式风机箱,风量 53 530 $m^3/h$,风压 1 100 Pa,最大排风量为 71 850 $m^3/h$;③在地质探洞与主厂房相交处 638 m 高程,设置 1 台排风量为 14 710 $m^3/h$、风压 1 086 Pa 的混流式风机和 1 台排风量为 70 231 $m^3/h$、风压 1 152 Pa 的排烟风机排至室外。全厂总的排风量为 347 230 $m^3/h$。

图 6-5　$1^{\#}$风机房

图 6-6　$2^{\#}$风机房

高压电缆出线洞排风风源取自 GIS 室，设置 2 台混流式排风机，风量 59 200 $m^3/h$，风压 886 Pa 。

排风系统均兼作事故通风系统。

### 6.1.3　通风系统设计

通过进厂交通洞进风楼（见图 6-7）进来的新风，在负压的作用下分别被分流至主变压器洞和发电机层安装间，最后按设计流程进入各个场所。设计中初步考虑多层串联及非对称布置气流耦合的气流组织形式。主厂房气流组织确定采用下送上排、上送下排，多层串联、分散布置的通风方式，并根据厂房特性在上、下游侧分别布置有环形喷流送风口，既降低了厂内温度也增强了气流的扰动性，在封闭的地下厂房内活动的人员有一定的气流感。这样系统既能保证正常通风降温，不扩大排风量，又使温、湿度符合规范要求。

#### 6.1.3.1　发电机层通风

由进厂交通洞来的室外新风，经除湿后进入安装间与安装间下层变配电间等排放出来的空气混合，并左右分流后进入发电机层（见图 6-8），再汇集球阀廊道的排风和通过楼梯间吊物孔自母线层进入发电机层的空气，以及由下游侧夹墙内设置的送风系统送至水轮机层；同时还有一部分直接通过拱顶风口引到地质探洞排出厂外，其余部分在母线洞风机负压的作用下进入母线洞，通过布置在夹墙的风管排至主变压器洞风道。

设置循环风系统提高内部空气循环风量，增大换气次数，使舒适感增加。

图 6-7　进风楼

图 6-8　发电机层

#### 6.1.3.2　母线层通风

通过楼梯间吊物孔由水轮机层进入母线层(见图 6-9)的空气,一部分通过下游侧布置的空调机组(见图 6-10)送风到发电机层,另一路继续通过楼梯间吊物孔进入发电机层。

图 6-9　母线层下游侧

图 6-10　组合式空调系统

#### 6.1.3.3　水轮机层通风

在下游侧夹墙内设置的送风系统吸风口布置在发电机层,经风机作用送至水轮机层(见图 6-11、图 6-12);然后上下分流分别至母线层和球阀廊道层。

图 6-11　水轮机层上游侧

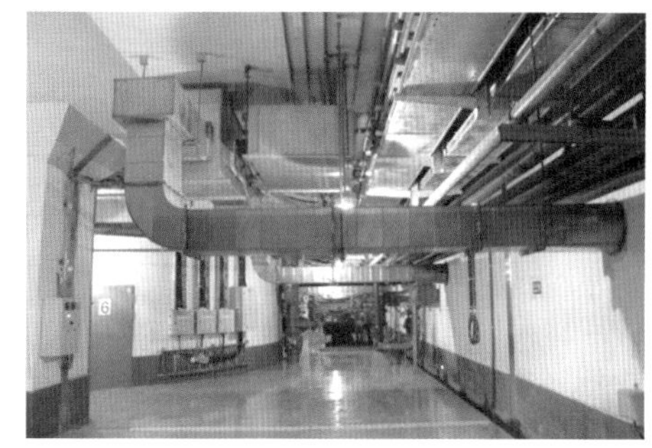

图 6-12　水轮机层下游侧

#### 6.1.3.4　变配电室通风

母线层安装间下布置有继电保护室、13.8 kV 配电室、照明配电室、220 V 配电室(1、2 段)、480 V 配电室(1、2 段)、480 V 配电室(3、4 段)。

依据电气专业提供的资料计算发热量,见表 6-7。

表 6-7　电气设备间发热量计算汇总表

| 项目 | 数值 | 项目 | 数值 |
|---|---|---|---|
| 13.8 kV 配电室 | 6.5 kW | 照明配电室 | 4 kW |
| 220 V 配电室(1、2 段) | 9 kW | 480 V 配电室(1、2 段) | 54 kW |
| 480 V 配电室(3、4 段) | 8.5 kW | 继电保护室 | 50 kW |

室内余热主要由空调系统消化吸收,各设备间均设置有排风换气设备,可在事故通风

时使用,换气次数为 6 次/h,通风计算汇总表见表 6-8。

表 6-8　电气设备间通风计算汇总表

| 项目 | 通风量($m^3$/h) | 项目 | 通风量($m^3$/h) |
|---|---|---|---|
| 13.8 kV 配电室 | 2 480 | 照明配电室 | 2 270 |
| 220 V 配电室(1、2 段) | 2 450 | 480 V 配电室(1、2 段) | 4 880 |
| 480 V 配电室(3、4 段) | 2 360 | 继电保护室 | 4 850 |

电气设备间通风由布置在上、下游夹墙的风管送至安装间,与经过除湿机处理后的新风混合,然后自然分流至 4[#] 和 5[#] 机组方向。220 V 配电室、480 V 配电室(3、4 段)、13.8 kV 配电室均选用风量 $L$=2 486 $m^3$/h,风压 $H$=104 Pa 的轴流风机;480 V 配电室(1、2 段)各选用 2 台风量 $L$=2 480 $m^3$/h,风压 $H$=73 Pa 的低噪声壁式轴流风机;照明配电室选用 1 台 3.6[#],$L$=3 370 $m^3$/h,$H$=76 Pa 的低噪声壁式轴流风机。

6.1.3.5　**电缆夹层通风**

下方的电缆夹层按换气次数设置通风设备,换气次数不小于 6 次/h;选用风量 $L$=2 486 $m^3$/h,风压 $H$=104 Pa 的轴流风机。

6.1.3.6　**制冷机房通风**

制冷机房按换气次数设置通风设备,换气次数不小于 6 次/h。设置 2 台风量 $L$=4 000 $m^3$/h、风压 $H$=123 Pa 的轴流风机。

6.1.3.7　**蓄电池室通风**

蓄电池室按 6 次/h 的换气次数计算通风量,因可能会释放出易燃、易爆危险气体,空气不能参与再循环;乏气由夹墙风道直接排入主厂房拱顶通过独立的排风系统排出厂外。选用风量 $L$=1 737 $m^3$/h、风压 $H$=208 Pa 的防爆轴流风机。

6.1.3.8　**油系统房间通风**

厂内油罐室、油处理室按 6 次/h 的换气次数计算通风量,因含有易爆危险气体,空气不能参与再循环;乏气由夹墙风道直接排入主厂房拱顶的独立排风系统排出厂外。选用风量 $L$=1 737 $m^3$/h、风压 $H$=208 Pa 的防爆轴流风机。

6.1.3.9　**泵房通风**

渗漏排水泵房位于 609.5 m 层,是地下厂房最低层,比较潮湿。在泵房下游侧墙敷设风管,把空压机室的热空气直接送入泵房,以解决两个房间的湿度问题。该场所按不小于 6 次/h 的换气次数计算通风量,各选用 1 台风量 $L$=4 000 $m^3$/h、风压 $H$=123 Pa 的轴流风机。

6.1.3.10　**空压机室通风**

空压机室(见图 6-13)通过轴流风机强制排风,排风机设置在下游侧墙上,排风送至下层的渗漏排水泵房。

选用 2 台风量 $L$=4 000 $m^3$/h、风压 $H$=123 Pa 的轴流风机。

6.1.3.11　**球阀廊道通风**

该层处于厂房最底部,也是厂内最湿冷的地方。

在廊道上游侧墙上每 1 台机组段两侧安装排风机，排风管道敷设在夹墙内。水轮机层空气在负压的作用下经楼梯间、吊物孔自然进入球阀廊道（见图 6-14），在轴流风机的作用下通过风管送至发电机层。

图 6-13　空压机室

图 6-14　球阀廊道

#### 6.1.3.12　母线洞通风

本电站通过 8 条母线洞把主厂房发电机层与主变压器洞连接起来，在风机的作用下发电机层的气流导入母线洞，并通过布置在主变压器洞夹墙内的风管进入主变压器洞风道。

每个母线洞（见图 6-15）均设置有 1 台低噪声节能混流式风机箱，风量为 2 299 $m^3/h$，风压为 149 Pa。

图 6-15　母线洞

#### 6.1.3.13　主变压器洞通风

1. 主变压器室通风

主变压器洞共布置有 24 台单相变压器，变压器室相互之间墙体均为防火墙。室外新风通过进厂交通洞分流至主变压器廊道，每间单相变压器室设置防火进风口，并设置有 1 台通风机以排除室内余热。依据电气专业提供的资料计算发热量，见表 6-9。

表 6-9　主变压器室发热量计算汇总表

| 项目 | 数值 | 项目 | 数值 |
|---|---|---|---|
| 正对母线洞主变压器室 | 33 kW | 正对母线洞两侧主变压器室 | 24 kW |

依据下列公式计算排除厂房热量的通风量：

$$V = \frac{3\ 600Q}{C\Delta t\rho} \quad (m^3/h)$$

式中，空气的密度取 $\rho=1.139\ kg/m^3$；比热 $C=1.01\ kJ/(kg\cdot ℃)$；$Q$ 为发热量，kW；温度差 $\Delta t=12\ ℃$。

本通风量计算为全通风工况下的计算值，见表 6-10。

表 6-10　电气设备间通风计算汇总表

| 项目 | 通风量($m^3/h$) | 项目 | 通风量($m^3/h$) |
| --- | --- | --- | --- |
| 正对母线洞主变压器室 B | 8 605 | 正对母线洞两侧主变压器室 A、C | 6 258 |

热风通过风道排至主变压器洞风道，一路接高压电缆洞总排风道，另一路接地质探洞，最后在排风机的作用下排出厂外。选用 2 个型号的通风设备，设备 B 风量 8 832 $m^3/h$，风压 152 Pa；设备 A、C 风量 6 658 $m^3/h$，风压 153 Pa。

2.GIS 室通风

GIS 室发热量很小，通风时直接采用主变压器洞搬运廊道补风，由高压电缆洞排风机排出厂外。该室正常情况下通风设备每天可以断续运行。

3.主变压器洞电缆廊道通风

在电缆廊道末端设防火进风口，引主变压器搬运廊道新风，作为补充高压电缆洞的风源，换气系数不少于 10 次/h。

4.高压电缆洞通风

高压电缆洞厂内部分接主变压器洞电缆廊道和 GIS 室，另一端接室外。进风口设在 GIS 室和电缆廊道，通风机布置在厂外洞口，设置 2 台混流式排风机，风量 $L=59\ 200\ m^3/h$，$H=886$ Pa，$N=22$ kW。

## 6.2　空调、除湿系统设计

CCS 水电站地下厂房部分全通风不能满足工况要求，设计采用水冷空调，对主要热负荷集中区域采用空气处理机组和风机盘管布置方式，减热去湿以满足工艺环境要求。

### 6.2.1　制冷系统

在主厂房的球阀层设置 3 台螺杆式冷水机组，总制冷量 3×1 060 kW。除设置各种必要的泵和阀门管件及过滤装置外，冷冻水循环系统采用稳压补水泵来定压，以满足系统压力稳定的要求。

制冷机冷却水系统采用抽取机组尾水间接冷却的方式冷却，水源取自 4#、5# 机组尾水。系统设置各种必要的泵和阀门管件及水过滤装置。

制冷系统循环泵、主机均为 2 主 1 备（见图 6-16）；制冷机单台运行时可以保证 70%

左右的负荷。

图 6-16　制冷机组

## 6.2.2　空调系统

### 6.2.2.1　主厂房内空调系统

对新风进行除湿并对发电机层、母线层、水轮机层、母线洞等发热电气设备采用空气处理机组设备降温。

发电机层共安装 10 台吊顶式空气处理机组送风系统，设备布置在水轮机层每台机组之间和 1#、4#、5#、8#机组外侧，通过布置在夹墙内的风管送风到发电机层，采用设备为风量$L$= 3 500 $m^3$/h、冷量 $Q_L$ = 22 kW、风压 250 Pa 的吊顶式空气处理机组。

母线层采用立柜式空气处理机组送风系统，共布置 6 台设备，分别布置在 2#、3#及 6#、7#机组之间和 1#、4#、5#、8#机组外侧。采用设备为风量 $L$ = 18 000 $m^3$/h、冷量 $Q_L$ = 104 kW、风压337 Pa 的立柜式空气处理机组。继电保护室、变配电间独立设置 2 台吊顶式空气处理机组向继电保护室、变配电设备间送冷风。该系统由空气处理机组、风管和百叶送风口组成。

水轮机层采用吊顶式空气处理机组送风系统，共布置 6 台设备，分别布置在 2#、3#及 6#、7#机组之间和 1#、4#、5#、8#机组外侧。采用设备为风量 $L$ = 6 000 $m^3$/h、冷量 $Q_L$ = 35 kW、风压 245 Pa 的吊顶式空气处理机组。该系统由空气处理机组、风管和百叶送风口组成。

母线洞采用吊顶式空气处理机组送风系统，每洞 1 台共布置 8 台设备。采用设备为风量 $L$ = 10 000 $m^3$/h、冷量 $Q_L$ = 58 kW、风压 110 Pa 的吊顶式空气处理机组。该系统由空气处理机组、风管和百叶送风口组成。

水冷管路系统采用两路异程并联方式。

### 6.2.2.2　中控楼空调系统

地面控制楼的中控室、通信室、消防值班室、会议室、办公室等要求较高，故采用一套中央空调系统方式，以满足室内设计要求，并保证室内运行人员舒适的工作条件及室内各自动化元件的正常运行。对蓄电池室单独设置一套防爆分体空调。同时配置一定数量的房间型除湿机，以满足不同时期的湿度需求。

#### 6.2.2.3 除湿系统

空调工况下，在主变压器洞与进厂洞的主变压器室外侧设置 2 台调温型新风除湿机组，把处理过后的新风通过风管射流送风至安装间并进入发电机层。

由于当地相对湿度太高，故设置移动式除湿机以备需要；尤其在设备安装期通风除湿系统未形成，可以保证区域环境温、湿度，为机电设备提供良好环境。

## 6.3 事故防排烟系统

厂用配电室、电缆廊道、油罐室、油处理室、蓄电池室、主变压器室等易发生火灾区域的进、排风口均设置有全自动防火阀，防火阀采用 70 ℃形状记忆合金动作的阀门控制其关闭，一旦有火情，记忆合金动作，防火阀自动关闭，将失火房间与周围房间隔绝，限制火灾的蔓延，窒息火情，待火熄灭后，启动排烟风机排烟，直至恢复正常通风。

对主厂房发电机层、主变压器洞搬运廊道设置有事故排烟系统。一旦有灾情出现，由消防控制中心按程序启动排烟系统进行排烟，确保人员能够安全疏散。

地下厂房通风系统与地下厂房防火排烟的关系较为密切，为了不使通风系统过于复杂，因此把绝大多数通风系统兼作事故排烟系统使用。而本电站地下厂房内大部分生产房间的火灾危险分类较低，对类别较高的场所除采用较可靠的防止火灾蔓延措施外，在现场配置了足够数量的灭火设施。为保证在厂房发生火灾时不会通过通风系统使事故扩大，同时又尽可能为消防人员的灭火创造有利的条件，根据主厂房的防火要求，在各通风系统中分别采取了不同的防火措施，并设置了事故排烟系统。

对主变压器室、厂用变压器室、油罐室等较易发生火灾的部位，排风系统按正常排风量设计，同时按事故排烟要求进行校核。排风道兼作事故排烟道时，要求空气能直接排至室外，不串联到其他设备房间内。事故排烟道与安全出口分开，以保证发生事故时人员能安全疏散。

### 6.3.1 主厂房事故排烟

当主厂房发生火灾事故时，烟气将通过在吊顶上开设的排烟孔进入拱顶层（见图 6-17）；由在主厂房设置的专用排烟风机系统通过地质探洞直接排至室外。排烟量不小于单台机组段面积的 120 $m^3/(m^2 \cdot h)$，总排烟量为 57 720 $m^3/h$。选用一台排风量为 70 231 $m^3/h$、风压 1 152 Pa 的混流式排烟风机。

### 6.3.2 主变压器洞廊道事故排烟

在主变压器洞廊道设置有专用排烟系统（见图 6-18），排烟量设计按单台机组段对应廊道长度面积不小于 120 $m^3/(m^2 \cdot h)$，设计排烟量为 12 000 $m^3/h$，由主变压器洞排风系统风机排出厂外；主变压器洞左右两段（1#～4#机组，5#～8#机组）均设置相同系统，每个机组段设一个排烟口，间距 25 m，排烟口为常闭型，事故时开启，由风管与主变压器洞主排风风道相接，最后由两端的主排风系统排出厂外。

图 6-17　发电机层吊顶排烟

图 6-18　主变压器洞排烟

### 6.3.3　变压器室事故通风

本系统设计中，每间变压器室均为一独立的系统，通过设在主变压器洞夹墙内的风管连接主变压器洞主排风道，由设在探洞和高压电缆洞（专用风道）主排风系统的排风机排出厂外。

每间变压器室对外的进排风口均为防火风口，这样某一间发生火灾，即可关闭该排风系统，其他机组系统仍然可以正常运行不致相互影响。

### 6.3.4　母线洞事故通风

母线洞内设有母线、隔离开关柜等设备，通过设置在夹墙内的风道送入主变压器洞主排风道，由设在主变压器洞两端风道的风机排出厂外。

### 6.3.5　油罐室、油处理室的事故通风

在油罐室设置防火门，使其成为一个封闭的小区，同时设置单独的通风和事故通风系统，利用防潮夹层作为风道排至主厂房发电机层拱顶层，经地质探洞排至厂外。

### 6.3.6　高压电缆洞防排烟

在高压电缆洞与 GIS 室相接洞口设防火门和防火阀。洞内如有事故，采用密闭灭火的方式。

### 6.3.7　机组检修期间通风

当机组检修时，安装间可能产生大量的烟雾，为防止烟雾扩散到整个厂房，检修期间应启动主厂房排烟风机，使烟雾能直接快速由主厂房拱顶排出厂外。

机坑内设备检修补焊产生的烟尘，设临时通风机，将烟尘排至主厂房顶部并排出厂外。

### 6.3.8　GIS 室事故通风

GIS 室正常通风由高压电缆洞排风系统排出。事故状态时除正常排风系统外，开启设置在 GIS 室侧墙底部的电动排风口，由两个主排风系统排出厂外。利于有害气体的及

时排除,排风量不小于 4 次/h。

### 6.3.9 发电机机组事故后通风

发电机机组采用 $CO_2$ 灭火系统,因密度较空气大,事故后需要直接通过排风系统排出厂外,排风量按 6 次/h 换气次数考虑设置。

## 6.4 重大及关键技术问题解决方案

### 6.4.1 地下厂房温度、湿度分别控制

地下主厂房采用温、湿度分别控制的技术,对送入主厂房的新风进行湿度控制,以满足安全卫生新风量需求及环境湿度的要求,同时采用以空气处理机组消化厂内热负荷为主的控制温度方案,对关键场所以加大循环风量提高舒适度。

对温、湿度要求低的主变压器洞采用全通风方式,而对主厂房及母线洞采用温、湿度独立控制的专利技术手段,新风+空调来满足温度与空气品质指标的要求,湿度指标采用对新风先预处理的方案,然后送入主厂房发电机层。

### 6.4.2 空调水大温差设计措施

在温、湿分控措施的应用基础上,空调水系统的设计采用了具有节能措施的大温差方案。冷冻水系统的供/回水温度采用 6 ℃/14 ℃,经计算,比采用常规的 7 ℃/12 ℃温差设计降低能耗 50%以上。

制冷机组放置在地下厂房内,循环冷却水的水源初期采用针对该项目设计研究的尾水直接冷却换热器技术,后期因多方面条件限制,采用二次换热冷却的方案,冷却循环水供/回水温度同样也采用了 30 ℃/38 ℃的大温差方案。

### 6.4.3 气流保证组织措施

主厂房气流组织确定采用下送上排、上送下排,多层串联分散、布置的通风方式,并根据厂房特性在上下游侧分别布置有环形喷流送风口,既降低了厂内温度也增强了气流的扰动性,在封闭的地下厂房内活动的人员有一定的气流感。这样系统既能保证正常通风降温,不扩大排风量,又使温、湿度符合规范要求,确定出适合本电站的通风系统布置方式。

图 6-19~图 6-22 分别为上下游侧送风口高度均为 5 m 时,所做的气流组织模拟数据。从模拟数据看温度场、速度场分布总体来说比较均匀,只在一个发电机的上方温度超出了要求的 26 ℃范围,但这不会影响发电机层内的总体温度;风速也总体分布较均匀,只有极少几个点的风速大于 0.35 m/s,而此种气流组织的方式也有别于目前水电站设计常规送风的方案。

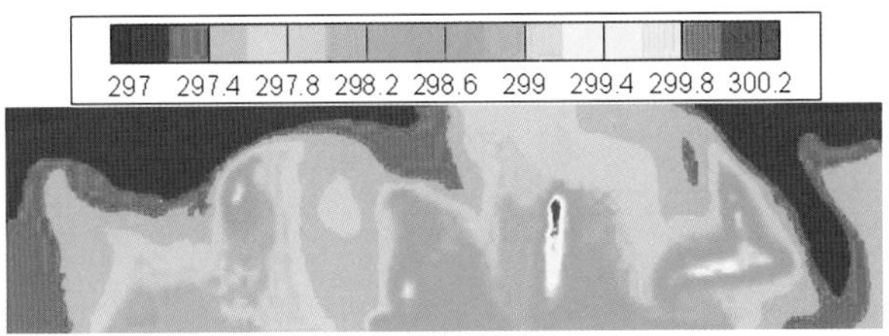


图 6-19　工作区高度为 1.2 m 时 $X$—$Y$ 截面的温度分布

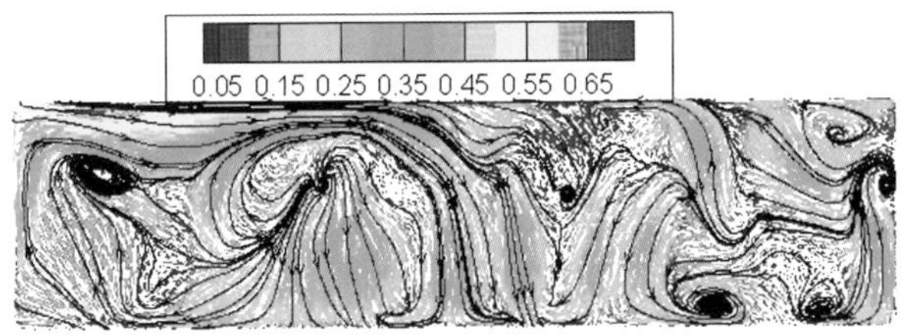


图 6-20　工作区高度为 1.2 m 时 $X$—$Y$ 截面的速度分布

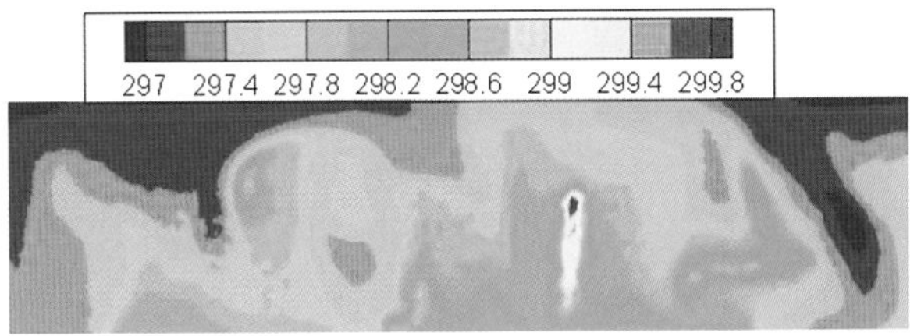


图 6-21　工作区高度为 1.7 m 时 $X$—$Y$ 截面的温度分布

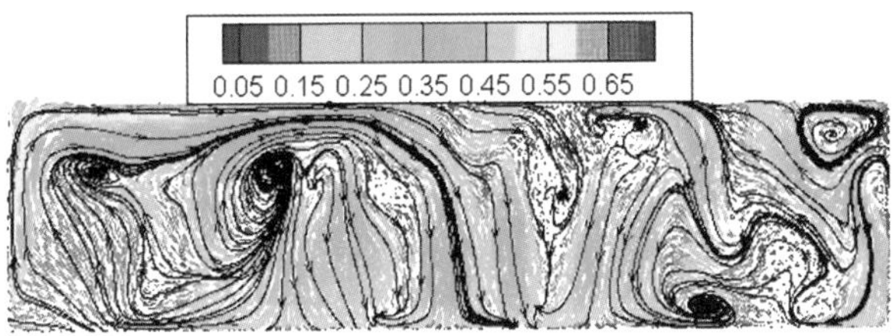


图 6-22　工作区高度为 1.7 m 时 $X$—$Y$ 截面的速度分布

# 参考文献

[1] 水电站机电设计手册编写组.水电站机电设计手册(水力机械)[M].北京:水利电力出版社,1982.
[2] 水电站机电设计手册编写组.水电站机电设计手册(电气一次)[M].北京:水利电力出版社,1982.
[3] 水电站机电设计手册编写组.水电站机电设计手册(电气二次)[M].北京:水利电力出版社,1984.
[4] 水电站机电设计手册编写组.水电站机电设计手册(金属结构)[M].北京:水利电力出版社,1986.
[5] 杨开林. 电站与泵站中的水力瞬变与调节[M].北京:中国水利水电出版社,2000.
[6] 丁浩. 水电站有压引水系统非恒定流[M].北京:水利电力出版社,1986.
[7] 刘大恺.水轮机[M].北京:中国水利水电出版社,1996.
[8] 张林,乔中均.厄瓜多尔可卡可多辛克雷水电站水斗式水轮机模型验收试验[C]//第20次中国水电设备学术讨论会论文集.北京:中国水利水电出版社,2015.
[9] 张林,孙玉涵.冲击式水轮机热力学法效率试验的探讨[J].水力机械技术,2014:31-34.
[10] 苏林山,乔璐.厄瓜多尔CCS水电站1#水轮发电机组热力学法效率试验[C]//"一带一路"与中国水电设备水力机械信息网技术交流会议论文集.北京:中国水利水电出版社,2018.
[11] 陈龙,程永光,郑莉玲.水电站压力管道排水时间计算方法[J].武汉大学学报(工学版),2014:463-466.
[12] 李红帅.厄瓜多尔CCS水电站技术用水方案的研究应用[C]//第20次中国水电设备学术讨论会论文集.北京:中国水利水电出版社,2015.
[13] 杨建,李红帅.Coca Codo Sinclair水电站主变压器特殊技术问题探讨[J].中国农村水利水电,2014:120-124.
[14] 孙国强,李亚,杨建. CCS水电站500 kV高压电缆选型设计[C]//河南省水利发电工程学会论文集,2015.
[15] 常学军. 基于国内标准和IEEE标准的水电站接地计算的研究[C]//中国水利发电协会电气专委会论文集,2016.
[16] 史红丽,常学军.基于国家规范的水电站接地设计[J].人民黄河,2014:130-133.
[17] 常学军,邹琮.南美厄瓜多尔CCS水电站的厂用电设计[J].水电电气,2016:44-50.
[18] 李卓,赵贝.CCS水电站技术循环供水系统特点浅析[J].水电站机电技术,2016:65-66.
[19] 刘庆华,刘和林.厄瓜多尔CCS水电站水斗式水轮机组主要参数[J].云南水力发电,2015:158-162.
[20] 刘和林.厄瓜多尔CCS水电站水轮机模型验收试验[J].云南水力发电,2014:125-129.
[21] 张雷.CCS水电站500 kV主变压器安装及质量控制[J].水电站机电技术,2016:31-33.
[22] 张雷.CCS水电站离相封闭母线安装及质量控制[J].云南水力发电,2017:117-119.
[23] 罗静,韩俊.冲击水水轮发电机转轮设计制造现状和发展趋势[J].重庆科技学院学报,2010:103-106.
[24] 田树棠.冲击水水轮机及其选择方法[J].西北水电.1997:49-55.
[25] T.魏斯(瑞士),等.冲击式转轮的现代制造技术[J].水利水电快报,2010:27-29.
[26] 魏义兵.辛克雷水电站调蓄水库800 kN/630 kN双向门机安装[J].云南水力发电,2017:88-91.

[27] 魏义兵.厄瓜多尔辛克雷水电站输水隧洞出口闸门安装[J].云南水力发电,2017:92-94.
[28] 孙凯,白素杰.水轮发电机二氧化碳气体灭火系统应用浅析[J].红水河,2014:62-65.
[29] 刘静,程远平,高宇飞.从《NFPA 1 通用消防规范》看我国的《建筑灭火器配置设计规范》[J].北京消防技术与产品信息,2005:57-59.
[30] 杨合长.高温高湿地区某水电站地下厂房通风空调系统设计[J].暖通空调,2015:15-19.
[31] 杨合长.关于厄瓜多尔 CCS 水电站通风空调系统的思考[C]//水电暖通情报网年会论文集,2010:55-61.
[32] 杨合长.高温高湿地区某水电站地下厂房通风空调系统设计探讨[C]//全国暖通空调制冷学术年会论文集,2012.
[33] 杨合长. 基于气象参数的 CCS 水电站通风空调系统研究[J].河南科技,2014:112-113.
[34] 乔中军.尾水洞有压工况下冲击式水轮发电机模型试验研究[C]//第二十二次中国水电设备学术讨论会.